ごみと暮らしの社会学

モノとごみの境界を歩く

梅川由紀
YUKI UMEKAWA

青弓社

ごみと暮らしの社会学——モノとごみの境界を歩く

目次

第2章　「モノの価値」と「ごみの家庭生活」　34

第2部　ごみの家庭生活

第3部 モノの価値

第4部　まとめ

装画――須山奈津希
装丁――ナカグログラフ［黒瀬章夫］

凡例

- 本書では、資料引用の際、単行本は『　』で、新聞・雑誌名は「　」で示し、それらに掲載された記事タイトルは「　」で示している。
- 引用文中の旧漢字は新漢字に改め、旧仮名遣いは原文どおりに表記する。
- 引用文中の太字や傍線は原文で太字や傍線になっている箇所を示す。ただし、見出しなどによる太字の場合は省略している。なお、原文のルビは一部を除き省略している。
- 引用文中の改行は／で示している。
- 引用文中の傍点はすべて引用者による。原文の傍点は省略している。
- 引用文中の引用者による補足は〔　〕で示している。
- 「くず屋」「バタ屋」その他現在ではさまざまな理由から使われていない表現についても、当時の社会状況を伝える表現であるため、本書ではそのまま使用する。

はじめに

誰もが毎日生み出していて、自分と深い縁があるのに、できればあまり関わりたくないと思っているもの、それはなんでしょうか？——答えはごみです。ごみ箱のなかには、昨日の私があふれています。それを見れば、私が何を食べ、どこに行き、どんなことをしていたのかわかります。もっと長いスパンでみていけば、私の好きなもの、性格さえみえてくるかもしれません。それだけ自分と深い関係にあるごみのことを、私たちはどれだけ知っていて、日々どれだけ考えているでしょうか。それがモノだったときには、「私のモノだ」といって大事に扱うにもかかわらず、ごみ箱に放り投げた途端、「私のごみだ」という人は少なくなりますし、ましてや、大事にする人はもっと少ないように思います。それどころか、存在さえ忘れてしまったりします。ごみ集積所に出してしまったごみのことを思い返して、恋しくなる人はどのくらいいるでしょうか。ごみは、私の一部のような存在で、私がたくさん詰まったものであるにもかかわらず、私たちはごみにそこまで大きな関心を払っていないようにもみえるのです。考えれば考えるほど、私たちとごみの関係は、深く、複雑です。

昨今、ごみについては、よく話題に上るようになりました。ＳＤＧｓという言葉や考え方が浸透し、プラスチックごみ問題がクローズアップされ、フードロス問題が深刻になるにつれて、ごみをめぐる問題についてますます取り上げられるようになりました。こうした風潮を一見すると、私たちはすでにごみについての多くを知り尽くし、ごみのことを日々考えているようにみえます。――本当にそうでしょうか。私たちはこれまで、ごみの量をどのように減らすかとか、ごみが地球に与える影響はどれほどかとか、リサイクルをどのように広めるかなどといった、いわゆる「問題」としてのごみの側面にばかり注目しているようにみえます。それは、ごみのほんの一面しかみていないのではないでしょうか。人間に置き換えてみるとわかりやすいと思います。例えば、私はとても心配性です。要らない心配ばかりして、余計な仕事を生み、せかせかと動き回ります。一方で、変なところで「まあいいか」とのんびりした側面も持ち合わせています。だから、心配性でせかせか動き回る私だけをみていては、わからない側面があります。ごみも同様だと思うのです。問題としての側面をもちながら、まったく異なる性質を持ち合わせているかもしれません。それにもかかわらず、どういうわけか、ごみは問題ばかりに注意が向けられがちです。もちろん、ごみの問題が重要なことはよく理解しています。私がごみだったら、どうでしょうか。悲しい気持ちになるかもしれません。違う側面ももっとあるんだと主張したいのではないかと思うのです。

ごみとはなんなのでしょうか。それも、ごみの問題以外の側面に光を当てて、この深く複雑な関係を捉えたとき、いったい何がみえてくるのか。そんな思いをもって調査を重ね、まとめたのが本書です。したがって本書は、いわゆるごみ問題について述べた本とは趣が異なります。どうすればごみを減らせるかについてや、ごみが地球に与える影響を軽減できるのかについて、あるいは、リサイクルの促進についてなどには直接的な答えは記していません。しかしながら、「ごみとは何か」を考えることは、現在提起されている一連のごみ問題を考えるうえでもさまざまな気づきを与えてくれると思っています。そしてそれは、よりよい暮らしを考えることにつながると確信します。

それでは考えていくことにしましょう。ごみとはなんでしょう。

第1部　ごみをめぐる議論

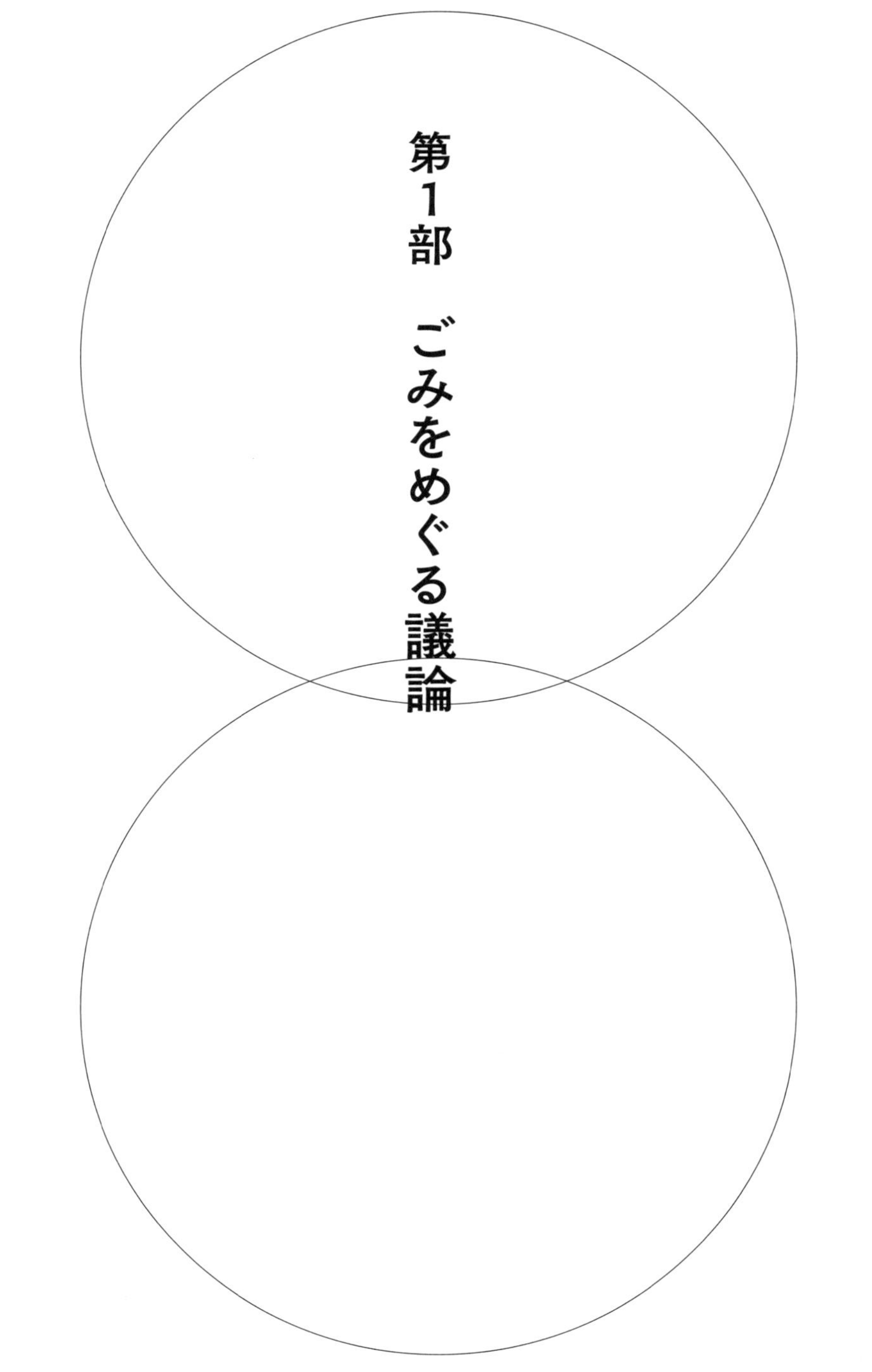

第1章　「問題」としてのごみから「生活文化」としてのごみへ

はじめに

　ごみとは何か。それは、現代社会で最も刺激的で挑戦的な問いの一つであろう。例えば、壊れた時計はモノだろうか、ごみだろうか。ごみと答える人が多いのではないか。だが、その時計が祖父の形見だったとしたらどうだろうか。おそらく、ごみと断言できないだろう。あるいは購入後、一度も着ていない洋服はどうだろうか。気に入って購入したにもかかわらず、家に帰ってみるとどうもしっくりこない。こうして、一度も着ることなく、おそらく今後も着ないであろう洋服はモノだろうか、ごみだろうか。私たちは普段、ごみといえば「不要なもの、排除したいもの、避けたいもの、なるべく関わりたくないもの、環境を悪化させるもの、汚い・臭いもの」などと理解しているようにみえる。一言で表現するならば、ネガティブな存在である。だが、ごみはこのようなネガティブな側面しかもたない、面倒なだけの存在なのだろうか。「壊れた時計」や「一度も着ていない洋服」の例は、現代社会のなかでごみが、普段私たちが考えている以上に多様で複雑であいまいな存在であることを示してはいないだろうか。

元来、ごみと人間の関係は、ほかのものにはみることができない特殊性をはらんでいるようにみえる。環境社会学者の靏理恵子が、ごみを「人が生きていく上では出さざるを得ないモノ[1]」と述べるように、人間の生活を語るうえでごみは欠かせない存在である。人間は生きる過程で好むと好まざるとにかかわらず、ごみを生み出しながら生きている。一方、ごみは人間によって生み出される運命にある。ごみは人間の生活にきわめて密着した存在であり、逆説的な言い方をすれば、人間はごみを生み出すことによって生きられる存在である。これだけ深い関係をもつにもかかわらず、ごみの存在自体やごみと人間の関係性については深く論じられることがなかった。私たちは、日常生活のなかでこうした特殊な存在であるごみをどのように捉え、関係を築いているのだろうか。

私たちはこれまで、ごみのほんの一側面しかみてこなかったのではないか――ごみと人間の関係を深く考察していくと、そんな思いが生まれてくる。人間は自らの都合でごみを生み出し、排除する。ごみは人間の都合で勝手に生み出され、生み出した張本人から毛嫌いされ、排除され、忘れ去られる。こうしてみると、ごみと人間の関係はなんとも滑稽である。何よりこの関係をごみの立場から見直してみると、ごみとはなんと切なく、救いようがない関係性に置かれているのだろう。ごみと人間の関係は「切なく救いようがない関係」でしか語りえないものなのだろうか。人間にとって、ごみとはどのような存在なのだろうか。

1　環境社会学による「問題」としてのごみ

ここで冒頭で述べた「最も刺激的で挑戦的な問いの一つ」に答えるために、日本の社会学、そのなかでも環境社会学でごみがどのように論じられてきたのかを整理するところから始めよう。先に結論を述べると、多くの場合はごみを問題として捉え、「ごみによって表出された、ある特定の問題への対処法」についての考察であった。ここでは、ごみに関する先行研究を整理した小松洋の研究[2]も参考にしながら、本書の関心に即してあらためて整理する。すなわち、本書で注目したい一般廃棄物の家庭系ごみ（各家庭から排出されるごみ）をおおむね対象にした研究[3]について、環境社会学会の「環境社会学研究」第一号（一九九五年）から第二十九号（二〇二三年）までに掲載された論文[4]を概観したところ、大きく四つのタイプに分類できる。

一つ目は「循環型社会やリサイクル・システムの実現に関して論じたもの[5]」である。一部の研究を紹介すると、谷口吉光は、日米合わせて三自治体のリサイクル・システムの比較から住民のリサイクル意識と行動を分析し、住民にリサイクルを実行してもらうためにはどのようなシステムが有効かを検討している[6]。舩橋晴俊は「廃棄物処分場」の仕組みから、「分別保管庫」への転換を提案した。現行の最終処分場では、搬入されるすべてのごみを混合し、埋め立てている。埋め立て後は、再度掘り起こすことは想定されていない。ところが舩橋は、ごみを品目ごとに分けて保管し、再度取り出すことを可能にする分別保管庫を提案し、[7]「循環型社会を真剣に追求するならば、必然的に浮上するアイディアである[8]」と述べる。

二つ目は「ごみに関する人々の協力的な行動やその参加を促進する方法について論じたもの[9]」である。中野康人らは、ごみ排出量が増大してさまざまな問題が生じている状況について、「個人の利便性や快適性を追求した行為者の行為が集積した結果、かえって行為者に望ましくない結果をもたらしている社会的ジレンマの状況である[10]」と述べる。そして「この状況を回避するには、ごみの排出量を減らす、という協力行動を促進する必要がある[11]」ことを指摘し、その要因について分析した。石垣尚志は、自治体がどのようにごみの分別収集を効果的に機能させ、ごみ排出者の協力行動を確保してきたのかについて、政策実施過程に注目して分析している。[12]

三つ目は「ごみに関連する法律（おもに容器包装に係る分別収集及び再商品化の促進等に関する法律。以下、容器包装リサイクル法）の問題点や改善点について論じたもの[13]」である。平井成子や山本耕平は、容器包装リサイクル法成立までの経緯や概要を整理し、課題を提示している。[14]なかでも平井は牛乳パックに注目して議論を展開した。織朱實はヨーロッパの容器包装リサイクル制度の政策動向を整理し、日本の容器包装リサイクル法改正に向けて、容器包装リサイクルシステムのあるべき姿を検討している。[15]

四つ目は「廃棄物処理施設に関連する問題点について論じたもの[16]」である。矢作友行は、廃棄物処理関連施設の稼働後に、その周辺で集中的に発生した健康被害である東京の杉並病問題を取り上げた[17]。あるいは土屋雄一郎は、廃棄物処理施設建設をめぐる意思決定のプロセスを洗い直し、論点を整理している[18]。

もちろん、すべての論文を四つのタイプにきれいに分類できるわけではない。「環境社会学研究」に掲載されているものの、分類しきれなかった研究のなかから特徴的なものをいくつか紹介すると、西谷内博美の研究[19]を挙げることができる。西谷内は、インド北部のブリンダバンという都市でのごみ収集について取り上げている。各家庭からごみを収集する仕組みが整備されていないインドでは、町中にごみが捨てられ、非衛生的な状況になっている。なぜごみ収集システムの確立が難しいのかを、インド社会あるいはヒンドゥー社会固有の事象を踏まえて論じている。さらにはインドのなかでも、各家庭からのごみ収集の仕組みがうまく機能している住区の調査をおこない、その成立条件を明らかにした研究[20]もある。このほか、「環境社会学研究」以外の媒体に掲載された特徴的な研究として、飯島伸子の研究[21]を紹介しておきたい。飯島は、ごみ問題の検討には社会史のアプローチも適合的であることを示している。実際に、江戸時代から二十世紀後半までの環境問題の社会史をまとめた著書[22]のなかで、ごみについても言及している。飯島の研究は一般廃棄物の家庭系ごみに限定されていない点には注意が必要だが、それでも示唆的な点が多くある。例えば、ごみは「明治初期の頃から、汚い、迷惑物とみなされて「臭いものに蓋」的対応が繰り返されてきて、その結果、近代日本の大社会問題になりつつある[23]」ことを示している。また、大都市と地方都市との間には、大都市側の一方的な依存関係がみられることを示し、地域格差の存在も指摘している[24]。

このように、環境社会学ではごみに関する多くの研究がなされてきた。そして、これらの研究は前述のとおり、ごみを問題として捉えている点で共通している。問題を発生させるごみをどのように効果的・効率的に排除・処理するか、という方向から議論を展開してきたとまとめることができるだろう。本書ではこのような研究を「問題としてのごみの研究」と呼ぶことにしよう。

2 「生活文化」としてのごみ

「問題としてのごみの研究」は、大変重要であり、必要な研究である。しかしながら、こうした研究を眺めていると、「はじめに」で提起した疑問が浮かび上がってくる。すなわち、ごみは問題としての側面しかもたないのだろうか。これはごみのほんの一側面をみているだけではないのか、という疑問である。仮に、ごみを問題として捉えるという前提や先入観をいったん忘れて、まっさらな状態で見つめ直すことができたら、いったい何が見えるだろうか。ごみとはどのような存在で、ごみと人間の関係はどのように捉えることができるだろうか。ネガティブに語られることが多いごみを、ポジティブとまではいかなくとも、少なくともニュートラルな視点から語ることができたら、どのようなごみと人間の未来が見えるだろうか。筆者の関心はここにある。

筆者は「ごみをポジティブに、少なくともニュートラルに語りたい」とはいったが、もちろん近年のごみ問題の深刻さは十分理解している。問題としてのごみの側面をないがしろにしているわけではない。また、町中にごみがあふれる生活を望むわけでも、現代よりも衛生観念が劣っていた時代の生活を懐古し、浸りたいわけでもない。ごみが問題としての側面を有することは間違いない。だが、筆者が不思議でならないのは、私たちはごみに関してはなぜか問題としての側面だけに注目しがちなことである。先に指摘したとおり、ごみは普段私たちが考えている以上に多様で複雑であいまいな存在であるにもかかわらず、ごみの問題以外の側面に目を向けようとしないことが素朴に不思議なのである。

では、どのようにすれば問題以外の側面からごみを捉えることができるだろうか。筆者は一つの試みとして、文化的な側面に着目してごみを捉えることを提案したい。「はじめに」で言及したとおり、ごみは人間の生活にきわめて密着した存在である。私たちが日常生活のなかでごみを生み出したり処理したりする行為は、私たちの暮らしに欠かせない行為である。それは言い換えれば、暮らしの知恵や考えが反映された文化的行為の一つといえるだろう。そもそも何をごみと捉えるか自体、文化的影響を大きく受けるものと考えられる。本書では、生活や文化の面から私たちの日々のごみとの付き合い方を見つめ、ごみの特徴を捉えようとする研究を、「生活文化としてのごみの研究」と定義する。確かにごみは、人間にさまざまな問題をもたらす。しかし、問題を解決するための排除や処理の仕方だけからごみを捉えるのではなく、私たちはごみの問題としての側面を日常生活レベルでどのように感じ、対応してきたのか、そもそも何を問題と捉えているのかなど、広い視点で着目してみたいのである。そうすることで、異なるごみの側面がみられるのではないかと考えている。

このような生活文化としてのごみの研究の視点は、現代社会のなかでますます求められているように思う。その顕著な事例が、いわゆる「ごみ屋敷」が近年社会問題化したという事実だろう。詳しくは第3部「モノの価値」で論じるが、ごみ屋敷の現場では往々にして、そこに堆積するものをめぐってトラブルが生じている。そこに堆積するものを周囲の人々は「ごみ」と表現するのに対して、当事者は「モノ」と表現する。換言すれば、ごみ屋敷の現場とは「何がモノで何がごみかが問われる現場」なのである。この問いに対する答えは、「問題としてのごみの研究」では見いだすことができないだろう。なぜなら、ごみをどのように効果的・効率的に排除・処理するかを論じる以前に、そもそもごみとは何かが問われているためだ。問題の前提になる対象の特徴を把握する必要がある。そのためには、私たちはごみをもっと多面的に捉える必要があるのだろう。その一つの試みとして、社会生活や意識の変化と関連する生活文化としてのごみの切り口から、ごみやごみをめぐる行為を捉え直す意味は大きいようにみえる。

ここから本書では、ごみを問題として捉えるのではなく、生活文化として捉えていく。そのうえで、本書の目的は「現代日本の都市部に住む人々にとって、家庭から排出されるごみはどのような存在なのか」を明らかにすることである。「どのような存在なのか」という表現をもう少し具体的に説明すると、二つの要素に分解できる。一つは「人間はどのようなものをごみと捉えているのか」という、ごみの定義に関する要素である。もう一つは「人間はごみとどのように関わり、ごみとの関わりのなかで何を得ているのか」という「ごみと人間の関係」に関する要素である。これら二つの要素の考察を通して、「どのような存在なのか」という問いを明らかにしたい。また、なぜ都市部に住む人々に限定するのかについては、ごみ問題は地域性があり、「農村と都市、地方都市と大都市、ベッドタウンと非ベッドタウンとではごみ処理問題の様相・状況は違うし、深刻さの程度にも相当のひらきがみられる[25]」といわれている。だとすると、ごみに対する感覚や関わり方も異なることが想定できるからだ。そこで本書では、社会状況や政策などの影響をいち早く受け、時代を反映したごみの定義やごみと人間の関係が構築されていると考えられる都市部に着目することにする。

おわりに

本書の構成

本書は四部構成になっている。

第1部は「ごみをめぐる議論」である。第1章では、ごみを問題としてではなく生活文化として論じる姿勢を示し、本書の目的を示した。第2章「「モノの価値」と「ごみの家庭生活」」では、生活文化の視点からごみを論じるうえで重要な先行研究を考察し、それらの論点を明らかにし、本書の学術的な立ち位置や、本書で用いる理論枠組みを提示する。

第2部は「ごみの家庭生活」である。現代社会のごみと人間の関係の基礎を構築した転換点としての高度経済成長期（一九五五—七三年）に着目し、高度経済成長期にみられるさまざまな「違和感」を中心に分析する。第3章「高度経済成長期の生活」では、高度経済成長期の特徴について解説する。あわせて高度経済成長期に注目する理由について述べ、第4章から第6章までの調査方法について説明する。第4章「ごみを「発見」する人々――拡大するごみ概念」では、高度経済成長期に掃除機と電気冷蔵庫が普及することによって、ごみと人間の関係がどのように変化したのかを考察する。第5章「ごみを排除する人々――ごみに対する寛容度の変化」では、高度経済成長期に生じた台所改造によって、ごみと人間の関係がどのように変化したのかを分析する。第6章「「くず」から「ごみ」へ――「くず文化」の崩壊」では、高度経済成長期のプラスチック製品の普及によって、ごみと人間の関係がどのように変化したのかを明らかにする。

第3部は「モノの価値」である。モノとごみの境界が問われる現場として「ごみ屋敷」の事例を通して分析する。第7章「「ごみ屋敷」の現状」は、ごみ屋敷の説明である。すなわち、ごみ屋敷とはどのような状態を指し、当事者とはどのような人々であり、どのような対策が取られているのかを概観し、現代社会のごみ屋敷の実態を解説する。第8章「モノとごみの意味――「ごみ屋敷」の当事者Aさんの事例から」では、ごみ屋敷の当事者Aさんがため続けるモノの意味を明らかにする作業を通して、人間にとってのモノとごみの概念を再考する。第9章「モノとごみの境界――機能的価値／心情的価値／可能性的価値」では、第8章で取り上げた当事者Aさんと周囲の人々のやりとりに着目し、「ふつう」という視点を切り口に、モノの価値の議論を精緻化し、現代社会のごみの特徴を明らかにする。

第4部は「まとめ」である。第10章「ごみと人間の関係」で全体の議論をあらためて要約したうえで、本書の目的に照らして結論を述べる。

本書は第1部から第4部まで、順に通読することでより理解が深まる構成とした。ただし第2部と第3部に限っては、順序を入れ替えて読むことも不可能ではない。しかし、高度経済成長期について言及した第2部、現代を論じる第3部という順で読み進めるほうが、ごみをめぐる歴史的変遷を感じ取れるだろう。また第2部の各章、第3部の各章は相補的な関係になっているから、第2部・第3部についてはそれぞれ章立てどおり通読してほしい。本書全体を通してごみの新しい側面を理解していただければ幸いである。

注

(1) 靍理恵子「し尿・ごみ問題に対する多様な主体の認識と公的セクターの役割——人々を循環型社会構築に向かわせるもの」「順正短期大学研究紀要」第二十九号、順正短期大学、二〇〇〇年、二六ページ。この表現は靍理恵子の論文内では、し尿とごみ両者に向けて使われたものだが、本書の研究対象はごみだけであるため、ここではごみについてだけ指摘した。

(2) 小松洋「社会的問題としてのごみ問題——問題の多様性と社会学の役割」、環境社会学会編集委員会編「環境社会学研究」第六号、環境社会学会、二〇〇〇年。小松洋による先行研究の整理は、本書では対象外にした一般廃棄物の家庭系ごみ以外のごみ（産業廃棄物、放射性廃棄物など）や、本書では取り扱わなかった「環境社会学研究」以外に掲載された研究を含めた整理になっている。したがって、本書の先行研究の整理の仕方とは大きく異なるものではあるが本書の研究の整理をおこなううえでは参考になった。特に「リサイクル社会・循環型社会実現への可能性を論じたもの」（同論文一三九ページ）という視点は本書の研究にとっても大変参考になった。小松の研究は、ごみ全般に関する先行研究の状況を概観するうえでは有益なものといえるだろう。
（3）研究のなかには、一般廃棄物の家庭系ごみを対象にした研究なのか、それ以外のごみも対象にしているのかあいまいなものも存在したが、おおむね一般廃棄物の家庭系ごみを対象にしていると考えられる研究を取り上げた。
（4）ここでいう論文とは、基本的には書評と書評リプライを除くすべての記事を対象にした。したがって、論文、特集、研究動向、研究ノート、資料調査報告などを含んでいる。
（5）谷口吉光「住民のリサイクル行動に関する機会構造論的分析――日米比較調査をもとに」、環境社会学会編集委員会編「環境社会学研究」第二号、環境社会学会、一九九六年、谷口吉光／堀田恭子／湯浅陽一「地域リサイクル・システムにおける自治会の役割――埼玉県与野市の事例をもとに」、舩橋晴俊「分別保管庫の提案――廃棄物処分場に代えて」、鵜飼照喜「廃棄物問題と環境社会学の課題」（いずれも前掲「環境社会学研究」第六号）、金太宇「中国におけるリサイクルシステムの構築と課題――瀋陽市の再生資源回収業の事例から」、湯浅陽一「循環型社会の形成と環境社会学――社会システム論の視座から」（ともに環境社会学会編集委員会編「環境社会学研究」第十七号、環境社会学会、二〇一一年）
（6）前掲「住民のリサイクル行動に関する機会構造論的分析」
（7）前掲「分別保管庫の提案」
（8）同論文一二二ページ
（9）阿部晃士／村瀬洋一／中野康人／海野道郎「ごみ処理有料化の合意条件――仙台市における意識調査の計量分析」、青柳みどり「環境保全活動を担う人々」、前掲「環境社会学研究」第一号（ともに環境社会学会編集委員会編『環境社会学研究』第一号、環境社会学会、一九九五年)、中野康人/阿部晃士/村瀬洋一/海野道郎「社会的ジレンマとしてのごみ問題――ごみ減量行動協力意志に影響する要因の構造」、前掲『環境社会学研究』第二号、石垣尚志「ごみ処理事業における政策実施過程――埼玉県大宮市を事例に」、環境社会学会編集委員会編『環境社会学研究』第五号、環境社会学会、一九九九年、篠木幹子/阿部晃士/小松洋「ごみ分別制度をめぐる社会的合理性の相克」、前掲『環境社会学研究』第十七号

(10) 前掲「社会的ジレンマとしてのごみ問題」一二四ページ

(11) 同論文一二四ページ

(12) 前掲「ごみ処理事業における政策実施過程」

(13) 平井成子「牛乳パックの再利用運動の立場から見た法制化」、山本耕平「容器包装リサイクル法の意義と問題点」(ともに前掲『環境社会学研究』第六号)、織朱實「容器包装リサイクル法改正に向けての最初の検討――EU諸国との比較から」、前掲『環境社会学研究』第十七号

(14) 前掲「牛乳パックの再利用運動の立場から見た法制化」、前掲「容器包装リサイクル法の意義と問題点」

(15) 前掲「容器包装リサイクル法改正に向けての最初の検討」

(16) 矢作友行「不確実性下における判断の過誤――杉並病問題を事例に」、土屋雄一郎「公論形成の場における手続きと結果の相互承認――長野県中信地区廃棄物処理施設検討委員会を事例に」(ともに環境社会学会編集委員会編『環境社会学研究』第十号、環境社会学会、二〇〇四年)、土屋雄一郎「廃棄物処理施設の立地をめぐる「必要」と「迷惑」――「公募型」合意形成にみる連帯の隘路」、前掲『環境社会学研究』第十七号、廣本由香「実践コミュニティの環境創出――沖縄県石垣市一般廃棄物

処理施設立地から延命化計画への過程」、環境社会学会編集委員会編「環境社会学研究」第二十七号、環境社会学会、二〇二一年

(17) 前掲「不確実性下における判断の過誤」

(18) 前掲「公論形成の場における手続きと結果の相互承認」、前掲「廃棄物処理施設の立地をめぐる「必要」と「迷惑」」

(19) 西谷内博美「廃棄物管理における慣習の逆機能――北インド、ブリンダバンの事例から」、環境社会学会編集委員会編「環境社会学研究」第十五号、環境社会学会、二〇〇九年

(20) 西谷内博美「インドにおける家庭からゴミを収集するという困難――住民福祉協会モデルは特効薬か?」、前掲「環境社会学研究」第十七号

(21) 松本康監修、飯島伸子編著『廃棄物問題の環境社会学的研究――事業所・行政・消費者の関与と対処』(「都市研究叢書」第十九巻)、東京都立大学出版会、二〇〇一年

(22) 飯島伸子『環境問題の社会史』(有斐閣アルマ)、有斐閣、二〇〇〇年

(23) 同書二七二ページ

(24) 同書、前掲『廃棄物問題の環境社会学的研究』

(25) 田口正己『ごみ問題百科――現状と対策』新日本出版社、一九九一年、八一ページ

第2章 「モノの価値」と「ごみの家庭生活」

はじめに

生活や文化の面から、私たちの日々のごみとの付き合い方を見つめ、ごみの特徴を捉えようとする「生活文化としてのごみ」の研究は、どのような方法で実現可能だろうか。国内外の社会学の研究や、人類学を中心とした隣接分野の研究にまで視野を広げてみると、一部の研究者によって興味深い研究がなされていることがわかった。本章では、このような先行研究の整理から本書の理論枠組みを示し、学術的な立ち位置を明らかにする。具体的には、メアリ・ダグラス、マーティン・オブライエン、ケビン・ヘザーリントン、マイケル・トンプソンの研究、マテリアル・カルチャー研究を中心に先行研究を概観し、「モノの価値」と「ごみの家庭生活」という本書オリジナルの視点を提示する。

1　秩序／無秩序という構造化

ダグラスの研究

生活文化としてのごみの研究のなかで最も重要な文献は、メアリ・ダグラスの『汚穢と禁忌』[1]である。特に問題以外の視点からごみを論じる際には、古典として必ず取り上げられる文献である。同書をきっかけにして、さまざまなごみの議論が展開されるようになったといっても過言ではないだろう。そこで『汚穢と禁忌』で示された内容の確認から始めたい。

『汚穢と禁忌』は一九六六年に出版されたダグラスの主著の一つであり、アフリカ諸国の「未開人」[2]や『レビ記』の分析などを通して汚穢の概念を明らかにした。内容は大きく二つの主張に要約できる。

一つ目は、不浄や汚穢を秩序／無秩序という構造のなかに捉える視点を提示したことである。ダグラスによれば人間は、あらゆる事柄を分類し体系化しているという。そして、この正常な分類図式に当てはまらない異例なるもの（anomaly）やあいまいなるもの（ambiguity）を、不浄・汚穢と呼ぶ。例えば、ある西アフリカの「種族」は、一つの子宮から一度に一人の人間が生まれることを正常だと捉えている。[3]このような社会のなかで双生児が生まれた場合、これまでの分類によって保たれていた秩序が乱される恐れがある。双生児という異例な存在は、秩序を乱す無秩序な存在と見なされる。そのため社会は異例な存在を不浄・汚穢と捉え、排除し、秩序を保とうとする。したがってダグラスの言葉を借りれば、「汚穢(ダート)とは本質的に無秩序[4]」なもので、秩序立った空間のなかでは「場違いのもの[5]」と捉えられる。私たちがそれを避けようとするのは、不安、恐怖、畏怖、疾病に関する観念からだけではなく、それが「秩序を侵すものだからである」という。したがって、「汚物を排除することは消極的行動ではなく、環境を組織しようとする積極的努力[6]」だと理解できる。ここからダグラスは、「未開人」が人体の開口部や排泄物に関心をもつのは、それが周辺部に位置するため、あるいは境界性をもつためだと指摘する。秩序／無秩序の分類上、「場違い」「異例」「あいまい」であるということは、中心に対する周辺部、あるいは境界性という概念と深く関係する。ダグラスは、この周辺部・境界性を象徴的に表す存在が、人間の肉体の開口部だと捉えている。周辺部・境界性は「あちこちに引きまわされれば、基本的経験の形態が変ってしまう」ため、「あらゆる周辺部は危険を秘めて[7]」いて、そのため関心をもつと分析する。例えば、唾、血、乳、尿、大便、涙などは肉体からそれが漏れ出るというただそれだけのことで、肉体の限界を超えたことになり、関心が示される[8]。

二つ目は、無秩序な存在がもつ両義的側面を提示したことである。前述のとおり、無秩序なものは秩序を乱す存在として排除される。しかし、ときに聖なる目的に用いられることを指摘する。例えば、ブショング族では近親相姦は汚穢を生むとされ、通常は回避される。ところが、彼らの王を潔める祭式には近親相姦の儀式を含まなければならない[9]。あるいはレレ族は、日常生活では忌み嫌われ食されることがない動物を秘儀の際には食べ、豊饒の最も強力な源泉と見なす様子を紹介している[10]。こうした現象は、聖なるものと不浄なるものが混同されているわけではなく、二つの理由による。

一つ目は、無秩序は崩壊の象徴であるばかりではなく、始まりと成長の象徴でもあるという理由である。例えばダグラスは先行研究にふれながら、水の作用を例に挙げる。洪水はあらゆる形を破壊し、過去を洗い流してしまう。しかし無に帰すからこそ、あらゆる存在を浄化し、再生させる作用も併せ持つと述べる。無秩序な存在のなかには、こうした再生や創造の能力が包含されていることを指摘する[11]。

二つ目は、形而上学的矛盾を統一するための援けになるという理由である。ダグラスは、「死を進んで迎えることによって死の力を弱める例」を指摘する。例えばディンカ族には、スピアマスターという祭司の一族が存在する。スピアマスターは神々との仲介者であり、通常は神聖な存在として扱われる。しかし、スピアマスターが老いると、その命を奪う儀式がおこなわれるという。重要なのは、この儀式ではスピアマスター自らが、自身の死の時期・方法・場所を自由に、主体的に決心する点である。主体的に命を失うことで、死からその時期・場所という不確定性を奪い、共同体は秩序を保って生きられるという[12]。すでに確認したとおり、「未開人」は異例な存在が登場した場合、普段はそれを排除することで秩序を保ち、世界を支配する原理に一致させようとする。しかしなんらかの理由でそれが一致しない場合、自然に命じられるままの行動をとるのではなく、自ら行動を選び取ることで善きものを生む偉大な能力の解放を期待するといった、実存的思考が存在していることを指摘する。[13]

ダグラスの研究から、ごみの議論はどのような展開をみせたのだろうか。次節ではダグラスの研究に寄せられた指摘に着目する。

2 「ギャップ」と流動性

オブライエン、ヘザーリントンの研究

『汚穢と禁忌』は大きな反響を呼び、幅広い分野に影響を与えた。指摘は多岐にわたるが、本書にとって特に重要だと思われる二つについてまとめる。

ダグラスの研究に向けられた指摘の一つ目は、ダグラスの研究を現代のごみに援用することの困難性についてである。マーティン・オブライエンは、社会学的見地からごみと社会の関係を再考した。[14]そして、ダグラスの汚穢の研究は「未開社会」だからこそ成立するものであり、現代社会の分析には援用できないことを指摘した。[15]ダグラスの理解では、「未開人」は一元的で包括的な世界観をもっている。「未開人」にとって自己と宇宙（自己を取り巻く環境のこと）は連続した存在であり、彼らは自己と宇宙が未分化な社会を生きていると理解している。そのため、モノや環境との区別はあいまいになり、モノが人格をもつ場合や、自分のなかに多くの人格が存在する場合もある。一方、ヨーロッパ人（ここでいうヨーロッパ人とは、「未開人」と対極に位置する人々という意味で使用されて

いると解釈できる）は、「未開人」のような包括的な世界観をもたない。自己と宇宙は分断した存在になり、社会組織、社会制度、知識、経験まであらゆる分野で分化が進んだ社会であると理解している。[16] したがって、「未開社会」にも現代社会にも、汚れの回避に関するパターンや秩序化は存在するが、「未開社会」ではそうした作用が「より強力かつより包括的に作用している」ことになり、一方、現代社会では「ばらばらに分裂した生活の諸領域に作用[17]」するという。オブライエンはダグラスの研究の整理を通して、ダグラスの研究は一元的で包括的な「未開社会」でだけ適切な意味をもつと理解する。[18] したがって、「未開人」の日常的な儀式を通して「未開文化」の全体性を解釈することは可能だが、分化が進んだ現代文化にあっては難しいことを指摘した。[19] 確かにオブライエンの指摘どおり、ダグラスの研究は現代文化におけるごみを考察するうえではさまざまな留意を必要とするだろう。だが、現代文化にあってはダグラスの研究がまったく意味をもたないというわけではない。むしろダグラスの研究は、いまなお私たちに多くの気づきを与えてくれるように思う。

ダグラスの研究に向けられた指摘の二つ目は、何かを完全に処分することの困難性についてである。これは、本書にとってきわめて重要な指摘といえる。ケビン・ヘザーリントンは「処分（disposal）」の概念について再考した。処分とは、ある空間から何かを取り除き、不在（absence）にすることである。ダグラスの研究では、秩序を維持するために無秩序な汚穢を処分して不在にしている。ヘザーリントンは、このダグラスの発想は、処分の概念を常に不在の状態として扱いすぎていると述べ、何かを完全に処分し、不在にすることの難しさを指摘する。[20] 例えばヘザーリントンは、ローランド・マンローの「魚のにおいの事例」を紹介している。すなわち、魚を冷蔵庫に入れて保管すると、魚のにおいは冷蔵庫を開ける前から漂い、冷蔵庫内では魚のにおいがほかの食べ物にまで染み付いてしまう。たとえ、魚をごみ箱に入れても、ごみ箱のなかに魚のにおいは残り続ける。[21]ヘザーリントンはこうした事例を挙げながら、何かを完全に不在にすることの難しさを指摘した。

ヘザーリントンの研究の面白いところは、前記のような議論を経て、処分の概念に「ギャップ（Gap）」という概念を提案するところである。[22]ギャップとは、おもにロベール・エルツの「二重葬儀」の発想をもとに設定された概念である。ギャップの理解には二重葬儀の理解が欠かせないので、ここでエルツの二重葬儀について説明する。エルツは、インドネシアの「諸民族」、とりわけ「ボルネオのダヤク族」の調査をおこなった。[23]彼らは人が死ぬとすぐに葬儀をおこなうのではなく、死体を家のなかや死体専用の家に一定期間置き、仮の葬儀をおこなうという。それは、人が死んでも魂はまだこの世に多少でも属していて、死者はこの世の暮らしを終えていないためである。この期間は死者が悪さをする恐れがあるため、近親者は喪に服さなければならない。一定期間（それは死体の肉が腐り、完全に骨になる期間に相当するという）を経ると、魂は先祖の世界に旅立つ。このときに本葬をおこない、本当に死んだと理解される。この状態になると死者が悪さをすることはなくなるため、近親者の喪が明けると分析した。[24]ここでポイントとなるのは、故人がこの世から不在になる過程を段階的に捉えた点である。つまり、人間を肉体と魂に分け、仮葬で肉体が、本葬で魂が旅立つと理解している。ヘザーリントンは、このような段階的な発想がモノの処分に関しても有効だと考えた。そしてモノの処分の場合、仮葬にあたる第一の埋葬には「本棚・コンピューター上のごみ箱・車庫・納屋・冷蔵庫・洋服だんす・ごみ箱に入れる」という行動が該当し、本葬にあたる第二の埋葬には「焼却処分、埋め立て、不法投棄」という行動が該当すると述べる[25]。そして第一の埋葬と第二の埋葬の間の期間をギャップと表現した。人間の本質が魂であるならば、モノの本質はそのモノの価値であるといい、ギャップの期間にモノから価値が分離し、不確かな価値をもつと主張した。そしてすべての価値の形式が使い果たされ、変換され、安定したとき、第二の埋葬を経るという[26]。ここで、ヘザーリントンのモノ・ギャップ・ごみのカテゴリーを筆者なりに図示してみると、図2—1のとおりである。さらにヘザーリントンは、第二の埋葬が実際に実行されたかどうかは明確にはわからないとも述べる。例えば、大昔に溝に投げ込まれた対象がのちに考古学者に発見され、貴重なモノとして博物館やアンティークショップに並ぶ可能性を示す[27]。この場合、本来の所有者は第二の埋葬をおこない、ごみにしたつもりだったのかもしれないが、結果として考古学者に掘り起こされて再びモノに戻ったと表現できるだろう。

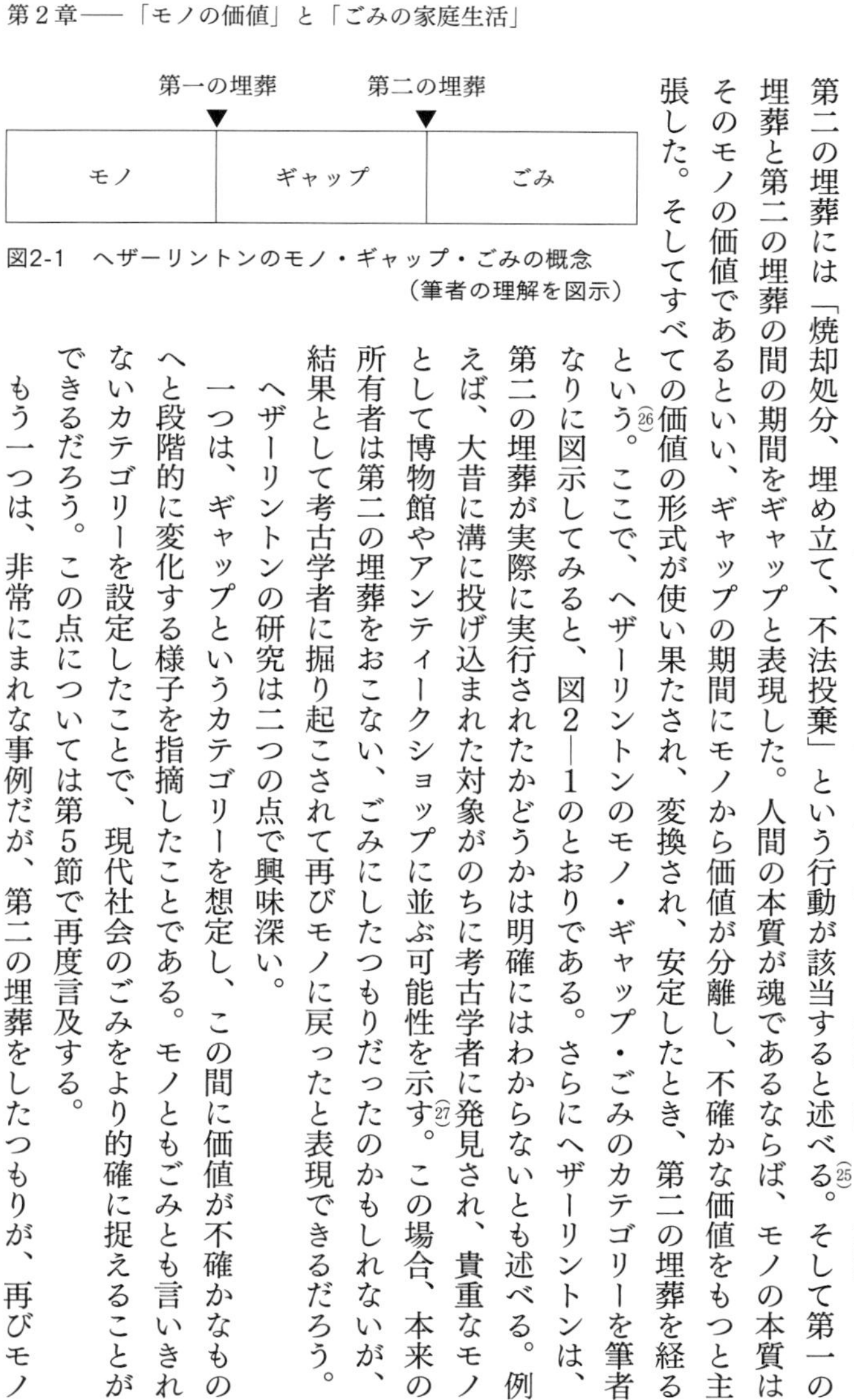

図2-1　ヘザーリントンのモノ・ギャップ・ごみの概念
（筆者の理解を図示）

ヘザーリントンの研究は二つの点で興味深い。

一つは、ギャップというカテゴリーを想定し、この間に価値が不確かなものへと段階的に変化する様子を指摘したことである。モノともごみとも言いきれないカテゴリーを設定したことで、現代社会のごみをより的確に捉えることができるだろう。この点については第5節で再度言及する。

もう一つは、非常にまれな事例だが、第二の埋葬をしたつもりが、再びモノとして戻る可能性を示したことである。この発想は筆者にとって大変刺激的だった。モノ・ギャップ・ごみというそれぞれのカテゴリー間の移動が一方向で固定的なものではなく、双方向で流動的な関係になる場合が、まれにありうることを示している。このようなカテゴリー間の移動を流動的に捉える議論を本書では「流動性の議論」と呼ぶ。流動性の議論は、現代社会のごみと人間の多様な関わり方を理解するうえで有効な視座になりそうである。そこで、流動性の議論についてさらに理解を深めるために、次にマイケル・トンプソンの研究を検討したい。

トンプソンの研究

トンプソンの『ごみ理論――価値の創造と破壊』[28]は、欧米のごみ研究では、ダグラスに並び重要文献の一つとして取り上げられることが多い。トンプソンの研究で最も興味深いのは、モノを三つのカテゴリーに分類し、カテゴリー間の流動性を示した点にあるといえるだろう。すなわち、「一時的な(transient)もの」「耐久性(durable)があるもの」「ごみ(rubbish)」の三つである。一時的なものは、時間とともに価値が減少し有限の寿命をもつものと定義され、中古車などを想定している。[29]耐久性があるものは、時間とともに価値が増加し、理論上無限の価値をもつものと定義され、アンティークの家具などを想定している。[30]ごみは、一時的なものにも耐久性があるものにも分類されない、価値がないもの/価値が不変のものを指す。[31]そしてモノは原則的に「一時的なもの」「ごみ」「耐久性があるもの」の順でカテゴリー間を移動することを示した。その様子を具体的に「スティーブングラフ(Stevengraphs)」の例を用いて説明している。

スティーブングラフとは絹織りの絵のことである。一八七九年にイギリスのヨークで開催された展示会で、トーマス・スティーブンスがジャカード紋織機で織ったスティーブングラフを販売したことで誕生した。当時、すでにジャカード紋織機は目新しいものではなかったが、それまでのものが白黒だったのに対し、カラフルなスティーブングラフの安定的な生産が実現し、市場に流通するようになった。当時は一シリング程度で購入できる非常に安価なものだった。その後、一九四〇年までの約六十年の間に、数千万から数億枚という非常に多くのスティーブングラフが生産されて普及するものの、売り物にならない時代が続き、スティーブングラフの市場は存在せず、実質的に価値はゼロになった。ところが、六〇年代に入って再び注目を集めるようになり、七一年にはオークションで七十五ポンドの値がついたスティーブングラフが登場した[32]。

トンプソンによれば、スティーブングラフの生涯は三つの連続した段階に分解できる。

一つ目は、安値で流通を開始してから価値がゼロになるまでの期間である。この期間は一時的なもののカテゴリーに該当する。

二つ目は、スティーブングラフの価値が事実上ゼロになり、価値が増えることも減ることもなくなった長い期間である。この期間はごみのカテゴリーに該当する。

三つ目は、一九六〇年ごろから現在（トンプソンの本が出版された一九七九年当時と考えられる）とさらにその先までを指す。価値は時間とともに高くなっていき、この期間は耐久性があるもののカテゴリーに該当すると述べた[33]。

ここまでヘザーリントンとトンプソンの研究に着目してきた。「現代日本の都市部に住む人々にとって、家庭から排出されるごみはどのような存在なのか」を明らかにするという本書の目的に立ち返ると、両者の研究は本書に二つの有益な視点を提示する。

一つ目は「モノの価値の変化とともに、モノやごみのカテゴリーが変化する」という視点である。二つ目は「ごみをモノからごみへの連続した流れの一部」として捉える視点である。第3・4節では詳細な考察を加えていきたい。

3 モノの価値の変化とカテゴリーの変化

ヘザーリントンとトンプソンの研究が本書に提示する視点の一つ目は、「モノの価値の変化とともに、モノやごみのカテゴリーが変化する」という視点である。すなわち、なんらかのモノの価値が変化するにしたがって、その対象はモノになったりごみになったりするという捉え方だ。なかでもヘザーリントンの議論は多くの点で示唆的である。ヘザーリントンのカテゴリー間の移動の考え方は、本棚に入れる、焼却処分するなどの「行動」がベースになっていた。それは概念として理解しやすい一方で、具体的な事例を当てはめたとき、不明瞭さが残る。例えば、あとで読むつもりで本棚に置き、そのまま忘れていた本はモノだろうか、それともギャップに位置する対象だろうか。またギャップに位置する場合、第一の埋葬にはどの行為が該当するのだろうか。毎日本棚から取り出す本との違いはどこにあるのだろうか。ギャップの期間にモノから価値が分離し、不確かな価値をもつのならば、[34]どのようなモノの価値がどの時点から不確かになったのか。現代社会でのモノやごみと人間との関わり方は多様である。それゆえギャップの始点と終点に第一の埋葬／第二の埋葬という区分を一律的に設定し、そこに特定の行動を当てはめて各カテゴリーを理解するのは無理があるようにみえる。行動ではなくモノの価値との関連のなかでカテゴリー間の移動を捉える必要があるだろう。

モノの価値についてヘザーリントンは、使用価値（use value）、心情的価値（sentimental value）、交換価値（exchange value）、記号価値（sign value）という単語を論文の各所で挙げているものの、これらの価値の関係や、どのような状態になれば第一の埋葬を経たことになるのかなど、価値とカテゴリー間の移動については詳細に述べていない。このなかでも心情的価値とは聞き慣れない言葉である。彼は論文のなかで、価値がないモノであっても、使用者に楽しかった思い出、心情的な接点、愛する人や自身の過去とのつながりを伝える心情的価値をもつモノがあることを示している。[35]ヘザーリントンは心情的価値についてこれ以上の言及はしていないが、議論を発展させるうえでニッキー・グレッグソンらの研究が有効だろう。グレッグソンらは、インタビュー調査を通して捨てるプロセスについて考察し、使い捨て社会という概念の再考をおこなった。そのなかで、モノを捨てることがアイデンティティーや関係性の問題と関連することを示している。例えば、新しいパートナーとの同居を機に、昔のパートナーと使用していたモノを捨てる様子が描かれている。なぜ捨てるのかといえば、それらのモノには昔のパートナーの痕跡が残っているからである。したがって、昔のパートナーの痕跡が残るモノを捨てる行為は、新しいパートナーへの献身・愛・忠誠を示すことになる。カップルのアイデンティティーを成立させるには、捨てることが重要なのである。[36] ヘザーリントンやグレッグソンらの研究を踏まえると、モノには心情・アイデンティティー・関係性と関連する価値があることを理解できる。心情・アイデンティティー・関係性に関連する価値を含めた多様なモノの価値を捉えるなかで、モノとごみの境界への理解は深まるだろう。本書の目的を明らかにするために、なかでも「人間はどのようなものをごみと捉えているのか」という定義の考察をおこなううえでは、モノの価値からごみを検討する視点が重要と考えられる。

4 モノからごみまでの軌跡

モノからごみへの連続した流れ

ヘザーリントンとトンプソンの研究が本書に提示する視点の二つ目は、「ごみをモノからごみへの連続した流れの一部」として捉える視点である。ごみに興味をもっていると、ついごみの部分だけを切り取って捉えがちである。しかしながら流動性の議論には（もちろんヘザーリントンとトンプソンの研究はさまざまな点で違いはあるが、大きな視点でまとめれば）モノからごみ／ごみからモノへの流れが描かれていて、筆者にとってこの点は大きな気づきになった。モノからごみまでの一連の流れを追うという作業は、必然的に「モノの所有者とモノ」「ごみを生み出した本人とごみ」の関わりに注目することになる。それは、人々の暮らしや生活を深く考察することにほかならず、「生活文化としてのごみ」の視点から本書の目的を明らかにする作業と親和性が高い。特に「人間はごみとどのように関わり、ごみとの関わりのなかで何を得ているのか」という「ごみと人間の関係」の考察をおこなううえで有益な視点を提示している。

では、モノからごみへの連続した流れの一部としてごみを捉えるためには、どのような分析手法を用いることができるだろうか。このとき参考になるのが、マテリアル・カルチャー（material culture、物質文化）研究の議論である。

アパデュライ、コピトフ、ミラーの研究

注目すべきは近年の一部のマテリアル・カルチャー研究である。これは、誤解を恐れずにいうならば「主体としての人間／客体としてのモノ」という近代的な構図を脱し、「モノを中心に人間社会を捉え直そう」とする試みと理解できる。これらの研究は生活文化としてのごみの研究に大きな影響を与えている。人類学者の床呂郁哉と河合香吏によれば、マテリアル・カルチャーという語は十九世紀から使われるようになった。ルネサンス以降の西欧では、王侯貴族を中心に非西欧のモノの収集と私的な展示が流行し、モノへの関心は高かったという。したがって、十九世紀後半から二十世紀までの初期人類学では、マテリアル・カルチャー研究は主要な関心の一つだった。ところが二十世紀に入ると、人類学の関心は社会関係、文化的コード、記号や表象のシステムへと移行し、マテリアル・カルチャー研究への関心は一度下火になる。しかし一九八〇年代に入ると、広義のマテリアル・カルチャー研究を扱おうとする新たな動きが誕生する。[37] そこで活躍した研究者であり、

本書にも重要な視点を提供するのが、アルジュン・アパデュライ、イゴール・コピトフ、ダニエル・ミラーらの研究である。

アパデュライは、一九八六年に編著『モノの社会生活――文化的観点における商品』[38]を出版した。第一部に収められたアパデュライとコピトフの論文では、「モノから人間の社会を論じることはどのようにして可能になるか」という本質的な問いに答える、重要な議論が提示された。具体的には、アパデュライは「モノも社会生活を営んでいる」という考え方を示した。アパデュライは、モノが生産・交換／流通・消費されるまでの「軌跡全体」に焦点を当て、このような軌跡を「モノの社会生活（the social life of a thing）」[39]と呼んだ。

「モノの社会生活」や「軌跡」という発想は、コピトフの研究によって理解を深めることができる。コピトフは、モノは「商品化（commoditization）」や「特異化（singularization）」という状態変化を遂げていることを指摘する。その様子をコピトフは奴隷制を例に挙げて説明している。奴隷は商品化された人々である。彼らはもといた場所から売られ、新しいホストグループに再挿入される。新しい社会のなかで再社会化され、新しい社会的アイデンティティーを得る。このように奴隷の地位は固定的で統一的なものではなく、変化を伴うものである。もとの社会的設定からの撤退、商品化、再商品化、新しい環境での特異化のプロセスを経て、交換可能な単純な商品の状態から、特異な個別の占有物に移行している。このようなモノの状態変化を記述することをコピトフは「モノの伝記（the biography of a thing）」と呼んだ。[40] では、モノの伝記とはどのように記述できるのだろうか。例えば車の場合であれば、その車はどのように獲得されたのか、支払った金はどのように／誰から集められたのか、売り手と買い手の関係はどうか、車の用途は何か、乗客と借り手のアイデンティティーはどのようになっているのか、借りる頻度はどの程度か、ガレージ・整備士・所有者の関係はどうか、どのように譲渡が繰り返されたのか、そして最終処分はどのようであったか、などが含まれる。コピトフによれば、このような伝記を描いてみると、中産階級のアメリカ人、ナバホ族、フランスの農民の車では、まったく異なる内容が記されるという[41]。そのためモノの伝記を通して、私たちの社会のありようを理解できると指摘した。床呂と河合は、従来のマルクス主義的な物象化論の影響から、人類学の分野でモノの交換や消費などが論じられる場合、社会関係を本源と捉えてモノは二次的なメディアとして捉える傾向が強かったと述べる。そうした発想の方向転換を図る一つの契機が、このアパデュライとコピトフの研究だという[42]。

アパデュライ、コピトフらの研究と並んでミラーの『マテリアル・カルチャーと大量消費[43]』について言及しておきたい。ミラーは、これまでの研究は生産分野の研究に圧倒的に集中し、消費の場面は相対的に軽視されつづけてきたことを指摘する[44]。そして、消費の現場に焦点を当てる必要性を説いた。

廃棄場面への着目

アパデュライ、コピトフ、ミラーの研究に共通しているのは、それまでモノの「生産」の場面に集中していた議論をモノの「消費」の場面にシフトさせたことにある。つまり、議論の焦点を人々の生活の場面にシフトしたのである。さらに本書にとって重要なことは、モノから社会や人々の暮らしを捉える視点を提示した点である。なかでもアパデュライとコピトフは、モノが生産・交換／流通・消費する過程を捉える「モノの社会生活」に着目し、それを「モノの伝記」として記述することで、人間の社会を逆照射する視点を提示した。このモノから社会や人々の暮らしを捉える視点をごみに応用することは、本書にとって大きな意味がある。なぜなら私たちは普段、人間を始点にごみを捉え、ごみの問題としての側面に着目してきた。では、ごみを始点に人間や社会を捉えた場合、何が見えてくるのか。マテリアル・カルチャー研究の視点を援用することで、これまで私たちが意識してこなかった、ごみと人間の関係性や、ごみの意味を捉えられる可能性があるのではないだろうか。

しかしここで指摘すべき重要なことは、アパデュライ、コピトフ、ミラーの研究には「ごみ」の段階に関する記述が圧倒的に少ないことである。コピトフは先に示した車の例のなかで、廃車になり処分されるまでを視野に収めてはいるものの、その詳細については論じていない。彼らが想定するモノは基本的に商品（commodity）であり、ほかのモノと交換可能なモノ（exchangeability）について議論している。[45] またコピトフによれば、商品化されたものは常に潜在的な商品性をもち、彼らは再販売（転売）によって実現されるかもしれない潜在的な交換価値（a potential exchange value）を持ち続けているという。[46] たとえそれらが商品として無効にされたとしても、正式に脱商品化（decommoditized）されないかぎり、そのモノは交換価値を持ち続けると指摘する。[47] このように彼らの関心は、あるモノが中古として人から人、ときには国境を超えて再解釈されていく様子に向けられる。確かにモノは、人・文化・国を超えると再び商品化するケースがある。例えば、日本で廃車になった列車やバスなどを、インドや東南アジアの国々で再利用している話を聞いたことがある。このような例からも、モノやごみのカテゴリー間の流動性やあいまい性を読み取ることができる。しかしながら、多くのモノは永遠に再商品化を繰り返すわけではない。やがて脱商品化し、廃棄され、ごみになる場合が多い。この点については、少なくとも先のアパデュライ、コピトフ、ミラーらの研究では深く論じられていない。

アパデュライ、コピトフ、ミラーらの登場後、廃棄場面に着目した研究は、その後どのような展開をみせたのだろうか。興味深い研究を例示したいと思う。例えば湖中真哉は、周辺社会での廃物資源利用について論じた。具体的には、ケニアのリフトバレー州サンブル県の半乾燥地帯をおもな居住地とする、半遊動的牧畜民のサンブル族たちが利用するタイヤサンダルについて論じている。タイヤサンダルの材料は貨物トラックの古タイヤである。サンブル県東部では、カンバ人たちがこの古タイヤを入手してタイヤサンダルを作る。タイヤサンダルを購入したサンブル族はこれを着用する。そしてサンダルとして使い古したあとも、さまざまな用途で再利用するという。湖中は周辺社会での廃物資源利用をリサイクルや貧困の文脈から語るのではなく、市場によって価値づけられた商品が市場交換価値を失って廃物になり、その後再び価値を付与されて「非商品的生産物」として使用されている様子を描いた。[48] 湖中の研究は、マテリアル・カルチャー研究の視点からごみを論じた貴重な先行研究だが、その指摘は文化相対主義的な議論にとどまっているようにみえる。すなわち、ある文化にとってごみになったものも、ある文化にとってはモノとして捉えられ、モノの社会生活の軌跡に存在している様子を示しているにすぎない。したがって、湖中の議論は廃棄の場面に着目しているのではなく、消費の場面に着目した状態にとどまっているといえるだろう。

あるいはオブライエンは、著書のなかで無駄あるいは危険と捉えられてきたごみからさまざまな産業が生み出されてきた様子を歴史的に考察している。例えばボロ（rag）は、木材パルプが登場するまで紙の主原料であり、ボロによって製紙産業が発展した様子を確認できる。社会で生産・消費されるモノを中心に「消費社会」を捉えるのではなく、社会から排出されるごみを中心に「ごみ社会（rubbish society）」を捉える視点を提案した。[49] オブライエンの研究は、社会の視点をモノからごみへシフトさせる、大変挑戦的な内容である。しかしながら、少なくとも「ごみが一部の産業を牽引した事例」に関しては、ごみが再商品化する過程を示すにとどまっている。それは湖中の議論と同様、廃棄の場面に着目しているのではなく、消費の場面に着目しているにすぎないといえるだろう。

もちろん、これらの研究はマテリアル・カルチャー研究のなかのほんの一部にすぎないだろうが、廃棄場面に着目した研究はまだ少なく、研究の余地があるようにみえる。アパデュライ、コピトフ、ミラーはいずれも消費場面への着目を促した。彼らの功績によってマテリアル・カルチャー研究は花開き、多くの研究者が消費場面に着目した研究を展開している。したがって、現代社会に必要なのは、「廃棄」場面への着目といえるのではないだろうか。「廃棄」場面へ着目することは、本書の目的を明らかにすることにとどまらず、マテリアル・カルチャー研究の発展にも寄与できるのではないか。何より、本書の目的を明らかにするうえでは、とりわけ、「人間はごみとどのように関わり、ごみとの関わりのなかで何を得ているのか」というごみと人間の関係から考察するうえでは、廃棄場面を含めて、モノやごみから人間や社会を捉える視点は重要だと考えられる。

5 価値と軌跡への着目

マージナルな対象

ここまでの議論をまとめると、はじめにダグラスの研究を概観し、それに対する指摘について考察した。そのなかでもヘザーリントンのギャップの概念やモノとごみのカテゴリー間の流動性の議論に注目し、また、トンプソンの流動性の議論についても確認した。その結果、本書にとって重要な二つの視点を得た。

一つ目は、モノの価値からごみを検討する視点である。ある対象がモノなのか、ごみなのかの判断には、心情・アイデンティティー・関係性に関連する要素を含めた、モノがもつ多様な価値の変化が関係する様子がみえてきた。

二つ目は、ごみを「モノからごみへの連続の一部」として捉える視点である。マテリアル・カルチャー研究を検討し、その方法や視座に注目した。なかでも、議論の中心を消費場面に移し、人々の生活に焦点をシフトさせた点や、モノから人間や社会を捉える視点は本書にとっても有益な視座を提供するものであった。だが、これらの既存研究では「廃棄」場面への着目が少ない点を指摘した。

諸論を踏まえて本書の目的を達成するために、以下の二つの理論枠組みを設定する。

一つは、モノの価値に関する理論枠組みである。ヘザーリントンのように、モノとごみの間にギャップという状態を設定することは、現代社会のごみを考えるうえで有効な区分と考えられる。例えば、第1章の冒頭で示した「壊れた時計」の例は、完全にごみともモノとも言いきれないあいまいさを有していた。このような対象は、ギャップの発想を用いることで明確な定義が可能になるかもしれない。またギャップの検討は、ごみの特徴を明確化する作業にもつながるだろう。だがヘザーリントンのギャップの概念は、行動をもとに構築されているために、現実社会に当てはめると不明瞭な部分があった。またグレッグソンらの研究からは、モノとごみの境界判断には、心情・アイデンティティー・関係性に関連する価値が関係する様子も確認できた[50]。そこで本書では、ヘザーリントンとトンプソンの研究を発展させて次のような概念を想定する。はじめにモノ、ごみ、その間の三つのカテゴリーを想定し、モノの価値の観点からカテゴリーの境界を検討する。モノとごみの「間」のカテゴリーは、第一の埋葬／第二の埋葬で区切られたギャップではなく、「マージナルな対象」と名づける。マージナルな対象とはモノとごみの間に存在し、完全にモノやごみとは言いきれない、あいまいな価値をもつ状態とする（図2—2を参照）。カテゴリー間の移動には、心情・アイデンティティー・関係性に関連する価値を含めたなんらかのモノの価値の

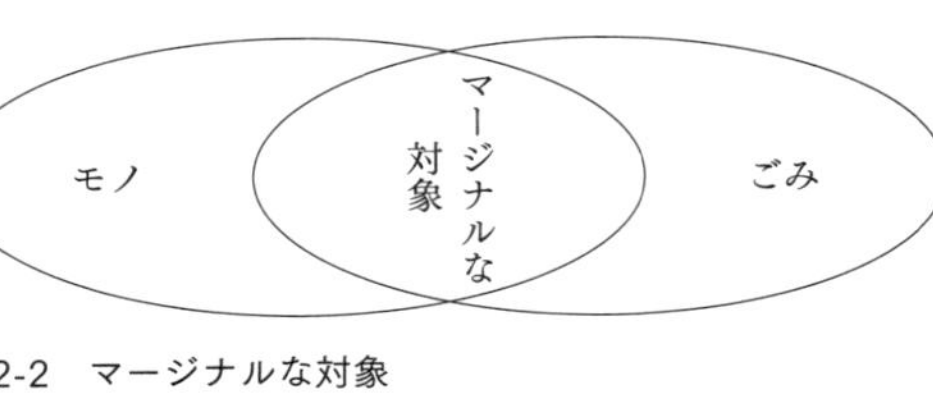

図2-2　マージナルな対象

変化が関係していると仮説を立てる。本書では、マージナルな対象に向けられる違和感や共通点に特に着目しながら「モノの価値の分析」をすることで、ごみの定義の検討を試みていくことにする（もちろんその際には、ごみの定義だけではなく、モノやマージナルな対象の定義もおこなう。したがって、マージナルな対象をモノの価値の視点から捉えた定義についても追って提示する）。こうした取り組みによって、価値の議論やごみの定義に関する議論の精緻化に貢献できるだろう。

具体的な検討には、どのような事例が適しているだろうか。本書では、いわゆる「ごみ屋敷」を取り上げる。その理由は、ごみ屋敷と呼ばれる家に住む当事者とごみ屋敷の周囲の人々の間には、ある認識のずれがみられるからだ。すなわち、周囲の人々はそこに堆積するものをごみと捉えるのに対し、当事者はそれを財産や宝物と捉えるずれである。ごみ屋敷とは単なるごみをめぐるトラブルという側面を超えて、ごみとモノの境界が問われる現場と理解できる。そこで、ごみ屋敷をめぐる人々に着目して分析した。詳細は第3部の第7章で述べるが、ごみ屋敷は二〇〇六年ごろから表面化した新しい問題である。ゆえに現代社会特有の感覚を捉えることができると考え、事例として選択した。具体的な分析は第3部でおこなう。

「ごみの家庭生活」

もう一つは、「モノからごみへの連続の一部」に関する理論枠組みである。アパデュライ、コピトフ、ミラーの議論を踏まえ、本書ではモノの社会生活は生産・交換／流通・消費・廃棄という段階を経ると想定し、このうちの「消費から廃棄の場面」を取り上げる。マテリアル・カルチャー研究のモノから社会や人々の暮らしを逆照射する発想を援用し、モノやごみから社会や人々の暮らしの考察を試みる。したがって、本書はマテリアル・カルチャー研究の基本的姿勢を踏襲するものである。既存のマテリアル・カルチャー研究と異なるのは、これまで深く論じられることが少なかった廃棄場面に着目する点である。「現代日本の都市部に住む人々の、家庭から排出されるごみ」を想定して廃棄場面を細分化していくと、おおむね以下の段階を想定できる。すなわちごみが誕生し、家のなかに保管され、ごみ出しがなされ、ごみが運搬され、焼却／埋め立てされるという段階である（図2―3を参照）。このうち、ごみ出しの前とあとでは、同じ廃棄場面であっても、ごみを取り巻く環境には大きな変化が生じている。ごみの誕生からごみ出しまでは、おもにごみとごみを生み出した本人との家庭内での関係性が中心を占める。一方、ごみ出しから焼却／埋め立てまでは、ごみを生み出した本人の手を離れ、家庭を出て、ごみは他人のごみと合わさって、行政による制度や仕組みとの関係性が中心を占める。そこで本書では、モノの社会生活の一段階である「廃棄段階」のうち、ごみの誕生からごみ出しの部分を「ごみの家庭生活」と名づけ、ごみ出しから焼却／埋め立てまでの部分を「ごみの公共生活」と名づけて区別する。図2―3でごみ出しがどちらにも含まれているのは、「おもにごみとごみを生み出した本人との家庭内での関係性の最終地点」とも、「行政による制度や仕組みとの関係性の出発地点」とも考えられ、両方の要素が含まれると考えたためである。

本書では、「消費」から「ごみの家庭生活」までの部分に着目し、その間のごみと人間の関係について詳細に検討する（図2―4を参照）。なぜ廃棄段階のうち、「ごみの家庭生活」部分に着目するのか。その理由は、第一に、本書の目的を明らかにするうえで想定しているのは、ごみとごみを生み出す本人との関わりや、その関わりのなかで何を得ているのかを捉えることである。そのため「ごみの家庭生活」部分が本書の対象として適切だと判断した。第二に、「ごみの公共生活」部分については、おもに「ごみ問題」を扱う環境社会学などで詳細な議論がおこなわれている。一方、「ごみの家庭生活」部分については圧倒的に議論が少ない。したがって、「ごみの家庭生活」部分の分析を通して、ごみと人間の関係の検討を試みる。こうした取り組みから、モノの社会生活のなかの不足部分を補い、マテリアル・カルチャー研究の議論の発展に寄与できると考えている。

ここで、図2―3と図2―4について一部補足をしておきたい。両図中の矢印はモノの軌跡を表している。「消費」と「ごみの誕生」の間の「判断」は、あるモノとの今後の付き合い方についての判断を下す時間を表す。判断の結果、モノの一部は中古品として再商品化に回り、一部はごみになる。「運搬」の一部が「生産」に戻るのは、さまざまな処理を経て原料などになって戻ることを想定している。また前述のとおり、本書ではモノとごみカテゴリーの間に「マージナルな対象」というカテゴリーを想定している。したがって、図2―3と図2―4の「消費」と「ごみの誕生」の間には、マージナルな対象として人間と関わりをもつ期間が存在する可能性がある。そこでは、ヘザーリントンやトンプソンらの研究を踏まえると、一度ごみに区分された対象が再びモノの段階に戻る場合もありうる。だが、マージナルな対象のカテゴリーにとどまる間、対象と人間の関わり方は多様であることが想定される。図中に具体的な行動を挙げて一律的に提示することはきわめて困難だと考えられたため図示していない。「消費」と「ごみの誕生」の間にどのような変化が生じる

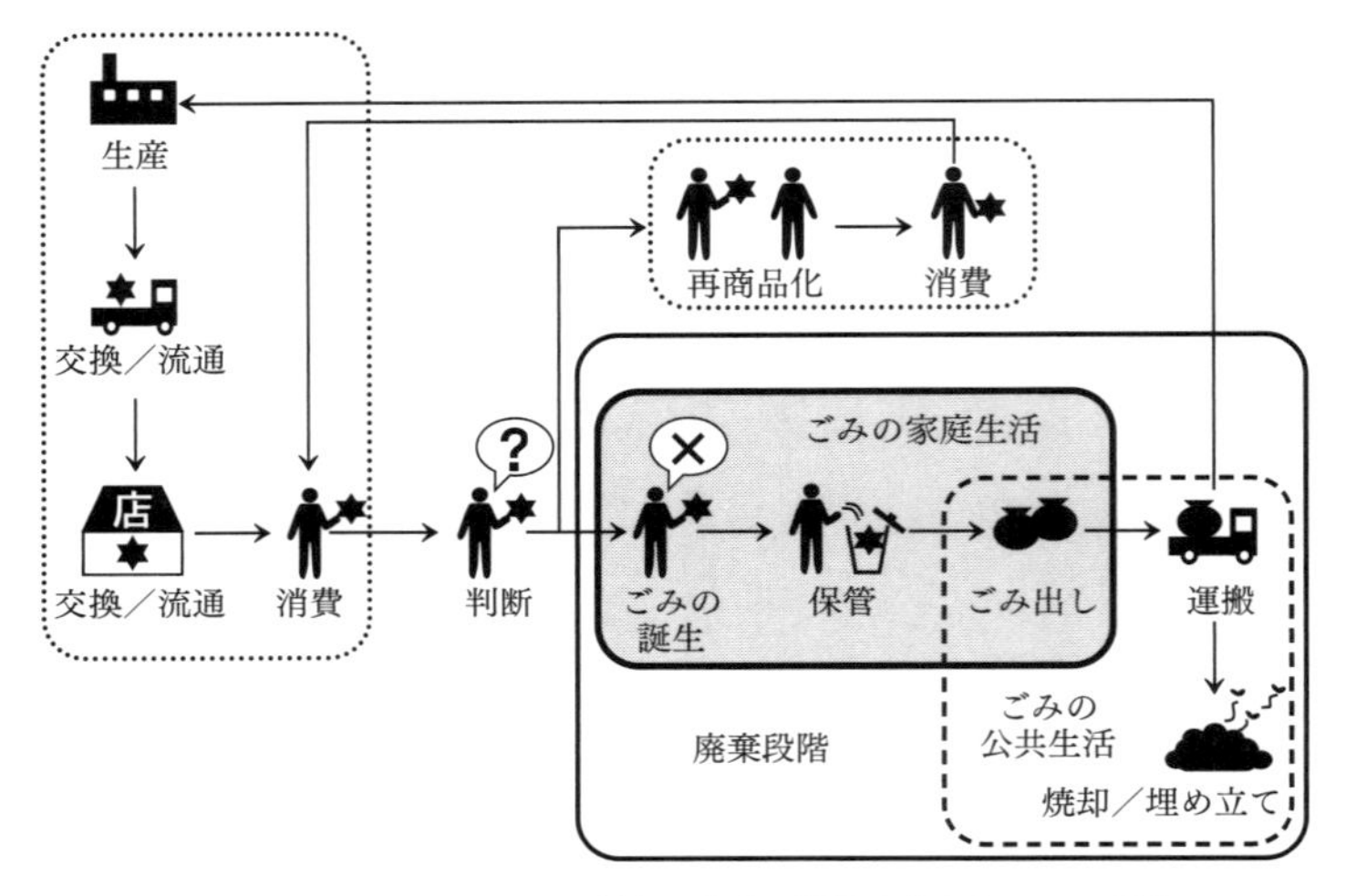

図2-3　「ごみの家庭生活」と「ごみの公共生活」

のかは、モノの価値の観点から第3部で詳細に検討する。

以上のような考えを具体的に検討するために、本書では高度経済成長期の「ごみの家庭生活」について着目する。その理由は、高度経済成長期は現代社会のモノやごみと人間の関係の基礎を構築した「転換点」だと理解できるためである。

第2部（第3章から第6章）でふれるが、高度経済成長期にはモノやごみの質が大きく変化している。例えば、プラスチック製品が普及し、それがごみとなり発生した燃やせないごみは、その性質から分別収集を余儀なくし、「ごみは焼き尽くす」というそれまでの常識を大きく変化させた。また、家電製品が普及し、それがごみになったとき、粗大ごみという概念が誕生した。あるいは、ごみの定時収

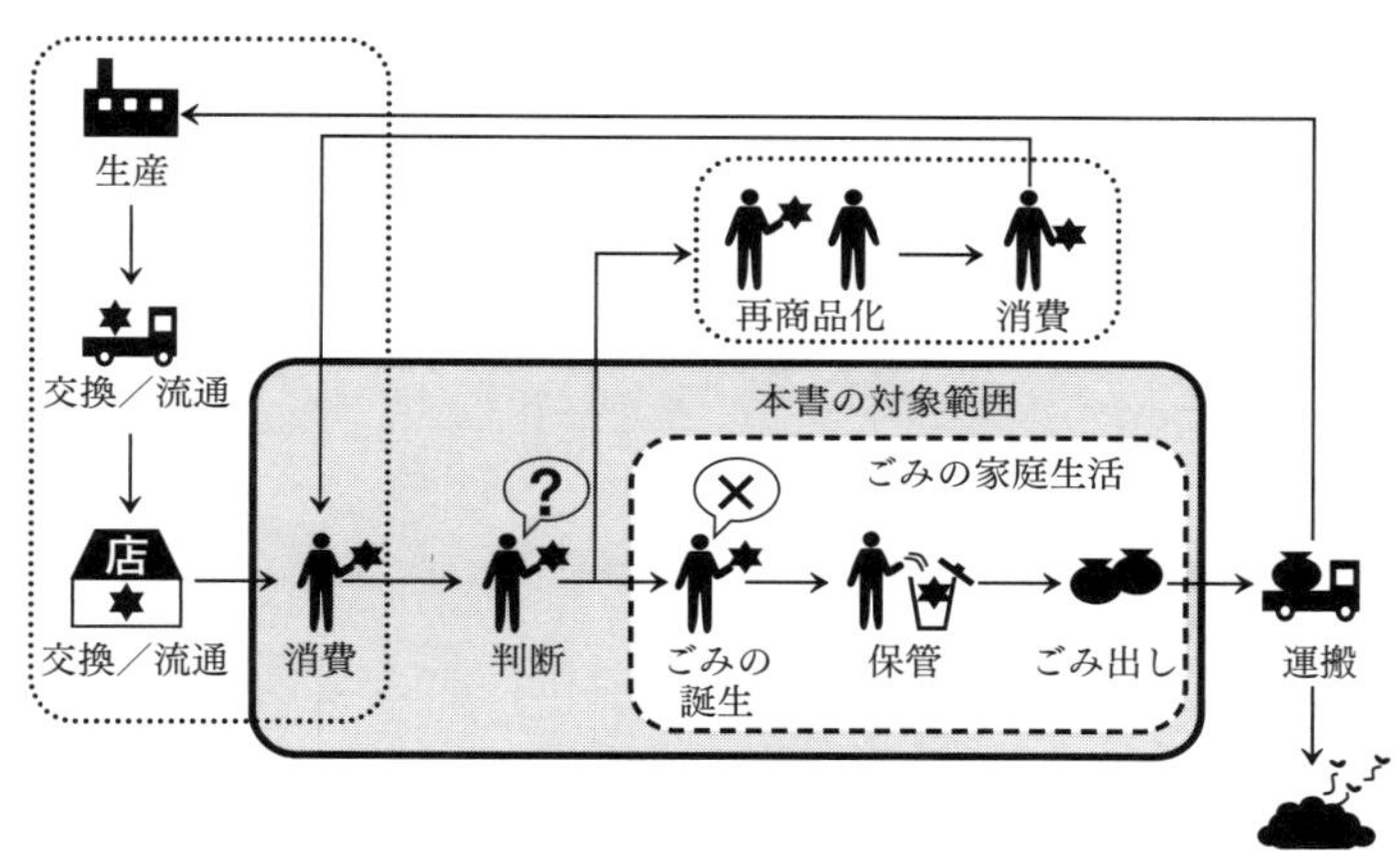

図2-4　本書の対象範囲

集が開始し、現代的なごみ出しやごみ捨ての方法が開始された。このような転換点に現れる違和感を手がかりに、現在では当たり前になって見落としてしまう現代社会の特徴を把握できると考え、事例として用いる。具体的な分析は第２部でおこなう。

おわりに

何にモノの価値を見いだすかについては、生活文化と密接に関連すると考えられる。加えて「ごみの家庭生活」への着目は、ごみから私たちの生活を捉える作業にほかならない。ここから「モノの価値」と「ごみの家庭生活」の二つの視点を用いることで、「問題」とは異なる「生活文化としてのごみ」という切り口から、本書の目的を明らかにできると考える。具体的な分析結果については、第２部と第３部で詳述する。

注

(1)メアリ・ダグラス『汚穢と禁忌』塚本利明訳、筑摩書房、二〇〇九年(原著初版一九六六年)

(2)現在の私たちからみると不適切な表現だが、メアリ・ダグラスの文献の記述のまま表現した。以降も同様とする。

(3)前掲『汚穢と禁忌』一一一ページ

(4)同書三三ページ

(5)同書一〇三ページ

(6)同書三三ページ

(7)同書二八二ページ

(8)同書二八二ページ

(9)同書三五七ページ

(10)同書三七一―三七三ページ

(11)同書三六〇ページ

(12)同書三九一―三九二ページ

(13)同書三九三ページ

(14)Martin O'Brien, *A Crisis of Waste?: Understanding the Rubbish Society*, Routledge, [2008] 2011.

(15)*Ibid.*, pp. 125-143.

(16)前掲『汚穢と禁忌』一八四―二二六ページ

(17)同書一一三ページ

(18) O'Brien, *op. cit.*
(19) *Ibid.*, p. 130.
(20) Kevin Hetherington, "Secondhandedness: Consumption, Disposal, and Absent Presence," *Environment and Planning D: Society and Space*, 22(1), SAGE Publications, 2004.
(21) Rolland Munro, "The Disposal of the Meal," in David W. Marshall ed., *Food Choice and the Consumer*, Blackie Academic & Professional, 1995, p. 318.
(22) Hetherington, op. cit., pp. 168-170.
(23) ロベール・エルツ「死の宗教社会学――死の集合表象研究への寄与」『右手の優越』吉田禎吾／内藤莞爾／板橋作美訳（ちくま学芸文庫）、筑摩書房、二〇〇一年、四二ページ
(24) 同書
(25) ここで筆者は「行動」という表現を用いたが、ケビン・ヘザーリントン自身は異なる表現をしている。すなわち本棚、コンピューター上のごみ箱、車庫、納屋、冷蔵庫、洋服だんす、ごみ箱が第一の埋葬の「場所（sites）」として構成されるといい、さらに、焼却炉、埋め立て地、道の隅に不法投棄されることで第二の埋葬を「経験する（undergo）」という表現をしている（Hetherington, op. cit., p. 169）。これらの表現はいずれもモノ目線で書かれている。人間目線の表記に改めると「行動」という表現でまとめることが可能であり、本文では「行動」と記すと同時に、それに適した表現で記載した。補足すると、ヘザーリントンはロベール・エルツの二重葬儀の発想をモノの処分に当てはめる際、前述の本棚や焼却炉などの事例を挙げる前に日本のモノ供養の事例を挙げ、モノ供養にも第一・第二の埋葬が存在することを示している。そのうえで、西洋では日本のモノ供養ほど明らかではないが二重葬儀の発想が存在するといい、本棚や焼却炉などの事例を挙げたことを記しておく（Ibid., p. 169）。

(26) Ibid., pp. 169-170.

(27) Ibid., p. 169.

(28) Michael Thompson, *Rubbish Theory: The Creation and Destruction of Value*, Oxford University Press, 1979. 同書は二〇一七年に Pluto Press から新版が出版されている。新版では、「はしがき」が改められ、「新版に向けた序論」と「あとがき」が追記されているが、本論自体は初版のものとほぼ同じであることから、本書では初版を用いた。

(29) *Ibid.*, p. 7.

(30) *Ibid.*, p. 7.

(31) *Ibid.*, p. 9.

(32) *Ibid.*, pp. 13-18.

(33) *Ibid.*, pp. 17-18.

(34) Hetherington, op. cit., pp. 169-170.

(35) Ibid., p. 166.

(36) Nicky Gregson, Alan Metcalfe and Louise Crewe, "Identity, Mobility, and the Throwaway Society," *Environment and Planning D: Society and Space*, 25(4), SAGE Publications, 2007.

(37) 床呂郁哉／河合香吏編『ものの人類学』京都大学学術出版会、二〇一一年、床呂郁哉／河合香吏編『ものの人類学2』京都大学学術出版会、二〇一九年

(38) Arjun Appadurai ed., *The Social Life of Things: Commodities in Cultural Perspective*, Cambridge University Press, 1988.

(39) Arjun Appadurai "Introduction: Commodities and the Politics of Value," in *Ibid.*, p. 13.

(40) Igor Kopytoff, "The Cultural Biography of Things: Commoditization as Process," in Appadurai ed., *op. cit.*
(41) Ibid., p. 67.
(42) 床呂郁哉／河合香吏「なぜ「もの」の人類学なのか？」、前掲『ものの人類学』所収、一四ページ
(43) Daniel Miller, *Material Culture and Mass Consumption*, Basil Blackwell, 1987.
(44) *Ibid.*, p. 3.
(45) Appadurai, "Introduction," p. 13.
(46) Kopytoff, op. cit., p. 65.
(47) Ibid., p. 76.
(48) 湖中真哉「小生産物（商品）の微細なグローバリゼーション——ケニア中北部・サンブルの廃物資源利用」、小川了編『躍動する小生産物』（「資源人類学」第四巻）所収、弘文堂、二〇〇七年
(49) O'Brien, *op. cit.*
(50) Gregson, Metcalfe and Crewe, op. cit.

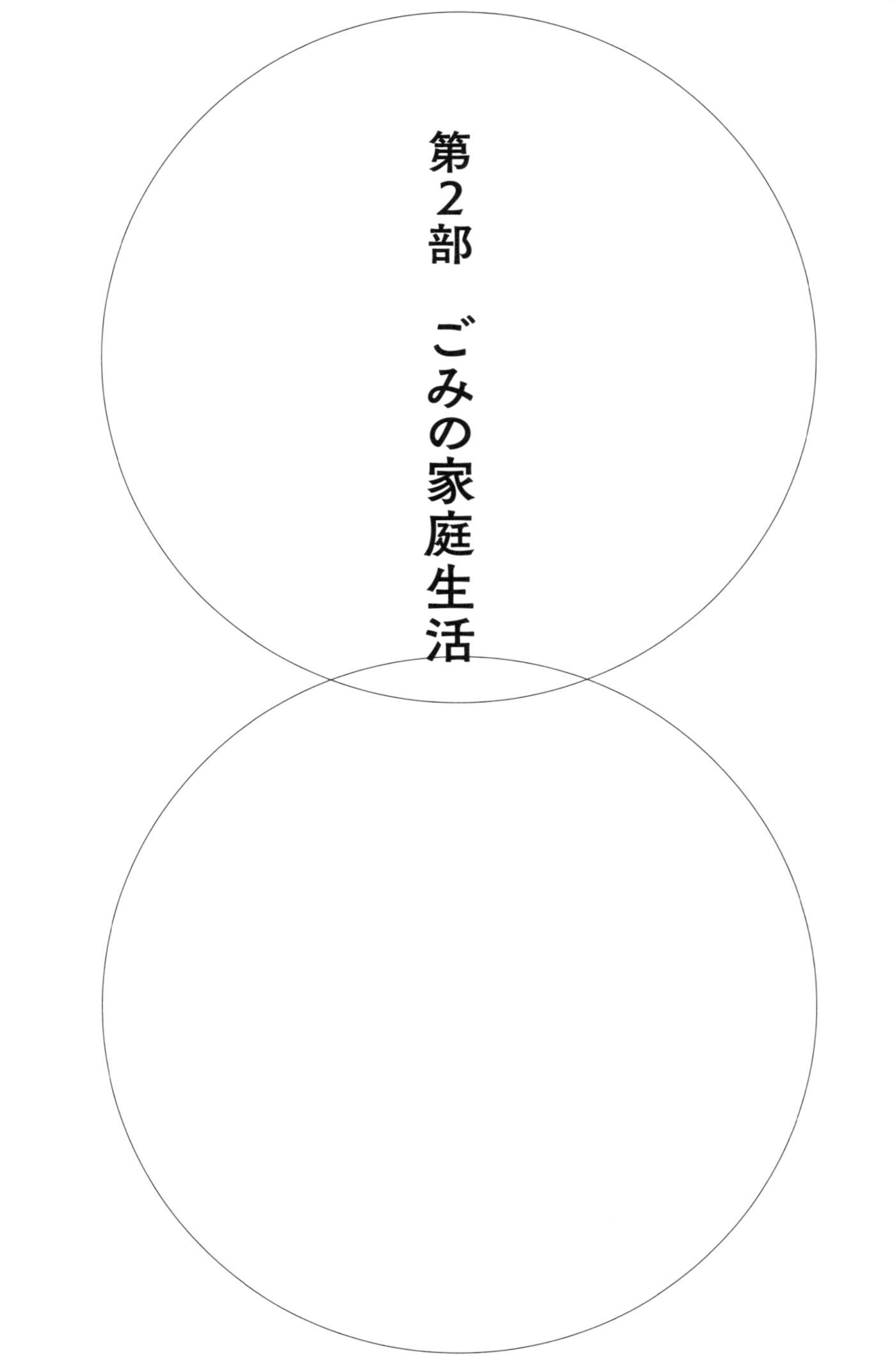

第2部　ごみの家庭生活

第3章　高度経済成長期の生活

はじめに

ある家庭の「日常風景」を描いてみようと思う。――サラリーマンのパパ、専業主婦のママ、子どもからなる核家族。彼らは2DKの団地に住んでいて、部屋のなかは白い壁に囲まれ、窓にはカーテンがかけられ、その先にはバルコニーが見える。朝食はバター付きのパンとコーヒー。パパは会社へ、ママは洗濯機で洗濯をして、掃除機で掃除をする。子どもは色鮮やかなプラスチックのおもちゃで遊ぶ。夜は家族でテレビを見て、楽しいひとときを過ごす。週末になると玄関の鍵をかけて、一家そろってマイカーで出かける。スーパーマーケットで食料を買い込み、自宅の冷蔵庫に保管する[1]――。

どこにでもありそうな普通の日常風景だ、と思われるかもしれない。ところがこの日常風景こそ、高度経済成長期に多くの人々が抱いた「憧れの生活」を筆者なりに表現したものである。そうはいっても、現代を生きる私たちからすると、この文章のいったいどこに憧れる要素があるのか、わかりにくいかもしれない。詳細は後述するが、少し紹介すると、例えばパパ・ママという呼び方は、お父さん・お母さんでは表現できないモダンな響きがあった。核家族の生活とは、祖父母と同居するそれとはまったく異なるものであった。団地の白い壁、窓、カーテン、バルコニー。これらは、日本家屋に住む者からすれば、さぞかし新鮮に映ったことだろう。日本家屋の室内は、団地の部屋と比べると黒っぽく見える。障子や襖の白さはあるものの、団地の白い壁とは大きく異なる。白い壁に囲まれ、アルミサッシの窓枠で縁取られた窓がある暮らしは、これまでとは異なる風景として目に映ったことだろう。もちろん、縁側から見る景色とバルコニーから見る景色とでは異なるものがある。バター付きのパンとコーヒーの食事は、白米と味噌汁では表すことができない洋風でおしゃれな雰囲気がある。洗濯機・掃除機・テレビ・冷蔵庫などの家電、そして車。これらはこの時代誰もがこぞって欲したものである。プラスチックのおもちゃはブリキのおもちゃにはない美しさがあったし、プラスチックが一般に普及したのも高度経済成長期からである。鍵一つで戸締まりができるなど、日本家屋ではありえない。青果店、鮮魚店……と個別に商店を回らずにすむスーパーマーケットの存在は実に便利である。どこをとっても新しさと理想にあふれた風景といえるだろう。第2部（第3章から第6章）で論じるのは、人々がこのような憧れを抱いた時期である。

ここで第2部の構成を説明する。第1部の第2章では「モノの価値」と「ごみの家庭生活」という二つの理論枠組みを設定した。第2部では、「ごみの家庭生活」の切り口から現代社会のごみを検討していく。具体的には高度経済成長期に焦点を当てて、本書の目的である「現代日本の都市部に住む人々にとって、家庭から排出されるごみはどのような存在なのか」について検討する。「どのような存在なのか」という表現は二つの要素に分解できることは第1章で説明した。二つの要素のうち、第2部では、「人間はごみとどのように関わり、ごみとの関わりのなかで何を得ているのか」という、「ごみと人間の関係」について検討する。具体的な調査・分析は第4章から第6章でおこない、第3章では三点を論じる。第1節では高度経済成長期とはどのような時代だったのか、「社会状況」「人々の暮らし」「ごみをめぐる法律と行政の動き」に分けて大枠を整理する。第2節では、高度経済成長期に着目する理由について説明する。第3節では、第4章から第6章の調査方法について説明する。

1 高度経済成長期

社会状況

高度経済成長期とは、一般的に一九五五年から七三年に生じた経済成長率が高かった期間を指す。第二次世界大戦後の日本経済は、朝鮮戦争（一九五〇—五三年）による朝鮮特需や神武景気（一九五四—五七年）などの影響を受け、徐々に回復に向かっていった。そして五六年の『年次経済報告

（経済白書）』には、「もはや「戦後」ではない[2]」という有名な文言が記載されるまでに回復・成長を遂げた。六〇年に池田勇人内閣が誕生すると「所得倍増計画」が発表された。日本近・現代史の中村政則によれば、「所得倍増計画とは、一〇年間に国民所得を二倍にすることを国民に約束したもの」だという。中村は、「完全雇用の達成、社会資本の充実、国際経済協力の促進、人的能力の向上と科学技術の振興、二重構造の解消などをかかげ、経済成長を軸とする国家目標を「所得倍増」という非常にわかりやすい形で、国民にアピールした[3]」計画だったと述べている。実際に六〇年代の日本の経済成長はめざましく、六八年のＧＮＰ（国民総生産）は、資本主義国のなかでアメリカに次ぐ世界第二位を達成した（表3―1を参照）。

日本がめざましい発展を遂げた要因の一つには「新鋭重化学工業化」が指摘される。鉄鋼・造船・自動車・電機・石油化学工業などの分野で巨額の設備投資をおこなったり、新技術を次々に導入したことなどが発展につながった[4]。一九六八年の工業品の年間生産量を国際的に比較してみると、多くの分野でアメリカやソ連（ソビエト連邦）に次ぐ生産量を誇っていた（表3―2を参照）。さらに六四年の東京オリンピック開催に向けて、交通インフラの整備も進んだ。六四年には東京・浜松町と羽田空港間を結ぶ東京モノレールが開業し、さらには東海道新幹線が開業している[5]。日本の経済発展や技術力に世界が注目した時代といっても過言ではないだろう。

産業構造も大きな転換をみせた。すなわち第一次産業を中心とした構造から、第二次・第三次産業を中心とした構造に変化した。就業者[6]を第一次から第三次産業別に分類し、就業者に占めるそれぞれの割合を計算すると、一九五〇年時点では、第一次産業就業者が約五〇％近くを占めていた

(図3—1を参照)。ところが、六〇年には第三次産業就業者の割合が第一次産業就業者を超え、六五年には第二次産業就業者の割合が第一次産業就業者を超えている。そして七五年になると、第三次産業就業者の割合が五〇%を超えた。第二次・第三次産業が勢いを増すなか、人々の働き方も変化した。就業者を「自営業主・家族従業者・雇用者」[7]に分類し、就業者に占めるそれぞれの割合を

(単位:GNP は億ドル、1人当たり国民所得はドル)

	1965年			1968年		
1人当たり国民所得	国名	GNP	1人当たり国民所得	国名	GNP	1人当たり国民所得(※)
2,294①	アメリカ	6,849	2,900①	アメリカ	8,606	3,543①
1,079⑩	西ドイツ	1,132	1,512⑧	日　本	1,419	1,110⑲
1,117⑨	イギリス	1,001	1,467⑩	西ドイツ	1,322	1,567⑫
1,014⑪	フランス	941	1,446⑫	フランス	1,176	1,644⑨
356㉓	日　本	883	707㉑	イギリス	873	1,583⑪

「Monthly Digest of Statistics」による要素費用表示の国民総生産である。

4) ※順位と西ドイツ、フランス、イギリスは1967年。

5) いずれも公定為替レートでドル換算。

(出典:経済企画庁「年次経済報告(経済白書)昭和44年度」経済企画庁、1969年)

表すと、雇用者の割合が高くなっている(図3—2を参照)。具体的な数値を挙げると、雇用者の割合は五五年が四三・五%、六〇年が五三・四%、六五年が六〇・八%、七〇年が六四・九%である。

あわせて注目すべきは、都市圏と地方圏の人口の差である。高度経済成長期には三大都市圏[8]の人口が増加傾向にあり、地方圏[9]の人口はやや減少傾向にあることがわかる(図3—3上のグラフを参照)。高度経済成長期の人口増加率をみると(図3—3下のグラフを参照)、三大都市圏は一九五五年が一・九一%、六〇年が二・六四%、六五年が二・七三%、七〇

表3-1　国民総生産（GNP）および1人当たり国民所得の推移

GNP順位	1950年			1955年			1960年	
	国名	GNP	1人当たり国民所得	国名	GNP	1人当たり国民所得	国名	GNP
1	アメリカ	2,851	1,582①	アメリカ	3,917	1,961①	アメリカ	5,038
2	イギリス	370	556⑩	イギリス	535	839⑩	西ドイツ	742
3	フランス	274	499⑫	フランス	480	845⑨	イギリス	719
4	西ドイツ	231	371⑯	西ドイツ	418	637⑮	フランス	604
5	インド	219	―	カナダ	268	1,308②	日本	430
6	カナダ	167	969②	日本	240	198㉝		
7	日本	109	123㊲					

備考
1) IMF（International Financial Statistics）、ただし、人口は国連「Monthly Bulletin of Statistics」などにより作成。
2) 1人当たり国民所得の○内の数字は順位を示す。ただし、国のとり方によって順位に多少の変動がある。国連統計によってクエート、ルクセンブルグ、プエルトリコを加えると、1967年に日本は第22位になる。
3) 1968年のフランスのGNPはOECD見通しによる実績見込み、イギリスは

年が二・四二％であるのに対して、地方圏は五五年が〇・七四％、六〇年がマイナス〇・三二％、六五年がマイナス〇・〇八％、七〇年が〇・〇八％と、その差は歴然である（数値はいずれも小数点以下第三位を四捨五入した）。

理解をより深めるために、三大都市圏と地方圏の人口増加率を「自然増加（出生数と死亡数の差）率」と「社会増加（転入数と転出数の差）率」[10]別に確認してみる（図3―4を参照）。すると、自然増加率は三大都市圏・地方圏ともにおおむね高い水準で推移している一方で、社会増加率は三大都市圏と地方圏で大きな差がある。すなわち、三大都市圏の社会増加率は一九五五―六〇年が一・四五％、六〇―六五年が一・六二％、六五―七〇年が〇・九六％、七〇―七五年が〇・四

（年産、単位：千トン、自動車は千台）

イギリス	フランス	イタリア	備考
16,680	16,728	8,040	ソ連、アメリカ、イギリスは電気炉でのフエロアロイ生産を除く。
26,280	20,388	16,956	
39	366	142	フランスは主としてスクラップからつくられたものを除く。
208	28	（1967）18	
（1〜10）91	100	58	
140	206	112	フランスは2次製品を含む。
1,816	1,832	1,544	イタリアは軍用車を含まず。
409	242	118	ソ連はトロリーバスを含む。アメリカはバスとトラックの合計。
158	247	180	ソ連、アメリカ、イギリスは混合糸を含む。フランス、ドイツは混合糸、タイヤコード糸を含む。
246	128	173	混合糸を含む。アメリカは消費量。
（1〜9）97	50	92	
（1〜9）179	67	95	
（1〜9）142	（1〜9）60	90	
（1〜9）128	（1〜9）68	105	
722	437	306	
236	223	（65）120	
3,336	3,348	3,312	
1,250	1,000	1,397	日本、イギリス、フランスは日本プラスティック工業連盟資料による。ただし、フランスは推定値。
17,880	26,424	29,532	アメリカは出荷額。
45.8	39.0	33.7	

日本が若干過大評価になっているものと考えられる。
（出典：前掲「年次経済報告（経済白書）昭和44年度」）

表3-2　基礎的工業品生産水準の国際比較試算（1968年）

	ウエイト	日本	アメリカ	ソ連	西ドイツ
銑鉄	0.4	47,280	81,036	78,782	30,528
粗鋼	0.5	66,888	118,932	106,536	41,160
アルミニウム	3.3	482	2,952	――	258
銅	5.2	548	1,680	――	433
鉛	2.0	128	424	――	120
亜鉛	1.9	588	928	――	102
乗用車	7.9	2,056	8,820	281	2,818
商業車	6.5	2,030	1,944	(67) 697	240
綿糸	5.9	551	(67) 1,872	(67) 1,368	254
毛糸	19.8	163	330	――	79
レーヨンアセテート(長繊維)	7.9	143	365	――	71
レーヨンアセテート(短繊維)	2.9	366	358	――	191
非セルローズ糸(長繊維)	15.7	305	749	――	195
非セルローズ糸(短繊維)	12.8	388	697	――	166
新聞用紙	1.0	1,471	2,520	(66) 888	284
合成ゴム	3.4	380	2,165	――	245
硫酸	0.1	6,588	25,470	10,164	4,200
プラスティック樹脂	2.7	3,405	5,928	1,292	3,252
セメント	0.1	47,676	66,228	87,504	33,084
総計	100.0	100.0	220.8	(112.5)	67.7

備考
1）国連「Monthly Bulletin（1969.5)」により作成。(1～9）は1968年1～9月の前年同期比を67年生産量に乗じて推定したことを示す。
2）ウエイトは、1965年の日本の生産者価格（通産省調べ）による。
3）総計は上記19品目の生産量を加重平均し、日本を100として示したもの。
ソ連は上記9品目による。
機械類などが除かれていること、日本のウエイトで加重していることなどの理由から、

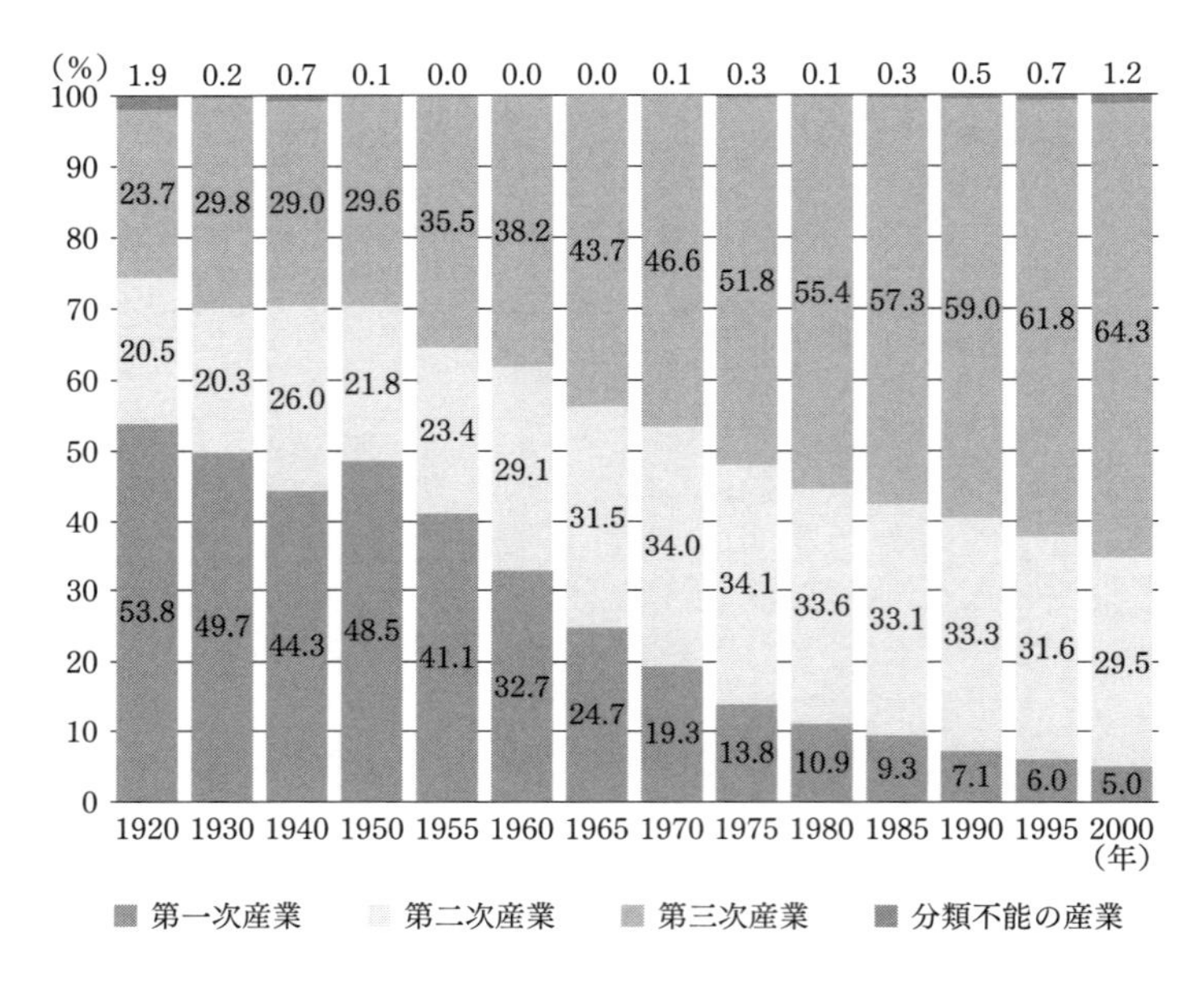

注：グラフ内の数値は小数点以下第2位を四捨五入しているため、合計が100%にならない場合もある。

図3-1　産業別就業者割合の推移
（出典：総務省統計局「国勢調査」から筆者作成）

五％であるのに対して、地方圏は五五―六〇年がマイナス一・〇四％、六〇―六五年がマイナス一・一一％、六五―七〇年がマイナス〇・八一％、七〇―七五年がマイナス〇・一八％である（数値はいずれも小数点以下第三位を四捨五入した）。その理由について「平成18年度 国土交通白書」では、地方圏に比べて三大都市圏は就業機会が多いことや、一人あたりの所得も高いことを挙げ、そのため地方圏から三大都市圏への人口流入が考えられる旨を記している。[11]

地方圏から都市圏への人口流入については、家族社会学の視点からさらに指摘しておきたい。社会学者の落合恵美子によれば、一九六〇年代は、長男は田舎で親と同居して拡大家族を形成する一方、そのきょうだいたちは都市部に移住して核家族を形成した時代だという。拡大家族とは「家族の中に二組以上の夫婦が同時に存在していたり、夫婦の親世代が一人でも含まれている」家族を指し、核家族とは「夫婦と未婚の子どもからなる家族[12]」を指す。当時はきょうだいが多かったため、このような「家制度と訣別しないままの核家族化[13]」が可能になったわけである。つまり、長男以外のきょうだいたちが都市部に移動し、都市部でサラリーマン（雇用者）になったのである。さらに、サラリーマンの妻は専業主婦になった。こうして主婦は高度経済成長期に大衆化した。[14]

このように戦後の日本は、経済発展とともに、産業構造、人々の働き方や住む場所、家族のあり方を変化させた時代であったことが確認できる。

人々の暮らし

都市部に暮らすサラリーマンの夫と専業主婦の妻にとって、当時の憧れの住まいは「団地」（詳

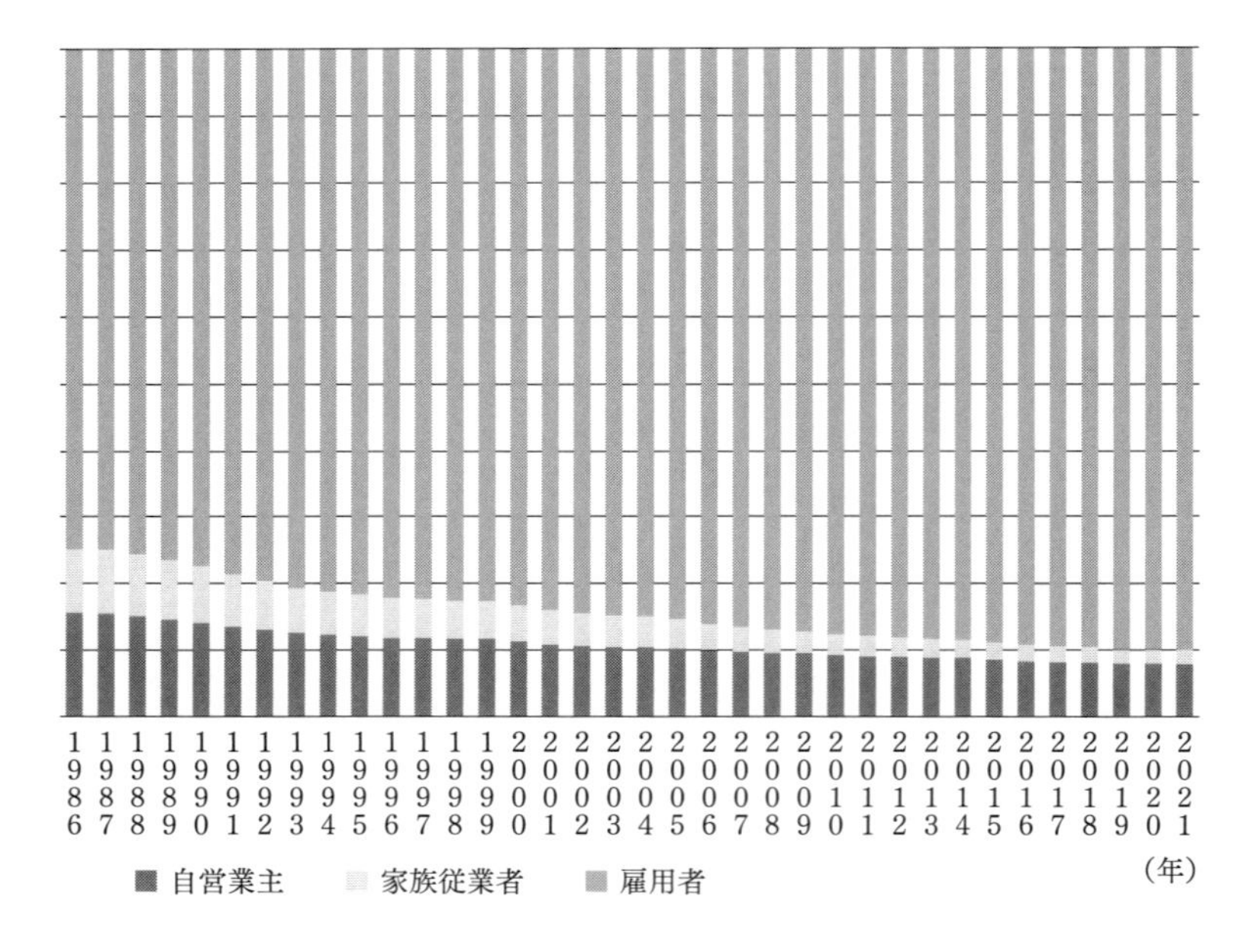
1986
1987
1988
1989
1990
1991
1992
1993
1994
1995
1996
1997
1998
1999
2000
2001
2002
2003
2004
2005
2006
2007
2008
2009
2010
2011
2012
2013
2014
2015
2016
2017
2018
2019
2020
2021
（年）
自営業主
家族従業者
雇用者

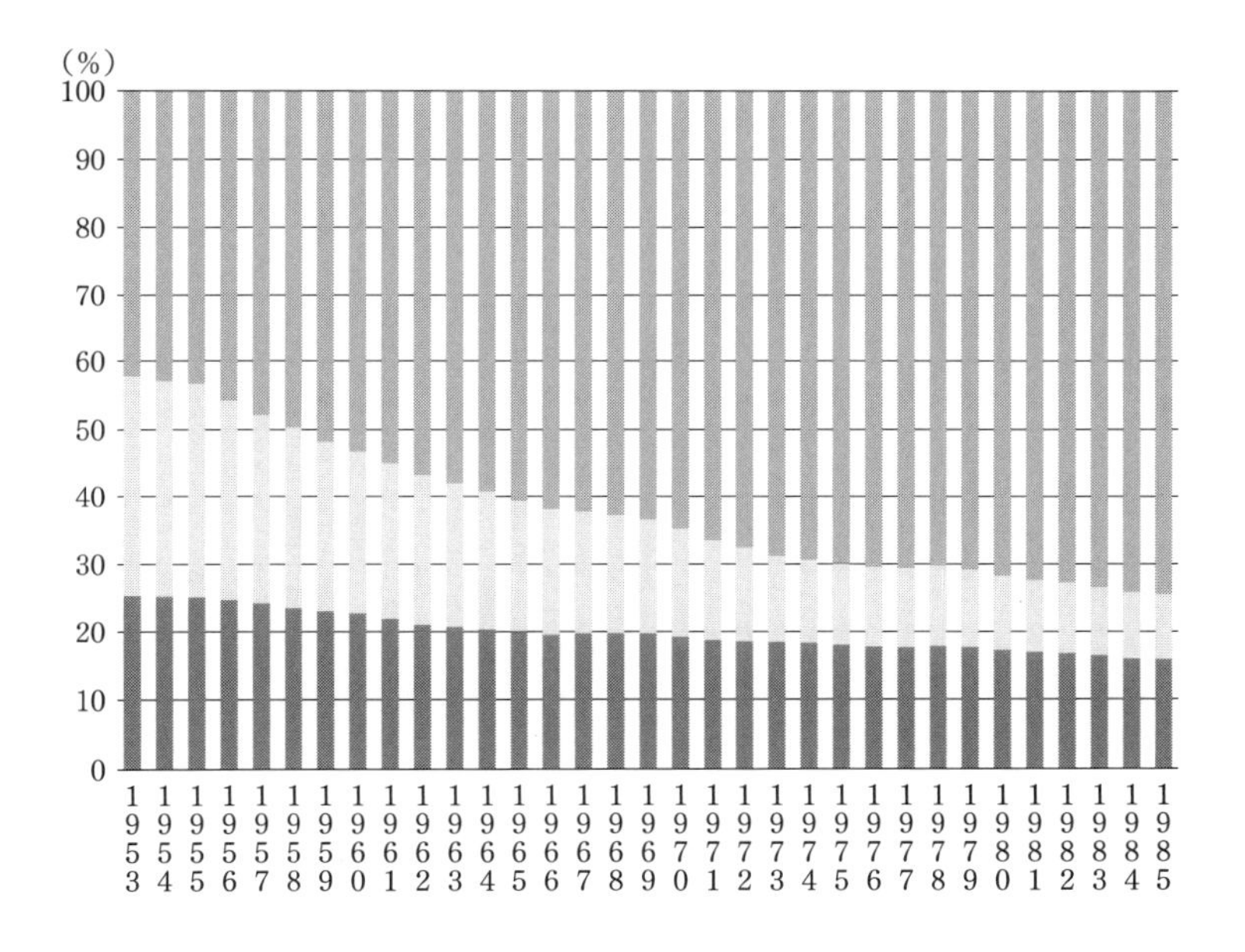

図3-2　就業者に占める「自営業主・家族従事者・雇用者」の割合
注：グラフ内の数値は小数点以下第2位を四捨五入しているため、合計が100%にならない場合もある。
（出典：総務省統計局「労働力調査」から筆者作成）

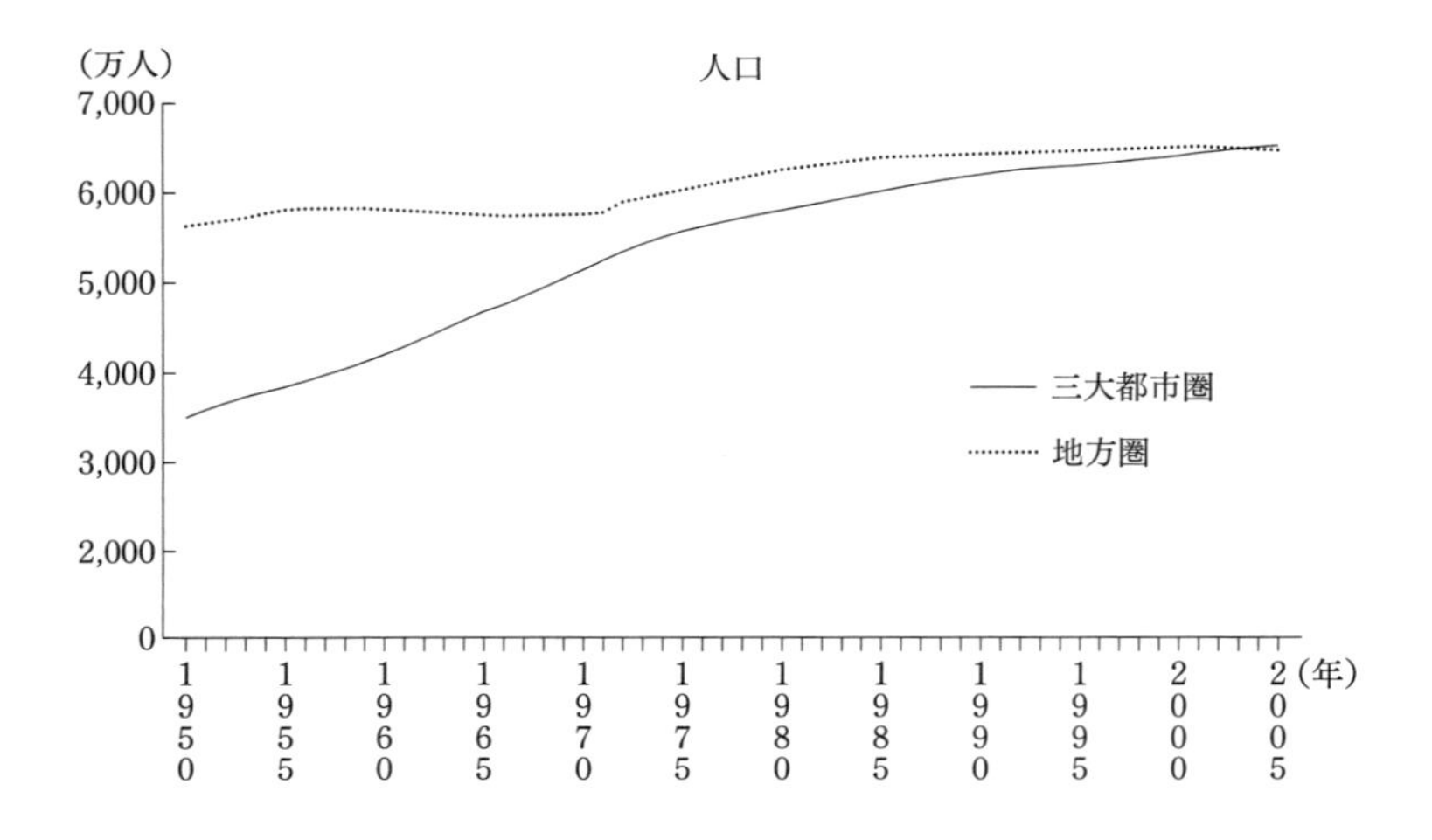

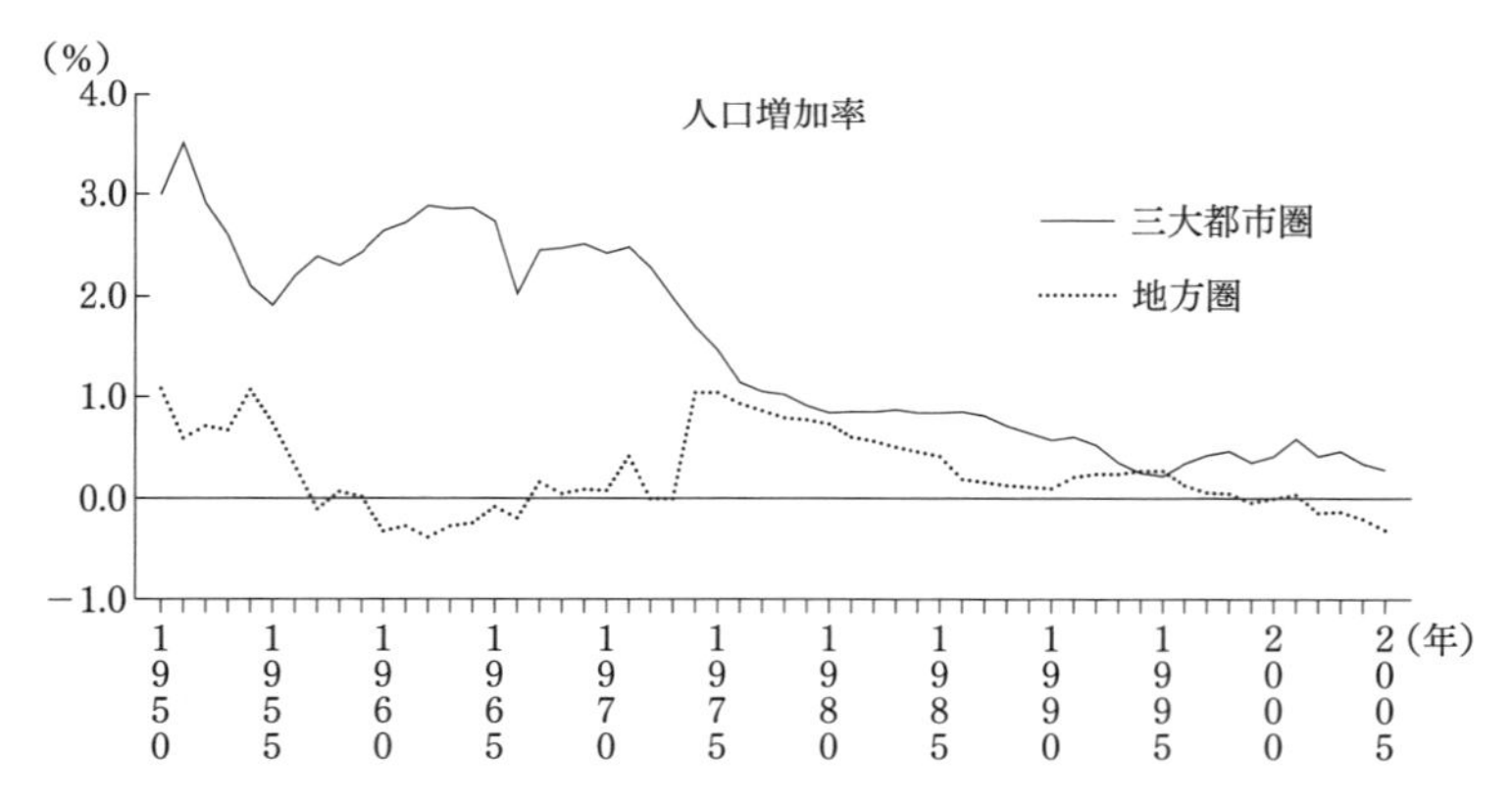

図3-3　三大都市圏と地方圏における人口と人口増加率の推移
(出典：国土交通省「平成18年度 国土交通白書」国土交通省、2006年)

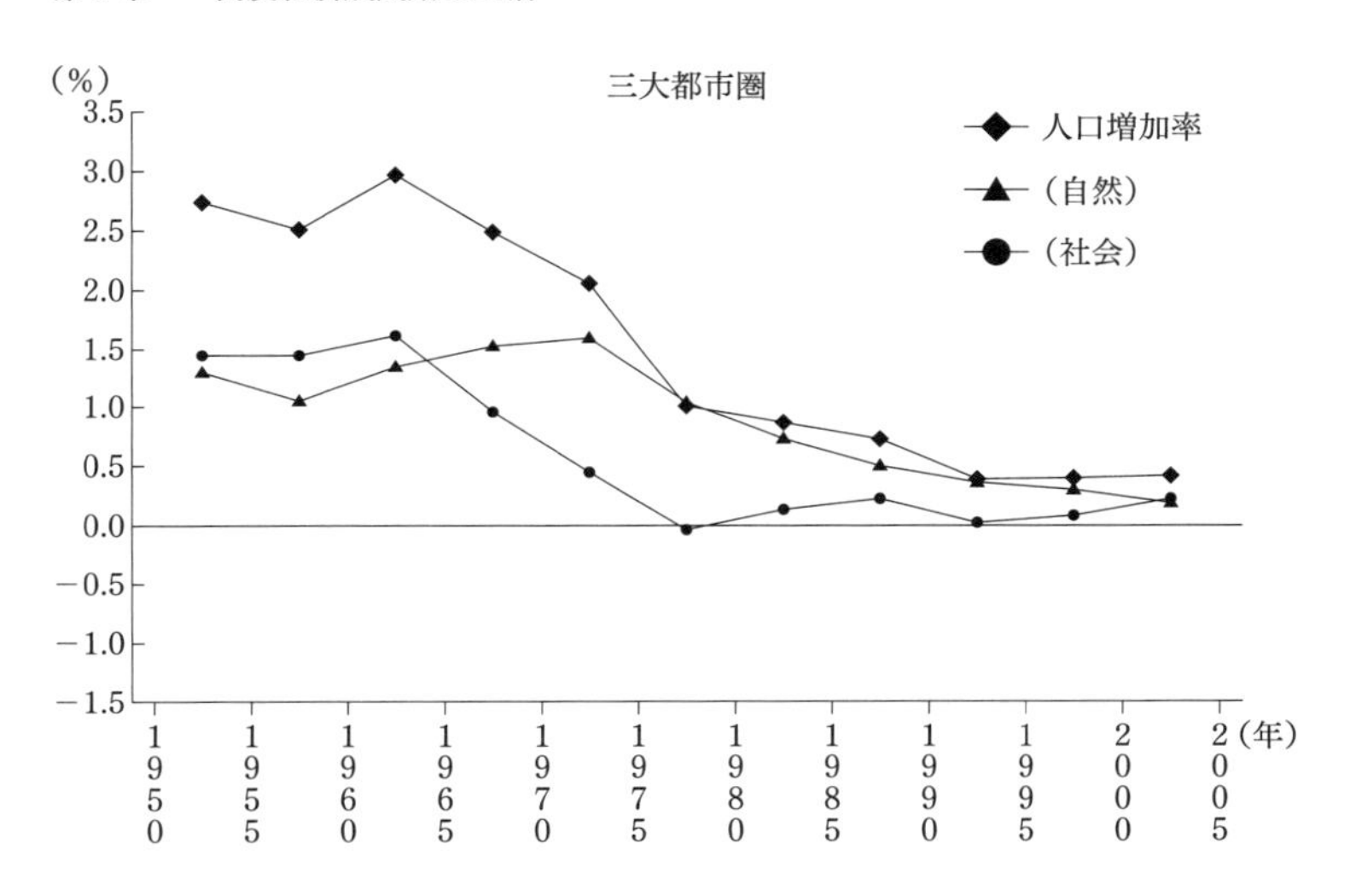

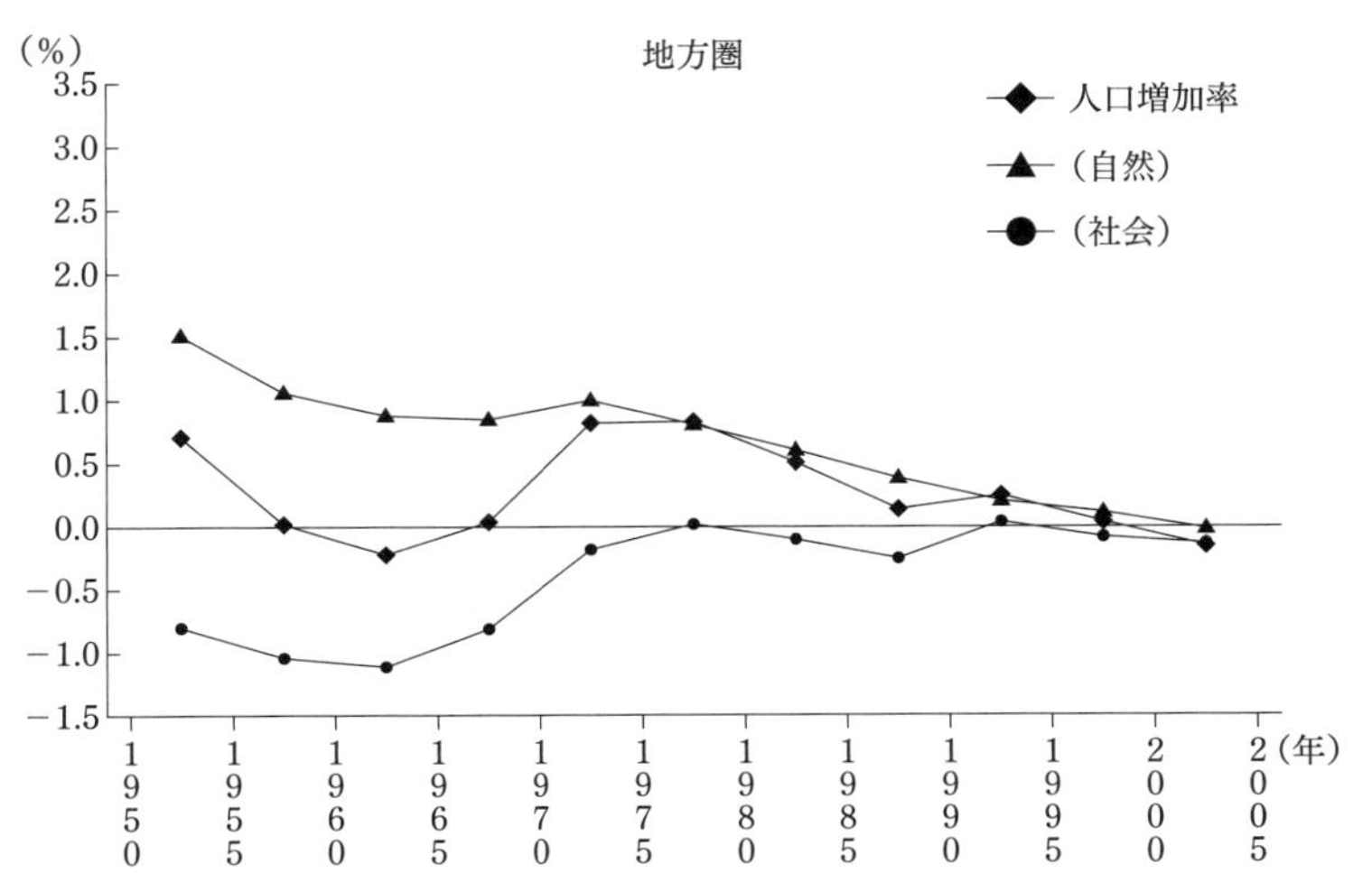

図3-4　三大都市圏と地方圏の自然増加率と社会増加率の推移
(出典：前掲「平成18年度 国土交通白書」)

細は第4章、第5章を参照）だった。団地の魅力の一つは、当時の最新鋭の設備が標準装備されていたことだろう。それは「まさに公団の賃貸住宅は高度経済成長期における住宅と生活の近代化を体現した住宅[15]」といえるものだった。それゆえ、人々はそれまでの日本家屋とは異なる住環境や、団地でのライフスタイルに憧れを抱いたわけである。

経済が発展して人々の暮らしに余裕が生まれるとともに、いわゆる「耐久消費財（家電）ブーム」が巻き起こる（家電に関する詳細は第4章を参照）。一九五〇年代後半には「三種の神器」として白黒テレビ、洗濯機、電気冷蔵庫が普及し、六〇年代には「新三種の神器（3C）」としてカラーテレビ、クーラー、自動車が普及した。当時の様子がわかる新聞記事を紹介する。

テレビ、冷蔵庫、せんたく機という〝三種の神器〟が巻起した耐久消費財ブームがおさまったあと、関連メーカーは自動車、カラーテレビ、クーラーの新〝三種の神器〟を中心とした先進国型の「第二の消費財ブーム」を待望んでいたが、最近になって各業界はようやくその時機が熟してきたと判断、春ごろから一斉に本格的な売込み攻勢をかける態勢である。[16]

企業は多くのモノを生産し、それをこぞって人々が求めるという社会の様子が垣間見られる。多くのモノが人々の日常生活のなかに入り込むと、人々の暮らしも大きく変化する。象徴的な事例を一つ紹介したい。産業考古学を研究する鈴木一義が「自宅にテレビがやってきたときの様子」について記したものである。

学校から帰ると、その〔テレビのこと〕四本脚の下に体をつっこんで見上げるようにテレビを見るのが日課になった。テレビっ子の誕生である。もっとも、チャンネルが三つしかなく、そのうちに夕方の漫画以外は見なくなったが、かつては夜八時を過ぎればやることもなく寝るだけだったのが、テレビが来てから夜ふかしするようになり、朝起きられずにテレビを見るのを禁止されることもあった。[17]

テレビが家にやってきたことで、学校から帰宅後の生活が大きく変わり、生活時間帯まで変化する様子は大変興味深い。モノが人々の暮らしに大きく影響を与えた様子を端的に理解できるだろう。当時消費は美徳として捉えられ、[18]人々は多くのモノを購入した。こうして、大量生産・大量消費・大量廃棄の土台が整っていったといえる。飯島伸子は一九六〇年代の風潮について、以下のように記述している。

かつて見られたことのない極端な浪費推奨文化である。「モノ」は使い捨てにするために存在し、「無駄づかい」こそが時代の先端を行く文化であるとして、日本中が新品の「モノ」、高値の「モノ」に高い価値を与え、国民が、そうした新商品や高値商品をステイタス・シンボルとして競って購入した時代であった。[19]

ところで、冒頭で描いた「日常風景」が「憧れの生活」に至った背景には、「アメリカへの憧れ」が影響している点も特筆すべきだろう。アメリカへの憧れに大きく貢献した要因の一つに、アメリカ制作のテレビ番組の流入を挙げることができる。日本のテレビ放送は一九五三年に開始した。ところが当時のテレビ局は番組制作能力が低く、すべての番組を自社制作することは難しかったという。そこでテレビ局はアメリカの番組を大量に放映した。例えば、一九五六年『ハイウェイ・パトロール』『名犬リンチンチン』、五七年『アイ・ラブ・ルーシー』『名犬ラッシー』、五八年『パパは何でも知っている』、五九年『うちのママは世界一』『ローハイド』などである。[20] アメリカの暮らしを伝えたのはテレビ番組だけではない。漫画も同様だった。『ブロンディ』は、チック・ヤングによるアメリカ人の標準的な家庭の日常生活を描いた漫画で、三〇年にアメリカで発表された。その後四六年から五六年まで「週刊朝日」(朝日新聞社)に、四九年から五一年まで「朝日新聞」に掲載された。[21] こうしたテレビ番組や漫画は、洗濯機、掃除機、冷蔵庫などの家電製品がある暮らし、新しい家族像、新しいライフスタイルなどを映し出し、それを見て人々は憧れを抱いたわけである。民俗学者の倉石あつ子は当時について「子供のころ、欧米の映画や『ブロンディ』などの漫画を見て、欧米の家の台所の様子に、驚嘆したものであった[22]」と述べている。このように、テレビや漫画などを通してアメリカの暮らしが人々に浸透し、それが「こんな生活をしてみたい」という強い憧れになって人々の意識に根づいていった様子を理解できるだろう。

こうして人々は冒頭で描いた「憧れの生活」を夢見るようになった。人々は少しずつ憧れの生活を現実のものにし、いまや当時の憧れの生活は現代社会にとっての「当たり前の生活」になっている。高度経済成長期とは、住宅、家電製品、ライフスタイルが現代的な形に近づいた時期といえるだろう。

ごみをめぐる法律と行政の動き

企業がたくさんのモノを作り、暮らしのなかに大量のモノが入り込むようになると、ごみをめぐる法律や行政にも変化が生じた。この点は、ごみに直接関連する内容でもあるため、高度経済成長期にとどまらず近代以降の歴史を幅広く確認しておきたい。

①一九〇〇年：汚物掃除法

江戸時代から明治時代中期までは、ごみの収集は民間の処理業者が実施し、行政はその統制・監視を担っていた。江戸時代初期、江戸の町の人々がごみを捨てていたのは、近所の堀・川・空き地などだったという。しかし堀や川に捨てられたごみは船の通行の妨げになり、空き地は本来は防火帯として計画的に作られたものであったから、ごみは防火の妨げになっていた。したがって「江戸のごみ問題は、衛生上の問題としてではなく、不法投棄から生じる社会問題のひとつとして浮上した」[23]という。幕府は堀・川・空き地などにごみを捨てることを禁止する町触を出した[24]。

明治時代になると、コレラやペストなどの伝染病が猛威を振るった。コレラは江戸時代末期の一八二二年に日本に上陸して以来たびたび流行した。明治時代には七七年（明治十年）に最初の流行があった。ペストは九九年に日本に上陸し、一九二六年までの間に大小の流行が起こった。例えば、一八九九年秋から一九〇〇年に阪神地方で流行した。伝染病が蔓延する理由の一つに、ごみ処理の停滞による不衛生な環境があった。特に当時の民間の処理業者によるごみの収集は、利益になるか否かで取り扱いに大きな差があったという。[25]当時の様子について、以下のような記述がある。

ごみ処理は明治に入っても基本的に営利事業であり、業者は再利用できる有価物を売却して利益を得ることを重視していた。こうした事業のあり方には、利益につながらない衛生上の観点が軽視される傾向が強く、再利用のできないごみは取扱いを嫌がられて放置される場合も多いという、決定的な問題があった。警視庁などの取締まりも十分な効果があがらなかった。[26]

不衛生な環境を改善し、伝染病を予防するためには抜本的な清掃事業改革が必要だとして、一九〇〇年に汚物掃除法が制定された。吉野敏行に倣えば、汚物掃除法のポイントは大きく二つある。[27]ポイントの一つ目は「市直営の原則（市町村処理の原則[28]）」が誕生したことである。「市に対して地域の清掃と清潔保持の責任をもたせ、地域の汚物を収集して処分させる義務を負わせた[29]」という。この時点での対象は原則として市だけではあったものの（ただし、町村に対しても、特に必要と認められる場合は同法を準用できた）、責任の所在を明確化した点は大きな変化といえるだろう。[30]

ポイントの二つ目は「焼却処理の原則[31]」である。これは、ごみをなるべく焼却するよう定めたものである。当時は、ごみをそのまま埋め立てたり、肥料として利用することが一般的で、東京市では焼却場の計画さえなかったという。[32]東京都は「衛生上の観点からすれば焼却処理が望ましいが、当時の状況ではそれを義務づけても実行は不可能であるので、このように指針を示すだけの規定となったのである[33]」と述べている。同法の施行に関するより具体的な内容は、同年（一九〇〇年）に制定された汚物掃除法施行規則によって定められている。同法施行規則第五条には、「塵芥ハ可成之ヲ焼却スヘシ」と記載がある。[34] なお、ここで興味深いのは、同法施行規則第一条に「汚物掃除法ニ依リ掃除スヘキ汚物ハ塵芥汚泥汚水及屎尿トス[35]」と定められていることである。すなわち、汚物掃除法が対象にするものは汚物であり、汚物とは塵芥、汚泥、汚水、し尿である旨が述べてある。本書で対象としているごみは、汚物掃除法では塵芥に相当すると考えられるが、塵芥は、汚泥、汚水、し尿と並列して「汚物」としてくくられていたことが理解できる。

その後、一九三〇年の汚物掃除法の改正によって、ごみの焼却が義務づけられることになった。戦時体制に入ると、人手や資源の不足からごみ収集能力も低くなり、ごみ排出量を減らすためのごみ減量運動や、軍需のための廃品回収がおこなわれた。やがて戦争の激化とともに、ごみ収集はほとんどおこなわれなくなった。[36]

②一九五四年：清掃法

戦後、ごみの量の増加などを受けて汚物掃除法は全面改正されることになり、一九五四年に清掃法が制定された。汚物掃除法では、清掃義務は原則として市だけを対象にしていたが、清掃法では特別清掃地域[37]を設け、町村まで対象が拡大された。それまで清掃事業は市町村の仕事とされ、国・都道府県の協力は皆無に等しく、指導方針を示す通達も少なかったという。しかしごみの量の増加とともに、清掃法では国・都道府県からの技術的・財政的援助についても記された。[38] なお、同法第三条では「この法律で「汚物」とは、ごみ、燃えがら、汚でい、ふん尿及び犬、ねこ、ねずみ等の死体をいう[39]」と定められた。汚物掃除法と比べると、「塵芥」から「ごみ」という表記に変更されている。ただし、依然としてごみはふん尿などと並列して「汚物」としてくくられていることが理解できる。

清掃法が制定されて間もなく、日本は高度経済成長期に入った。すると清掃行政はごみの量の増加とごみの質の変化という二つの点で困難な局面を迎えることになった。

まず、ごみの量の増加である。ここで戦後から現在までの一般廃棄物年間総排出量を概観すると、オイルショック時など一部の例外はあるものの、右肩上がりで増加を続けてきた。二〇〇〇年に約五千五百万トンに達してピークを迎えたが、以降はなだらかな減少傾向にあり、ここ数年は四千三百万トン前後を推移している（図3―5を参照）。図中の排出量は、時代によってごみの集計方法が異なる点は留意すべきだが、変遷傾向は十分把握できるだろう。注目すべきは増加率である。単純にごみの量だけみれば、高度経済成長期よりも現在のほうが多い。ところが高度経済成長期の増加率は一九五五年に対して六〇年は四三・五％、以下同様に五年前に対する増加率をみていくと、六五年は八二・四％、七〇年は九二・七％ときわめて高い。年々、ものすごい勢いでごみの量が増加していったことがわかる。

次に、ごみの質の変化である。前項の「社会状況」でふれたが、高度経済成長期は新鋭重化学工業化が進み、新素材の開発も進んだ。なかでもプラスチックは腐敗しないため、埋め立ててもその

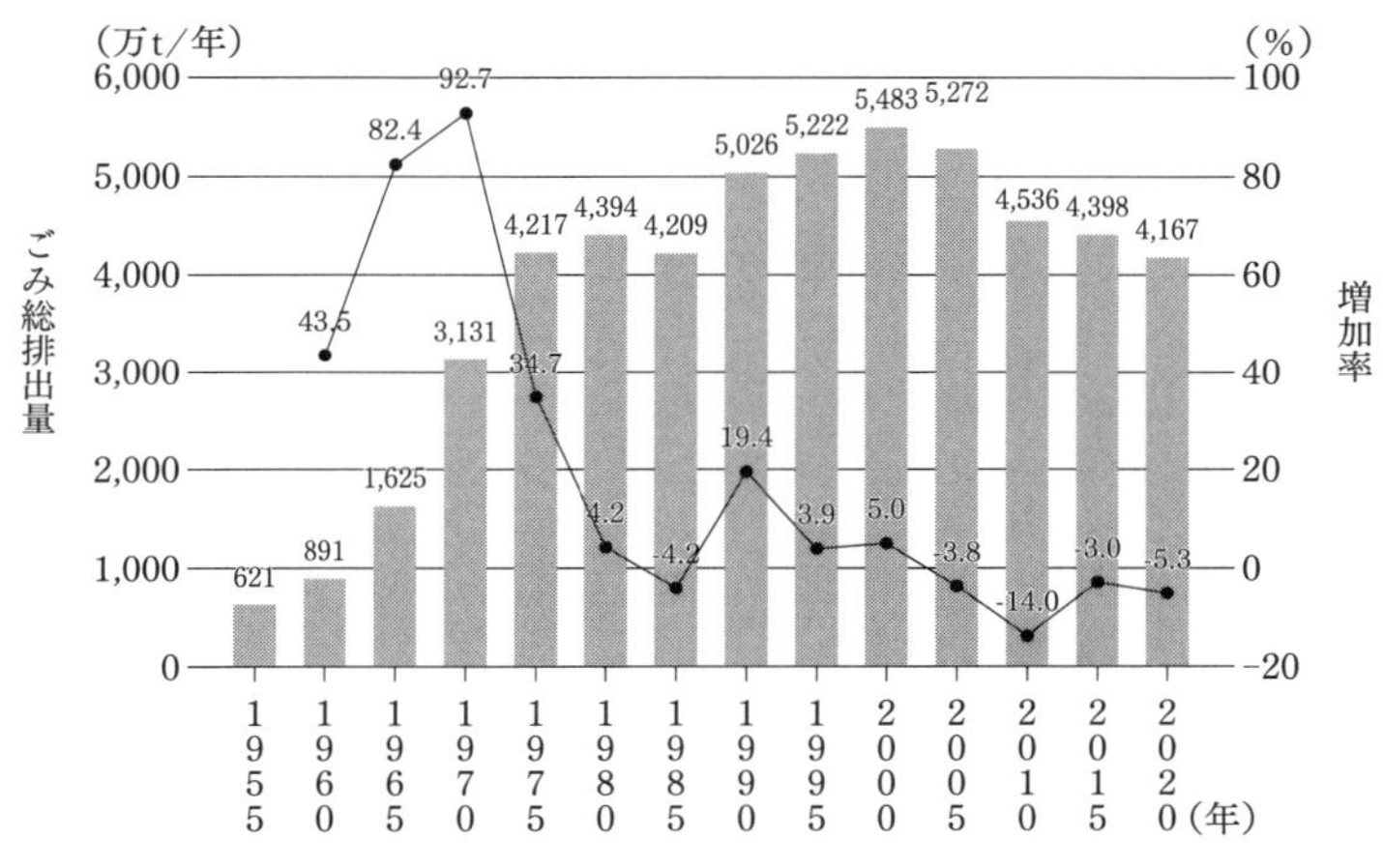

図3-5　ごみ総排出量と増加率
注1：ごみ総排出量の数値は、いずれも千の位を四捨五入した
注2：増加率は、5年前の数値に対する増加率を示している
(出典：厚生労働省「厚生白書」〔昭和38年度版・昭和47年版〕、厚生労働省、1963年・72年、環境省「環境白書・循環型社会白書・生物多様性白書」〔平成29年版・令和4年版〕、環境省、2017年・22年。環境省総合環境政策局環境計画課編「環境統計集（平成26年版)」〔環境省総合環境政策局環境計画課、2014年〕から筆者作成)

まま残ってしまう。焼却時には高熱を発して炉を傷めたり、塩化水素が発生するものもあった。したがって処理を誤れば機器を腐食させたり大気汚染につながったりすることがわかり、大きな問題になった（プラスチックごみについては第６章も参照)。また、耐久消費財ブームは家電の購入や買い替えを促進した。不要になった家電がごみとして出されるようになると、粗大ごみの問題も顕在化した（粗大ごみについては第４章も参照)。あるいは、企業の生産活動に伴い発生する産業廃棄物も注目されるようになった。当時は産業廃棄物という用語さえなかったことからも、想定していなかった新しいごみが登場しはじめた様子を理解できるだろ

表3-3　定義と責任主体

	定義（法律上の根拠）	責任主体
一般廃棄物	産業廃棄物以外の廃棄物	市町村
産業廃棄物	事業活動に伴つて生じた廃棄物のうち、燃えがら、汚でい、廃油、廃酸、廃アルカリ、廃プラスチック類その他政令で定める廃棄物	事業者 （事業者は、その事業活動に伴つて生じた廃棄物を自らの責任において適正に処理しなければならない。）

（出典：衆議院「法律第137号（昭45・12・25）廃棄物の処理及び清掃に関する法律」「衆議院」〔https://www.shugiin.go.jp/Internet/itdb_housei.nsf/html/houritsu/06419701225137.htm〕［2022年9月7日アクセス］の内容をもとに筆者作成）

う。[40]

③一九七〇年：廃棄物の処理及び清掃に関する法律（廃棄物処理法）

ごみの量や質の変化などを受け、一九七〇年に清掃法は廃止になった。そして新たに、廃棄物の処理及び清掃に関する法律（以下、廃棄物処理法）が制定された。同法で注目したい点は法律制定の目的である。「従来の単なる清潔の保持という理念から一歩前進し、状況に適応した廃棄物処理体制を確立し、生活環境の保全と公衆衛生の向上をはかることを目的とした[41]」ものであった。また初めて「廃棄物」という言葉が使用されたことは特筆すべきだろう。廃棄物とは、同法第二条によって以下のように定義された。

この法律において「廃棄物」とは、ごみ、粗大ごみ、燃えがら、汚でい、ふん尿、廃油、廃酸、廃アルカリ、動物の死体その他の汚物又は不要物であつて、固形状又は液状のもの（放射性物質及びこれによつて汚染された物を除く。）

をいう。[42]

さらに、廃棄物は一般廃棄物と産業廃棄物に分けられ、次のように定義された（表3―3を参照）。本書で対象とするごみは一般廃棄物に該当する。

その後、廃棄物処理法は何度も改正されながら現在に至っている。なかでも注目すべきは一九九一年の改正である。八〇年代後半からのバブル経済によって、ごみの量が増加する一方で、最終処分場の残余年数は逼迫し、新しい最終処分場の確保も困難だった。こうした背景を受け、法律の目的に排出抑制や再生が明記された。法律の改正に加えて九二年に開催された地球環境サミットの影響も受け、この時期からごみ減量化やリサイクル行政が本格的に開始されることになる。例えば九五年の「容器包装に係る分別収集及び再商品化の促進等に関する法律」（容器包装リサイクル法）、九八年の「特定家庭用機器再商品化法」（家電リサイクル法）、二〇〇〇年の「循環型社会形成推進基本法」、「建設工事に係る資材の再資源化等に関する法律」（建設リサイクル法）、「食品循環資源の再生利用等の促進に関する法律」（食品リサイクル法）などの法律が制定されることになった。[43]

2 「転換点」としての高度経済成長期

ここまで、高度経済成長期の経済発展とともに、社会や人々の暮らしが大きく変化する様子を確認してきた。企業は大量にモノを生産し、「憧れの生活」を夢見る人々は大量のモノを購入し、やがて大量にごみを生み出すことになった。高度経済成長期に本書が着目する意味はどこにあるのだろうか。筆者は高度経済成長期こそ、「現在のごみに対する認識の基礎」や「現在のごみと人間の関係の基礎」を築いた「転換点」と理解している。ひと昔前のごみに対する認識やごみと人間の関係から、現代に至る過渡期と捉えているのである。過渡期とは、現代にあっては当然すぎて意識さえしなくなった現代社会の特徴が「違和感」として人々の意識に表出する時期と考えられる。そこで、転換点に現れる人々の違和感に着目することで、現代社会のごみをめぐる特徴を把握できると考える。

高度経済成長期が現在のごみに対する認識や、ごみと人間の関係の基礎を築いた転換点だと判断した理由は四つある。

一つ目は、ごみの量である。第1節で述べたが、現在の大量廃棄型の生活は、高度経済成長期から始まったと解釈できる。

二つ目は、ごみの質である。こちらも第1節で示したとおり、ごみと人間の関係に大きな影響を与えたと考えられる。

三つ目は、ごみの収集方法である。ごみの量や質の変化は収集方法の変更を余儀なくした（ごみ収集方法の変遷については第7章で詳しくふれる）。東京都の場合、一九六一年度から六三年度にごみの「定時収集」を開始し、現在では当たり前になった「ステーション収集方式（複数の世帯が同じ集積所を利用し、ごみを収集する方法）」の基礎が整備された。

四つ目は、ライフスタイルである。ごみと人間の関係は、ごみそのものの特徴やごみ収集の制度にとどまらず、人間のライフスタイルが大きな影響を与えると考えられる。この点についても第1節で描いてきたとおりである。以上の点から、高度経済成長期を転換点と考えた。

もちろん、ごみと人間の歴史を振り返ればほかにも多くの転換点が考えられる。例えば一九九〇年代に行政によるリサイクル事業が本格的にスタートした時期や、二〇〇〇年代（二〇〇〇―〇九年）ごろ（筆者の記憶による）から「エコ」という用語が多用されはじめた時期も興味深い。これらの動きは、ごみを資源として捉え直そうとする動きと理解でき、ごみの捉え方を根本的に揺るがす動きととることもできる。しかしながら、高度経済成長期に成立したごみと人間の関係はより多くの根本的論点をはらむと考え、本書では高度経済成長期の変化に限定して検討することにする。

3 第4章から第6章までの調査方法

最後に引き続く第4章から第6章の調査方法と使用した参考資料について述べる。

第2部の目的は、「消費」から「ごみの家庭生活」部分のごみと人間の関係を明らかにすることだった（第2章）。特にマテリアル・カルチャー研究に着想を得て、モノやごみから社会や人々の暮らしを考察することを目指していた。そして、第2節では、「現在のごみに対する認識の基礎」や「現在のごみと人間の関係の基礎」を築いた転換点として高度経済成長期に着目することを示してきた。
以上の条件を踏まえたとき、具体的にどのような分析が可能になるだろうか。モノやごみから社会や人々の暮らしを考察するにしても、モノやごみにインタビューはできないため、起点になる重要な人間を探す必要がある。そこで「消費」から「ごみの家庭生活」部分のごみと最も濃密な関わりをもつ人間は誰かと考えてみると、二つのタイプの人間を見いだすことができる。一つ目のタイプは「主婦」である。本章第1節で述べたとおり、主婦は高度経済成長期に大衆化した。[44]「ごみの家庭生活」部分に最も濃密に関わる人物と考えることができる。二つ目のタイプは、ごみ収集をおこなう「清掃員」である。主婦からごみを受け取り、ごみを「ごみの家庭生活」から「ごみの公共生活」につなぐ役割を果たす人物と理解できる。そこで、おもな資料として婦人雑誌「主婦の友」(主婦の友社)と、東京都清掃局の新聞「清掃きょくほう」を用いることにした。加えて、補助資料として東京都清掃局の「清掃局月報」[45]、家庭雑誌「暮しの手帖」[46](暮しの手帖社)、新聞記事、新聞の四コマ漫画、白書、高度経済成長期の生活に関連する体験記・回想記などを用いた。次におもな資料の詳細についてまとめる。

「主婦の友」

婦人雑誌は明治時代から存在した。しかし当時の雑誌は上・中流の「淑女」を対象にしたものであり、より大衆的な婦人雑誌が多く出版され消費されるようになったのは大正から昭和初期にかけてだという。[47]戦前の婦人雑誌には例えば「婦人公論」(現・中央公論新社)、「婦人画報」(現・ハースト婦人画報社）、「主婦之友」（現・主婦の友社）、「婦人倶楽部」（現・講談社）などがあり、戦後は「主婦の友」「婦人倶楽部」、「婦人生活」（婦人生活社）、「主婦と生活」（主婦と生活社）などが代表的である。特にインターネット普及以前の婦人雑誌とは、主婦の生活や生き方に大きな影響を与えた重要なメディアの一つと考えられる。

具体的にどの婦人雑誌を用いるかについては、本書では次の三つの基準から選択した。一つ目は、各時代を生きる一般的な主婦を対象にしていること。二つ目は、ごみと人間の関係を捉えるために、生活に関連する実用記事が多く掲載されていること。三つ目は、刊行期間が長く社会的認知度が高いことである。

一つ目については、「主婦の友」は中流以下の主婦をターゲットにした雑誌である。詳細は後述する。

二つ目については、戦前の「主婦の友」についてだったが、木村涼子の誌面構成の分析では、実用記事が全体の四分の一を超えていたという結果を参考にした(48)。高度経済成長期の「主婦の友」を見ても、家事、経済、相談、料理、美容健康、手芸などのトピックごとに一般家庭の日常生活に密着した記事が掲載されていて、実用記事は充実していると考えられたからだ。

三つ目については、一九一七年から二〇〇八年までの約九十年間発行され、かつ社会的認知度が高い婦人雑誌だと判断したためである。したがって、三つの基準を満たす媒体として選択した。

「主婦の友」は石川武美によって一九一七年二月十四日に、「主婦之友」という誌名で発売された。東京家政研究会（その後一九二〇年に主婦之友社に社名変更）発行で、百二十ページ、定価十五銭で発売された。当時の有力婦人雑誌は三十銭から十七銭程度だったという点を踏まえると、他誌と比べて手に取りやすい価格だった。創刊当時は石川一人であり、妻のかつが手伝っていた。[49]石川には「娯楽本位でない、あくまでも生活に即した家庭の為めになる雑誌を出したい[50]」という信念があり、以下のような考えをもっていたという。

従来の雑誌は、とかく生活といふものに強い根ざしを持つてゐない。いはば有閑婦人の読むべき記事が多くを占めてをる。

一体、日本人の一番の欠点は、生活術が下手であると云ふことだ。生活術の下手な日本婦人、殊に長い間の伝統にとらはれた生活をして来た中産以下の主婦達に、ピツタリと当てはまつた雑誌が入用である。[51]

当時の婦人雑誌の誌名には「婦人」という言葉が使われることが多かった。「婦人」に対して「主婦」という言葉は、「オカミサンの同義語で、教養の低さ、ぬかみそくささを感じさせるという反対もあった[52]」という。しかし「家庭生活を営んでいる婦人、家事、育児に悩んでいる主婦に読んでもらう雑誌を、と考えて[53]」、雑誌名は「主婦之友」に決定したという。なお誌名は、一九五三年十二月号までは「主婦之友」だったが、五四年新年特大号以降は「主婦の友」に変更された。本書でも「主婦の友」に表記を統一した。

分析対象にする記事は、高度経済成長期前後を含む一九五〇年から七九年の一月から十二月号の

表3-4　分析対象記事の選択カテゴリーと記事数

カテゴリー	想定する内容やキーワード	分析対象とする記事数	
ごみ	ごみの種類（ごみ、ボロ、くず、不用品、プラスチックごみ、台所ごみなど）、ごみの捨て方、ごみの出し方、ごみの扱い方、無駄、悪臭、ごみ箱、不用品活用法、家電製品の買い替え　など	171記事 〔内訳〕 1950年代：36記事 1960年代：71記事 1970年代：64記事	合計513記事 〔内訳〕 1950年代：149記事 1960年代：220記事 1970年代：144記事
衛生	トイレ（汲み取り便所、水洗トイレ）の衛生や設置に関して、害虫駆除、梅雨時の衛生管理　など	146記事 〔内訳〕 1950年代：51記事 1960年代：65記事 1970年代：30記事	
掃除	日常の掃除・大掃除の方法・ノウハウ、掃除道具（ほうき、掃除機、洗剤など）など	155記事 〔内訳〕 1950年代：47記事 1960年代：68記事 1970年代：40記事	
団地・アパート	団地・アパートの生活・問題点、（おもに団地・アパートへの）引っ越し　など	41記事 〔内訳〕 1950年代：15記事 1960年代：16記事 1970年代：10記事	

全記事を対象に、以下の手順で選択した。すなわち、「主婦の友」では毎年十二月号に、一年分の記事と付録のタイトル一覧が総目次として掲載される。そこで、この総目次から、「ごみ、衛生、掃除、団地・アパート」のカテゴリーに関連する記事をすべて選択した。「ごみ、衛生、掃除」に関する記事を対象にしたのは、ごみと直接関連があるからである。「団地・アパート」に関する記事を対象にしたのは、当時の新しい暮らしやライフスタイルを象徴するものであり、ごみと人間の関係にも一定の寄与があると考えたためである。各カテゴリーには、表3

—4に示すように「想定する内容やキーワード」を設定し、これらの内容やキーワードに該当する記事を選択した。その結果、合計五百十三記事を抽出した。各カテゴリー・年代別の記事数は表3—4のとおりである。総目次のタイトルだけでは内容が判断できない記事・付録や、総目次が見当たらない年に関しては、各号の誌面を直接確認した。また、「主婦の友」には「月別の家事」に焦点を当てた短い記事がある(「〇月の家事」「家事手帖」など。タイトルは年によってさまざまである)。これらの記事はカテゴリーに関連する内容を多く含んでいたが、総目次からは内容を判断できなかったため、誌面を直接確認して選択した。

以上の観点・手順で選択した記事を、「ごみと人間の関係」という視点から分析した。分析は記事の分量に注目するのではなく、記述のされ方/語られ方、繰り返し使われる用語、記事に付随したイラストや写真などに着目し、その変遷や意味を検討した。

「清掃きょくほう」

「清掃きょくほう」は、一九六八年四月に創刊された東京都清掃局の新聞である。おおむね一カ月に一回発行され、一号あたり二ページから四ページ程度の紙面構成である。内容は最新の清掃関連技術・ニュースに関するもの、局内での出来事、職員へのインタビュー、座談会やアンケート、職員によるコラムなどで構成されている。「局の事業の進展状況、計画などをわかりやすくみんなに知らせるとともに、共通の悩み、問題点などについてみんなで考え合う共通の広場」という発刊の趣旨[54]があったという。清掃局が担当する、ごみとし尿処理の関連者に配布されていたようである。

なお、一九六九年三月号までは「せいそう局報」という紙名だったが、一九六九年五月十日第十三号以降は「清掃きょくほう」に変更された。本書ではすべて「清掃きょくほう」に表記を統一した。分析は「清掃きょくほう」は一九六八年創刊から七九年まで十二年分の紙面すべてを分析対象にした。「ごみと人間の関係」という視点からおこなった。その際、記事の大きさに注目するのではなく、記述のされ方／語られ方、繰り返し使われる用語、記事に付随したイラストや写真などに着目し、その変遷や意味を検討した。

おわりに

「憧れの生活」が徐々に「現実の生活」になることとは、ごみと人間の関係にどのようなインパクトを与え、どのような変化をもたらしたのだろうか。第４章では家電製品（掃除機、冷蔵庫、粗大ごみ）、第５章では生活空間（台所）、第６章ではプラスチックやごみ収集制度の変遷に注目する。そして、人間はごみとどのように関わり、ごみとの関わりのなかで何を得ているのかという「ごみと人間の関係」について考察する。第４章から第６章は相互に関連しあい、全体で内容を補完する内容である。ぜひこの順番で通読してほしい。

第４章から第６章の分析を理解するポイントは、あるいは第４章から第６章を楽しむコツといったらいいのだろうか、それは「想像力」に尽きると思う。もちろんそれは、本章や、以降も適宜提示する「事実」を押さえたうえでの想像力をはたらかせることが大前提だ。筆者は資料を読むとき、当時の人々になりきって読むことを心がけている。つまり、資料の文面を通して当時の人々が見ていたもの、聞いていたもの、感じていたものを追体験する感覚で資料を読みたいと考えている。それは過去へフィールドワークに出かける感覚といえるかもしれない。このような感覚で資料と向き合っていると、現代を生きる私たちが見たり、聞いたり、感じたりしているものとの違いに驚愕する瞬間がある。そして、転換点に生じた違和感に息をのむ瞬間が多々ある。こうした瞬間こそ心躍るような新鮮な体験であり、過去のごみを、いま捉える面白さを感じることができる。そのような読み方ができる文章構成を心がけたつもりだ。このような想像力とともに第4章から第6章を読み進めていただければ幸いである。

注

(1) ある家庭の「日常風景」の文章は、以下の文献を参考に筆者が創作したものである。三浦展『「家族」と「幸福」の戦後史——郊外の夢と現実』(講談社現代新書)、講談社、一九九九年、岩本通弥「現代日常生活の誕生——昭和三十七年度厚生白書を中心に」、国立歴史民俗博物館編『高度経済成長と生活革命——民俗学と経済史学との対話から』(歴博フォーラム)所収、吉川弘文館、二〇一〇年、久保道正編『家電製品にみる暮らしの戦後史』ミリオン書房、一九九一年、一九五九年から七九年の「主婦の友」(主婦の友社)

（2）内閣府経済企画庁「結語」「年次経済報告 昭和31年」（https://www5.cao.go.jp/keizai3/keizaiwp/wp-je56/wp-je56-010501.html）［二〇二二年八月二日アクセス］
（3）中村政則『戦後史』（岩波新書）、岩波書店、二〇〇五年、八四ページ
（4）同書
（5）同書、前掲『環境問題の社会史』
（6）就業者とは、国勢調査の定義に従って以下のとおりとする。「調査週間中、賃金、給料、諸手当、営業収益、手数料、内職収入など収入（現物収入を含む。）を伴う仕事を少しでもした者／なお、収入を伴う仕事を持っていて、調査週間中、少しも仕事をしなかった人のうち、次のいずれかに該当する場合は就業者としています。／①勤めている人が、病気や休暇などで休んでいても、賃金や給料をもらうことになっている場合や、雇用保険法に基づく育児休業基本給付金や介護休業給付金をもらうことになっている場合／②事業を営んでいる人が、病気や休暇などで仕事を休み始めてから30日未満の場合／また、家族の人が自家営業（個人経営の農業や工場・店の仕事など）の手伝いをした場合は、無給であっても、収入を伴う仕事をしたこととして、就業者に含めています」（総務省統計局「Ⅲ 国勢調査の結果で用いる用語の解説」「総務省統計局」〔https://www.stat.go.jp/data/kokusei/2020/kekka/pdf/ug_03.pdf〕［二〇二二年九月四日アクセス］）
（7）用語の定義は、労働力調査の定義に従って以下のとおりとする。自営業主は「個人経営の事業を営んでいる者」、家族従業者は「自営業主の家族で、その自営業主の営む事業に無給で従事している者」、雇用者は「会社、団体、官公庁又は自営業主や個人家庭に雇われて給料・賃金を得ている者及び会社、団体の役員」。いずれも出典は以下のとおり。総務省統計局「労働力調査 用語の解説」「総務省統計局」（https://www.stat.go.jp/data/roudou/definit.html）［二〇二二年八月三十一日アクセス］

(8)「平成18年度 国土交通白書」の区分に従い、三大都市圏とは「東京圏（埼玉県、千葉県、東京都、神奈川県）、名古屋圏（岐阜県、愛知県、三重県）、大阪圏（京都府、大阪府、兵庫県、奈良県）」とする。出典は以下のとおり。国土交通省「国土交通省平成18年度 国土交通白書」「国土交通省」(https://www.mlit.go.jp/hakusyo/mlit/h18/hakusho/h19/html/i1121000.html)［二〇二二年八月二十九日アクセス］

(9)「平成18年度 国土交通白書」の区分に従い、地方圏とは「三大都市圏以外の道県」とする。出典は同ウェブサイト。

(10) 自然増加と社会増加の定義は「平成18年度 国土交通白書」に従った。出典は同ウェブサイト。

(11) 同ウェブサイト

(12) 落合恵美子『21世紀家族へ――家族の戦後体制の見かた・超えかた 第4版』（有斐閣選書）、有斐閣、二〇一九年、七六ページ

(13) 同書八一ページ

(14) 同書

(15) 前掲『「家族」と「幸福」の戦後史』二二ページ。公団は日本住宅公団を指す。現在の都市再生機構（UR都市機構）。多くの団地を建設した。

(16)「朝日新聞」一九六六年三月二十二日付

(17) 鈴木一義「私の二十世紀」、柏木博／小林忠雄／鈴木一義編『日本人の暮らし――20世紀生活博物館』所収、講談社、二〇〇〇年、一三五ページ

(18) 前掲『環境問題の社会史』、前掲『戦後史』

(19) 前掲『環境問題の社会史』一二四ページ

(20) 前掲『「家族」と「幸福」の戦後史』、小代有希子『テレビジョンの文化史――日米は「魔法の箱」にどんな夢を見たのか』明石書店、二〇二二年
(21) 岩本茂樹『憧れのブロンディ――戦後日本のアメリカニゼーション』新曜社、二〇〇七年
(22) 倉石あつ子「母のいる台所」、前掲『日本人の暮らし』所収、七一ページ
(23) 東京都清掃局総務部総務課編『東京都清掃事業百年史』東京都環境整備公社、二〇〇〇年、九ページ
(24) 同書、吉野敏行「日本におけるごみ行政の変遷」、小島紀徳／島田荘平／田村昌三／似田貝香門／寄本勝美編『ごみの百科事典』所収、丸善、二〇〇三年
(25) 前掲『東京都清掃事業百年史』、川端寛樹／明田幸宏「ペストとは（二〇二三年九月十三日改訂）」「NIID 国立感染症研究所」(https://www.niid.go.jp/niid/ja/kansennohanashi/514-plague.html)［二〇二五年二月十九日アクセス］
(26) 同書四一ページ
(27) 前掲「日本におけるごみ行政の変遷」
(28) 同論考四〇ページ
(29) 同論考四一ページ
(30) 前掲『東京都清掃事業百年史』
(31) 前掲「日本におけるごみ行政の変遷」四二ページ
(32) 前掲『東京都清掃事業百年史』四三ページ
(33) 同書四三ページ
(34) 内閣官報局編『法令全書 明治三十三年』内閣官報局、一九〇〇年、三三ページ

(35) 前掲『法令全書 明治三十三年』三三ページ

(36) 前掲『東京都清掃事業百年史』、前掲「日本におけるごみ行政の変遷」、稲村光郎『ごみと日本人——衛生・勤倹・リサイクルからみる近代史』ミネルヴァ書房、二〇一五年

(37) 吉野によれば、「特別清掃地域とは、市町村に対して地域で発生する汚物を計画的に収集し、処分することを義務づけている地域のことで、市と特別区はその全域を、町村は都道府県知事が指定した地域を対象としており、おおむね市街化地域が想定されていた」という(前掲「日本におけるごみ行政の変遷」四五ページ)。

(38) 前掲『東京都清掃事業百年史』、前掲「日本におけるごみ行政の変遷」

(39) 衆議院「法律第七十二号(昭二九・四・二二)清掃法」「衆議院」(https://www.shugiin.go.jp/internet/itdb_housei.nsf/html/houritsu/01919540422072.htm)[二〇二二年九月七日アクセス]

(40) 前掲『東京都清掃事業百年史』、前掲「日本におけるごみ行政の変遷」

(41) 前掲『東京都清掃事業百年史』二二八ページ

(42) 衆議院「法律第百三十七号(昭四五・一二・二五)廃棄物の処理及び清掃に関する法律」「衆議院」(https://www.shugiin.go.jp/Internet/itdb_housei.nsf/html/houritsu/06419701225137.htm)[二〇二二年九月七日アクセス]

(43) 前掲『東京都清掃事業百年史』、前掲「日本におけるごみ行政の変遷」

(44) 前掲『21世紀家族へ 第4版』

(45) 「清掃局月報」は、東京都清掃局の月報誌で、月一回発行された。月のごみやし尿の収集量、ニュース、海外や他地域の先進事例、新技術の紹介などが記載されている。

(46) 「暮しの手帖」は、衣裳研究所の大橋鎭子(社長)と花森安治(編集長)によって一九四八年九月

二十日に創刊された家庭雑誌である。創刊号は「美しい暮しの手帖」という誌名で、九十六ページ、定価百十円で発売された（堀場清子「『暮しの手帖』」、朝日ジャーナル編『女の戦後史Ｉ――昭和20年代』〔朝日選書〕所収、朝日新聞社、一九八四年、二三三―二四一ページ、大橋鎮子『「暮しの手帖」とわたし ポケット版』暮しの手帖社、二〇一六年）。「毎日の暮らしに役に立ち、暮らしが明るく、楽しくなるものを、ていねいに」（前掲『「暮しの手帖」とわたし ポケット版』九六ページ）という思いで、衣食住と随筆で内容を構成することを考えたという。第二次世界大戦後、大橋は女性のための出版をやりたいという思いをもっていた。当時勤めていた会社の上司の勧めで、その思いを花森に相談したことがきっかけになり、二人のチームが誕生した。花森は大橋に「誰もかれもが、なだれをうって戦争に突っ込んでいったのは、ひとりひとりが、自分の暮らしを大切にしなかったからだと思う。もしみんなに、あったかい家庭があったなら、戦争にならなかったと思う……」（前掲『「暮しの手帖」とわたし ポケット版』二〇ページ）という趣旨の話をしたという。このような背景や思いとともに誕生した雑誌である。同誌のユニークな点の一つは、一九五四年四月号から開始した「商品テスト」である。それは、暮しの手帖社の社員であらゆる商品を実際に使ってテストし、本当にいいものを提示しようとした試みである。例えば、一九六一年二月号の「電気掃除機をテストする」という記事では、市販の八種類の電気掃除機をテストしている。畳と板張りでのそれぞれの吸引力を実際に使用して調べたり、使用時の音の大きさを測定したり、ごみ捨てのしやすさを確認するなどのテストをおこなった。悪い点もいい点も具体的な商品名を挙げて提示している。実際に誌面で評価されたものは大いに売れたという。公平な判断をおこなうために広告を載せず、雑誌の売り上げだけで経営していた点も特徴の一つといえるだろう（前掲『「暮しの手帖」とわたし ポケット版』、小榑雅章『花森さん、しずこさん、そして暮しの手帖編集部』暮しの手帖社、二〇一六年）。

(47) 木村涼子『〈主婦〉の誕生――婦人雑誌と女性たちの近代』吉川弘文館、二〇一〇年
(48) 同書五八ページ
(49) 石井満『逞しき建設――主婦の友社長石川武美氏の信念とその事業』教文館、一九四〇年、吉田好一『ひとすじの道――主婦の友社創業者・石川武美の生涯』主婦の友社、二〇〇一年
(50) 前掲『逞しき建設』八二ページ
(51) 同書八二ページ
(52) 前掲『ひとすじの道』五一ページ
(53) 同書五一ページ
(54)「清掃きょくほう」一九六八年十月号、東京都清掃局ごみ減量総合対策室

第４章　ごみを「発見」する人々

――拡大するごみ概念

はじめに

いまや、私たちの生活に家電製品はなくてはならないものである。先日自宅の洗濯機が壊れてしまった。仕方なく大量の洗濯物の手洗いを試みたが、汚れをきれいに落とすことができず、うまく脱水もできず、そうこうするうちに全身汗だくになり、かえって洗濯物を増やすはめになった。手洗いを試みてたった数分で限界を感じるほど、家電製品は必要不可欠な存在になっている。

これまで社会科学分野では、家電製品に関してさまざまな方向から膨大な研究がなされてきた。例えば文化史・生活史や社会史の切り口から家電製品を取り上げる研究がある。村瀬敬子の研究(1)からは、冷蔵庫が人々の暮らしの風景やライフスタイルをどのように変容させてきたかを読み解くことができる。あるいはジェンダー的な視点から家電製品について論じる研究がある。ルース・シュウォーツ・コーワンの研究[2]からは、家電製品の登場によって家事のあり方や女性のライフスタイルが変化し、家庭内の女性の役割や家事にかける労力がどのように変化したのか／しなかったのかを読み解くことができる。いずれの研究でも、家電製品は人々の生活やライフスタイルに大きな変化を与える原動力になることが理解できる。一方、ごみをめぐる研究で大前提になっているのは、人々の生活やライフスタイルの変化によって、ごみと人間の関係が変化してきたという点である。例えば環境社会学の田口正己によれば、高度経済成長期に自給自足を基礎とした、ごみがあまり排出されない「農村的生活様式」が崩壊し、「大量廃棄型社会」「都市的生活様式」「使い捨てライフスタイル」が構築されたという。また、市町村の開発重視の行政計画によって、ごみの発生源や排出源が拡大するとともに、過度の集積を招いたと述べる。[3]飯島伸子も、高度経済成長期を経て、ごみは大量化・多様化し、現在のごみと人間の関係が構築されたことを指摘する。こうしてごみは大量化という量の問題と、ごみに含まれる有害物質が自然環境や健康に影響を与えるという質の問題が生じ、社会的問題として取り上げられるようになったことを指摘する。[4]

このように家電製品もごみも、人々の生活やライフスタイルと大きな関連をもつことがそれぞれの分野で論じられてきた。ところが興味深いことに、これまで家電製品とごみを結び付けて論じようとする作業はほとんど注目されてこなかった。そこで、本章では家電製品のなかでも「掃除機」と「電気冷蔵庫」に着目し、これらの普及とごみと人間の関係について検討してみたい。この二つを取り上げる理由は、日常生活のなかでごみと人間が関わりをもつ場面は多岐にわたるが、確実にごみが発生するのが掃除と食事の場面と考えたためである。そのため、これらの場面と関係が深い掃除機と電気冷蔵庫に着目する。したがって、本章の目的は、高度経済成長期に掃除機と電気冷蔵庫が普及することによって、ごみと人間の関係がどのように変化したのかを明らかにすることである。具体的には、以下のような構成で議論を進める。すなわち、第1節では掃除機を、第2節では電気冷蔵庫を取り上げる。第1節、第2節ともに、それぞれの道具が普及するまでの歴史的事実や人々の生活に与えたインパクトを整理し、その後、掃除機や電気冷蔵庫がごみと人間の関係にどのような影響を与えたのか分析を試みる。第3節では、掃除機と電気冷蔵庫が不要になって粗大ごみになった際の歴史的事実やインパクトを整理し、粗大ごみの登場がごみと人間の関係にどのような影響を与えたのか分析を試みる。

1 掃除機

「掃き出す」から「吸い取る」へ

掃除の仕方や掃除道具の歴史は、住宅構造の変化と大きな関連がある。生活史研究をおこなう小泉和子によれば、日本の掃除に関する記録は、平安時代から確認することができる。当時は棒雑巾のようなものと羽箒を用いていた。棒雑巾とは、長柄の先にT字形の横木が付き、そこに五十センチから六十センチ程度の長い布を挟んだ、現代のモップのような形状の道具である。小泉は棒雑巾

図4-1　書院造り（埼玉県の筆者実家の旧家屋。1990年代後半に父撮影）
江戸時代ごろに建てられ、以降、改装・改築を繰り返して使用していた。中央左に床の間、中央右に違い棚がある。部屋の左側は障子と長押、右側は襖によって部屋が区切られ、畳が敷かれている。

の使い方について、「おそらく桶（当時は曲物）の水に浸して拭き掃除に使用していたのではないでしょうか」[5]と推測している。羽箒は鳥の羽を束ねたほうきである。ほうきの原型といわれ、床を掃くのに用いられていた。当時、掃除をしたのは、おもに貴族の住宅であった。貴族の住宅は寝殿造りであり、壁がほとんどなく、床板を張った広間に柱が並び、屏風や簾などで必要に応じて空間を仕切る開放的な構造だった。したがって小泉は、棒雑巾を持って走り回る掃除は、住宅構造に合った合理的方法だったと分析している[6]。

　室町時代後期になると、武家の住宅は書院造りが主流になった。すなわち、居室に畳を敷き、床の間や違い棚を設け、襖や障子を用いて空間を区切るようになった。すると、長押や障子の桟のチリを払う必要が生じ、そのための道具として、はたきが使われるようになった。また、畳敷きで床の間や違い棚を設けた住宅を掃除するには棒雑巾は扱いにくいため、手で持って使用する雑巾が広く使われるようになった。書院造りの普及とともに、人々の掃除への関心は高まり、掃除が道徳的な生活規範としての意味合いを強くもつようになった[7]（図4—1を参照）。

昭和に入って高度経済成長期を迎えると、新しい住宅が登場する。その代表的な存在が団地だった。例えば、高島平団地や多摩ニュータウンに建設された集合住宅である（団地については、第5章でもふれる）。こうした団地はそれまでの伝統的な日本家屋と多くの点で異なった。建築学者である宍道恒信によれば、伝統的な日本家屋では夏の風通しと冬の日当たりが重要視されるという。おもな部屋を南に向けて開放し、北側の部屋まで風の通り道を作る。そして南側の軒先を加減することで、夏の日差しを遮り冬の日差しを取り入れる工夫をしていた。家の内と外との間には縁側が存在し、畳の部屋と縁側の境には明かり障子が建て込まれ、縁側の外には雨戸を設ける。雨戸を閉めると暗くなるので、昼間は雨戸を開けたままにして、風通しや日当たりを確保していた[8]（図4—2と図4—3を参照）。一方、団地では鉄筋コンクリート、石膏ボード、アルミサッシが用いられ、隙間がなく気密性が高い構造へと変

図4-2　縁側で遊ぶ子ども（埼玉県の筆者実家の旧家屋。1950年代半ばに祖父撮影）
筆者の父と叔母が縁側で遊んでいる。写真には写っていないが、縁側の手前に雨戸がある。雨戸に加えて縁側と室内の境に建て込まれた障子が開け放たれ、風通しや日当たりを確保している。

図4-3　縁側でくつろぐ猫（埼玉県の筆者実家の旧家屋。1950年代後半に祖父撮影）
飼い猫が縁側に干された靴を眺めている。靴の右側に見える戸が雨戸である。雨戸に加えて（写真ではよく見えないが）障子も開け放たれていて、開放的な様子を確認できる。

化した。すると、隙間風の寒さからは解放されるかわりに強制的な換気が必要になり、換気扇などが設置されるようになった。伝統的な日本家屋が「開放的な構造」であるのに対し、団地では新建材を用いることで「閉鎖的な構造」へと変化している様子を理解できる。[9]

こうした住宅構造の変化は、掃除方法にも大きな変化を与えた。開放的な構造の日本家屋の場合、掃除方法は以下の手順に要約できる。すなわち、戸を開け放ち、座布団や火鉢、机などを片づける。次に天井や障子の高いところから順にはたきをかけ、ほうきで掃き出す。掃き出す際は奥の間から順におこない、掃き出したごみは、座敷から外に掃き出す。その後、雑巾で縁側などを拭く。[10]一方、閉鎖的な構造の団地には掃き出し口がないため、ごみを外に掃き出すことが難しい。アルミサッシがじゃまをするだろうし、掃き出せたとしても、階下や周囲の居住者への配慮が必要になるだろう。こうして、ほうきによる「掃き出す」掃除が困難になり、掃除機によってごみを「吸い取る」掃除へと変化せざるをえなくなった。[11]掃除機は一九三一年に芝浦製作所（現在の東芝）が国産化・発売していたが、[12]一般家庭に広く普及するのは高度経済成長期である。

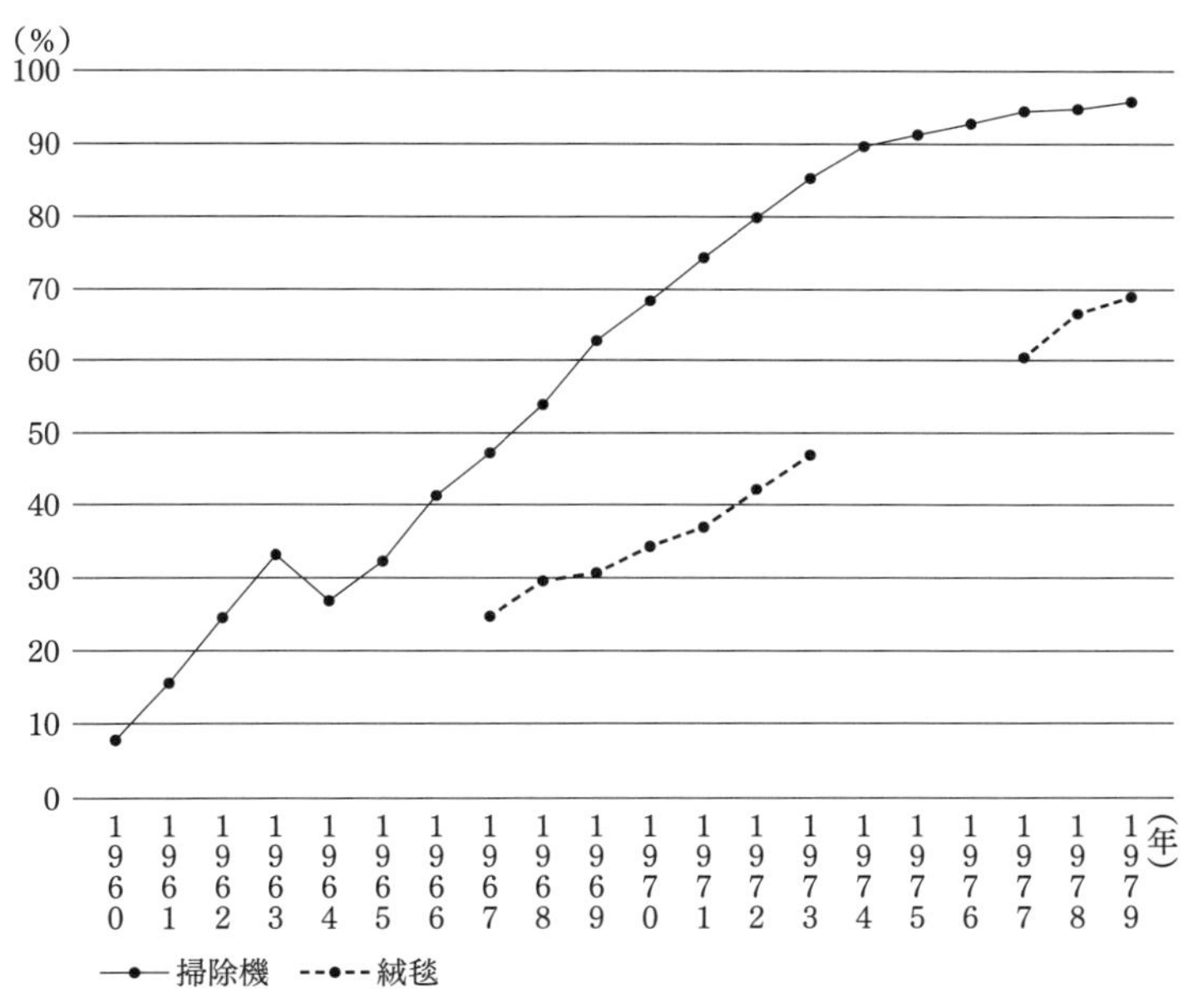

図4-4　掃除機と絨毯の普及率
注：絨毯の1960―66年・74―76年のデータはもとから存在しないため、空欄になっている。
(出典：内閣府「消費動向調査」から筆者作成)

内閣府の消費動向調査によれば、掃除機の普及率は六〇年には七・七%、六五年には三二・二%、七〇年には六八・三%に達している(図4―4を参照)。

また、「吸い取る」掃除への変更を余儀なくしたもう一つの要因として、絨毯の使用も指摘される。[13]住宅やライフスタイルの洋風化とともに、絨毯を用いる家庭が増えた。内閣府の消費動向調査によれば、絨毯の普及率は一九六七年には二四・七%だったが、七七年には六〇・三%に達している(図4―4を参照)。ごみをからめ取ってしまう絨毯は掃き出す掃除を困難にし、掃除機のニーズを後押ししたと考えられる。

このように、掃除の仕方は高度経済成長期の住宅構造の変化を受けて、掃き出す掃除から「吸い取る」掃除へと大きく変化した。では、掃除の仕方の変化はごみと人間の関係にどのような変化を与えたのだろうか。

空間を舞うごみを「発見」する人々

「掃き出す」掃除と「吸い取る」掃除に関する記述を比べたとき、最も違いが表れるのは、空間を舞うチリやホコリといった類いのごみの量である。はたきを用い、ごみをたたき出したあとに掃き出す掃除をおこなう際は、空間に大量のチリやホコリが舞う様子を想像できる。実際に一九五四年の「朝日新聞」には以下のような記述がみられる。

例えば現在市街地の雑踏した商店街では、戸外の軒と軒のすき間で畳をたたき、ハタキをかけ、モウモウと立ちのぼるゴミ、ホコリは、いたずらに隣り近所のと交りあい混合し合って、行き場なく、やがてまた再び各家庭に舞い込むのではないだろうか。[14]

これは春の大掃除という特別な日に関する記事だが、日常の掃除よりも大がかりな掃除（畳をたたくこと）をおこなっていることがわかる。したがって通常以上にチリやホコリが発生していたことは事実だろう。しかしながら、ここで先に提示した図4―2と図4―3の縁側の写真をもう一度ごらんいただきたい。開放的な日本家屋では、通常の掃除であっても掃き出したチリやホコリが、再び家のなかに舞い戻っていた様子は容易に想像できる。それどころか、普通に生活しているだけでも、少し風が吹けば掃き出したチリやホコリはもちろん、外から新たな砂やホコリなどが家のなかに吹き込む構造であることを確認できる。

一方、閉鎖的な構造の団地で掃除機などを用いた「吸い取る」掃除をすれば、「掃き出す」掃除のときほどチリやホコリが空間を舞うことは少なくなると考えられる。実際に「主婦の友」の掃除に関する百五十五記事を分析したところ、二つの変化を読み取ることができた。

一つ目は、掃除道具一覧からはたきが消え、かわりに掃除機や油雑巾が台頭する変化である。

二つ目は、記事に掲載されたイラスト・写真・服装に関する記述から「三角巾」が消失したり、三角巾などの「特別な装備を不要とする記事」が登場する変化である。住宅構造の変化や、それに伴う掃除方法の変化が空間を舞うチリやホコリの量を減少させ、三角巾の消失や三角巾を不要とする記事を増加させたと解釈できる。

補足しておくと、一つ目の変化で挙げた「掃除道具一覧」とは、掃除に関する記事内に記された「掃除の際に必要な道具が一覧化されたもの」を指す。それは写真付きで示されることもあれば、表で示されることもあり、文章だけのこともあった。このように提示の形式はさまざまだが、いずれも掃除に必要な道具に関する記述を指している。[15] また「油雑巾」とは、ごみを吸着して捉える道具の総称である。レンタルの化学雑巾から、不織布の市販品や、着塵スプレーを吹きかける自作品までさまざまなタイプがある。名称も「化学ぞうきん」などの名称が使われている場合もある。ただし、いずれもごみを掃き出すのではなく吸着して捉える道具である。掃除機と並ぶ「吸い取る」掃除を象徴する道具と理解できるだろう。

では、先に示した二つの変化について、具体的な事例とともに確認していきたい。

はじめに、一つ目の変化である「掃除道具一覧からはたきが消え、掃除機や油雑巾が台頭する変化」について確認する。掃除に関する百五十五記事のうち、掃除道具一覧がある記事は二十五記事だった。この二十五記事を詳細にみていくと、はたきの記述がある記事は、年代を追うごとに少なくなっている（一九五〇年代が七記事、六〇年代が五記事、七〇年代が一記事）。一方、掃除機や油雑巾の記述がある記事は、年代を追うごとに多くなっている（一九五〇年代は記事なし、六〇年代が四記事、七〇年代が十記事）。はたきから掃除機や油雑巾に切り替わった時期については、非常にあいまいである。ある時点を境に一斉に切り替わったわけではなく、徐々に切り替わるような変化といえるが、おおむね一九七〇年ごろと考えられるだろう。

次に、二つ目の変化である「記事に掲載されたイラスト・写真・服装に関する記述から「三角巾」が消失したり、三角巾などの「特別な装備を不要とする記事」が登場する変化」について確認していきたい。掃除に関する百五十五記事のうち、掃除に関するイラストや写真や服装に関する記述がある記事は七十一記事である。この七十一記事を詳細にみていくと、三角巾の記述がある記事には一貫した傾向はみられない（一九五〇年代が十記事、六〇年代が二十記事、七〇年代が十一記事）。だが、ここで注意しなければならないことは、イラストや写真の場合、実際の掃除スタイルに忠実であるというより、「掃除姿のアイコン」として三角巾を着けたとも考えられることである。そこで、三角巾の記述がない記事をみると、年代を追うごとに記事数は多くなっている（一九五〇年代が六記事、六〇年代が八記事、七〇年代が十三記事）。この点にこそ着目すべきではないだろうか。

そこでさらに詳しく記事内のイラストや写真や服装に関する記述をみると、例えば、一九六〇年五月号の掃除の服装に関する記述には、三角巾が具体的に明記されている。[16]だが、評論家の犬養智子の掃除方法を紹介する一九七〇年十二月号では、「電気掃除機を使うようになった昨今、まして、気の向いたときのポイント掃除なら、ふだんのスタイルで十分[17]」という記述がみられ、三角巾どころか特別な装備は不要であることを主張する記事が登場する。このような変化は、掃除機や油雑巾の普及によって「吸い取る」掃除が浸透し、空間を舞うチリやホコリが減少したためと考えられる。加えて、窓を閉めたままでも掃除が可能であることを指摘する記事[18]が登場したことにもふれておきたい。窓を閉めたまま掃除するなど、「掃き出す」掃除では考えられなかった。ここからも、「吸い取る」掃除の浸透とともに、空間を舞うチリやホコリの減少を理解できる。

ところが興味深いことに、「空間を舞うチリやホコリが減少する」という事実に反して、「主婦の友」には空間を舞うチリやホコリを意識した記述がみられるようになる。それは掃除機が普及しはじめた一九五五年から七〇年ごろに特に強く現れている。掃除に関する百五十五記事のうち二十記事と決して多くはないが、この時期に登場する特徴的な記述であることは注目に値する。例えば、一九五八年十二月号には、掃除機の利点の一つに「ホコリを吸う」ことを挙げ、以下のように記している。

ホコリを吸う……はたきやほうきでは、一度追っぱらったホコリは、時間がたつと、また舞い下りてきます。やれ〳〵きれいになった。さて食事をというときになって、目に見えないホコリが、そっと食卓に近づいてきます。ホコリやゴミをみんな吸いこんでしまう電気掃除機には、その心配がないのが、まず第一。[19]

また、具体的に掃除機を購入した体験者の声として、以下のような意見が掲載されている。

結論から言うと、この買物は失敗だったかもしれない。というのは、パンフレットやカタログの知識に頼りすぎたためで、いざ使ってみると、あやまりが数々あることがわかった。けれど、集塵袋にたまったホコリや砂やゴミなどを捨てるとき、はたきとほうきの掃除では絶対とれないゴミということがわかり、子供が畳の上を這っていても、安心して見ていられる。[20]

あるいは、一九五九年十月号では、掃除機の魅力を以下のように指摘している。

チリやホコリをよくとるだけでなく、少しもホコリをたてないことも、また掃除機の大きな魅力です。[21]

この記事からは、掃除機を使用することで、それまで意識化されていなかった空間を舞うチリやホコリをごみとして「発見」する人々の様子を確認できるのではないだろうか。もちろん「掃き出す」掃除をおこなっていたときも、人々はチリやホコリの存在に気づいていたはずであり、その存在を目にしていたはずである。しかしここで述べるのは、人々のもっと意識的な側面である。「掃き出す」掃除の際、空間を舞うチリやホコリは再び家のなかに舞い戻ってきても仕方がないものと理解し、あえて気にもとめず言及することもなかった、と考えるのが自然だろう。ところが「吸い取る」掃除の浸透とともに、チリやホコリを確実に捕らえられるようになると、逆に人々はチリやホコリの存在を意識しだし、排除を志すようになった。このとき、空間を舞うチリやホコリに対する人々の認識は、そこに存在していても仕方がないものから排除すべきごみへと改められたわけである。人々の感覚の変化に伴って、空間を舞うチリやホコリはごみとして発見されたのである。

ここまで、空間を舞うチリやホコリを意識する記事が一九五五年から七〇年ごろに特徴的に現れる様子について述べてきたが、七〇年以降も空間を舞うチリやホコリについての記述がみられる。具体的には十一記事が該当する。ただし、七〇年以降の記述は七〇年以前の記述とは二つの点で異なっている。

一つ目は、空間を舞うチリやホコリが登場する「場面」の違いである。一九七〇年以前はおもにはたきか掃除機を用いた掃除の場面で、空間を舞うチリやホコリの描写がなされている。一方、七〇年以降はおもに油雑巾を用いた掃除の場面か、「玄関のたたきの掃除」という限定的な場面で、空間を舞うチリやホコリの描写がなされている。

二つ目は、一九七〇年以前の空間を舞うチリやホコリの記述と比べると、かなりあっさりとした記述に変化している点である。例えば、一九七四年十二月号では玄関のたたきの掃除方法について、一九七七年十二月号では油雑巾の紹介があるが、空間を舞うチリやホコリについては、それぞれ以下のとおり記述されている。

たたき　スポンジぼうきで泥よごれをふきとると、ほこりが立たず簡単です。古い油ぞうきんを使って使い捨てる方法も。[22]

一ふきするだけで、ほこりを立てずによごれを落とす油ぞうきんは、簡単掃除のための最も有力な武器です。[23]

いずれの記事も「ほこりが立たない」という事実を端的に示し、それに対する驚きなどの感情は一切記述されていない。もちろん、一九七〇年以前の二十記事のうち、例として取り上げたいくつかの記事が「掃除機の利点や魅力」「掃除機を購入した体験者の声」に関するものであり、記事のジャンルに違いがあることは否めない。しかしながら、以下のようにも考えられるのではないだろうか。すなわち、掃除機の普及による「吸い取る」掃除の浸透とともに、空間を舞うチリやホコリがごみとして発見され、それらが排除すべき対象であることがあまりに当たり前の出来事になったために、特段の驚きもなく淡々と語られるようになったということである。それは、掃除機の普及によって空間を舞うチリやホコリを発見したときのインパクトがどれほど強かったのかを物語っているともいえるだろう。

このようなごみの発見は同時に、「掃き出す」掃除をおこなっていたころの自分たちがどれほどチリやホコリという「ごみにまみれた生活」をしていたのかを痛感させるようになる。以下の「主婦の友」の記事からはその様子を理解できる。

たしかに、はじめて〔掃除機を〕使って、集塵袋にたまったゴミの量を見ておどろいたわ。「こんなホコリやゴミの中に、よく寝起きしていたものね」と思わずパパと顔を見合わせてしまいました。[24]

さらには、「掃き出す」掃除に対する疑問を表出させ、同時に「吸い取る」掃除が完全な掃除であることが強調されるようになる。

いままでならば、こんなところはハタキですましたでしょう。たとえば、障子の桟、棚の上、額縁、季節のす戸など。ところでハタキというものは、考えてみると妙なものです。ホコリを落とすというよりも、ホコリを部屋じゅうにまき散らし、しばらくすると、空気中のホコリはまたもとの場所におちつくというだけ。このあたりで、古い習慣はさっぱりと縁切りにして、〔掃除機のアタッチメントの一つである〕丸ブラシを活用してみましょう。[25]

電気掃除器(ママ)は、まだ洗濯機ほどには普及していません。しかし、たちまち埃を吸いとるのは、時間的、労力的に魅力です。心理学者の宮城音弥氏は、(略)『掃除時間が短縮されるというより、埃が完全に掃除できる結果、時間の短縮にもなりましょう(略)。』とのこと。[26]

したがって、完全な掃除ができる掃除機を用いれば、畳も「大掃除の必要がないくらい、ほこりも出[27]」ず、「二週間もすれば、部屋のホコリが一／三くらいに減り、簡単に要所だけですますことができます[28]」と絶賛されている。

このように、空間を舞うチリやホコリは、「掃き出す」掃除の際には取り除くべきごみとして人々の意識のなかに顕在化されていなかった。ところが、「吸い取る」掃除への転換によって、人々は空間を舞うチリやホコリをごみとして発見し、徹底して排除しはじめる変化を読み取ることができる。

2　冷蔵庫

「冷やす」から「保管」へ

食品を冷やす行為は古くからおこなわれていた。前述の村瀬敬子によれば、家政書のなかでは一

図4-5　氷冷蔵庫（1958年）（写真提供：毎日新聞社）

八八二年以降に「氷を使用した食品の低温貯蔵」が紹介され、明治三十年代（一八九七―一九〇六年）から「氷冷蔵庫」（当時は「氷箱」という名称で紹介されていた）が登場した。(29)氷冷蔵庫とは、氷を用いて食品を冷やす道具である。氷冷蔵庫は上下にドアが付いていて、上段に氷を入れ、下段に食品を入れる2ドアタイプが主流だった。大正から昭和に入ると、氷冷蔵庫は百貨店や婦人雑誌の通信販売部でも販売されるようになり、まずは都市部の中流以上の家庭に普及し、その後広く普及した。氷冷蔵庫を使用するためには毎日氷を入れる必要がある。そのため、町には氷屋が氷を配達する風景があった。ところが、氷はすぐに溶けてしまう。そのため冷蔵庫といっても、現在の電気冷蔵庫の冷却力にはとうてい及ばない。その実力について、小泉は「もっぱら夏場に食べ物を冷やすために使われていただけで西瓜やビールなどはむしろ井戸に吊るし

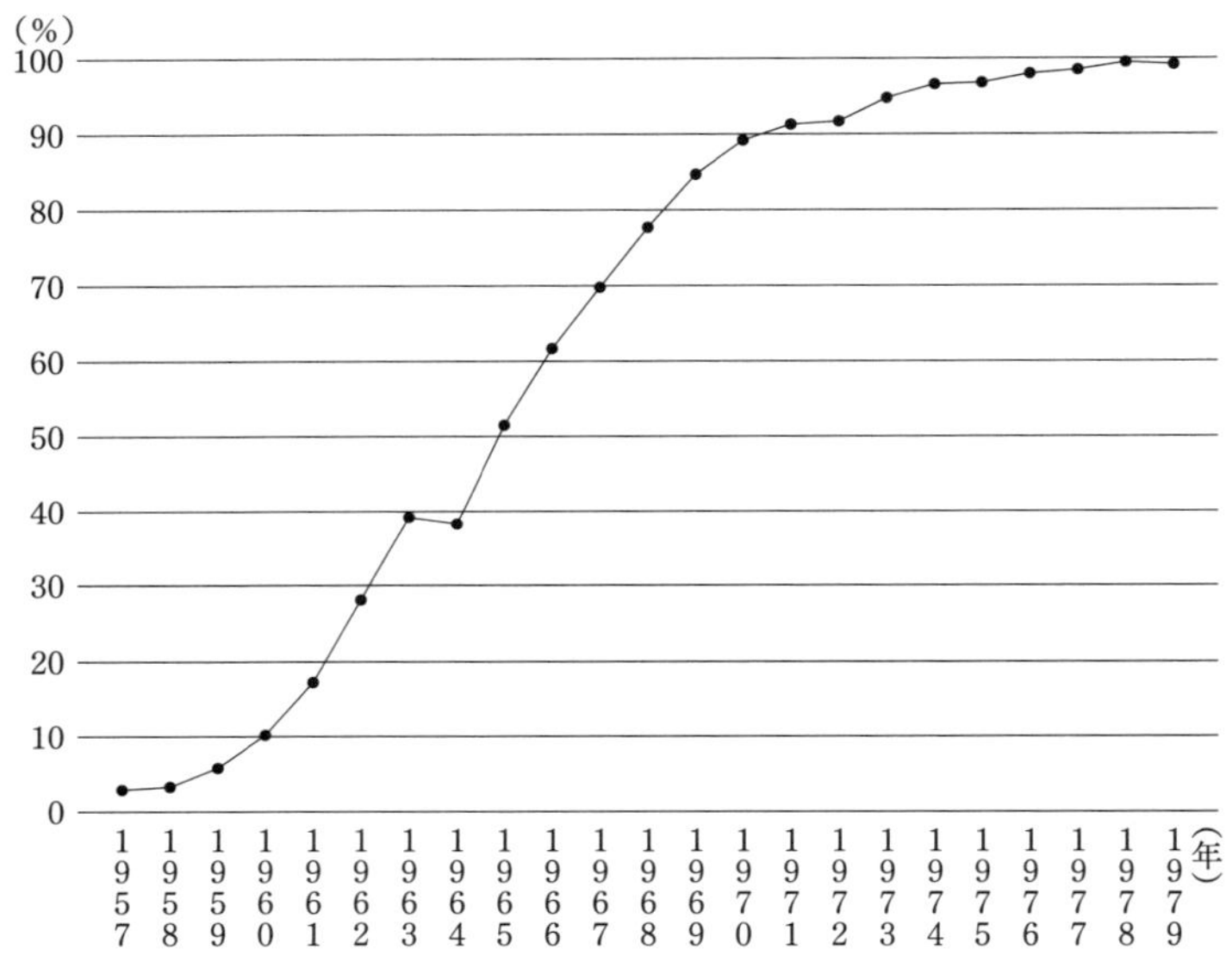

図4-6　電気冷蔵庫の普及率
(出典：前掲「消費動向調査」から筆者作成)

たり、清水に浸しておくほうが冷たくなった[30]」と述べるほどだった。つまり、氷冷蔵庫は食品を「一時的に冷やすもの」だった。食品を保存することができないため、主婦は毎日買い物に出かける習慣があった[31]。特に、食品が腐りやすい梅雨時の食品管理は重要であり、さまざまな工夫を必要とした。例えば、一九五〇年代の「主婦の友」では梅雨時になると、食べ物は余分に作って残さないこと、食品が残った場合は、寝る前に砂糖や醬油を加えて煮直すこと[32]、買い物にはビニールと塩を持参し、魚のはらわたを取ったその場で塩を振り、帰ってすぐに調理をすること[33]などの記述がみられる。このように、食品を「冷やす」ための氷冷蔵庫を使っていた時代には、毎日買い物に出かけ、調理法の工夫によって日々の食事を整える必要があった。

電気冷蔵庫は、一九三〇年に芝浦製作所から国産化・販売された。広く普及したのは高度経済成長期に入ってからである。電気冷蔵庫は氷を取り替える手間がない点、そして何より低温が持続するため保存性に優れていた点が氷冷蔵庫と大きく異なり、たちまち人々の憧れの対象になった。やがて電気冷蔵庫は白黒テレビ、電気洗濯機とともに「三種の神器」と呼ばれるに至った。[34] 内閣府の消費動向調査によれば、電気冷蔵庫の普及率は五七年には二・八%だったが、六〇年は一〇・一%、六五年は五一・四%、七〇年は八九・一%であり、七八年には九九・四%まで達している（図4―6を参照）。普及とともに電気冷蔵庫自体も改良が進められていった。六〇年代にはコールドチェーンの整備とともに、冷凍食品などを保存できる冷凍冷蔵庫が登場した。七〇年代には冷蔵庫が大型化し、八〇年代にはチルド室付き冷蔵庫など、より高度なものへと変化した。このほか、冷凍能力の高まりや冷凍食品や電子レンジの普及とともに、自宅で食品を冷凍保存するホーム・フリージングもおこなわれるようになった。このように、電気冷蔵庫の登場は食品を「冷やす」だけではなく「保管」することを可能にし、人々の暮らしを大きく変化させた。[35]

掃除道具の歴史と住宅構造の変化に大きな関連があったように、電気冷蔵庫の歴史は人々のライフスタイルの変化と密接な関連がある。それには非常に多様な要因が関連しあっているが、本章では三つの側面を確認しておきたい。

一つ目は、食の洋風化との関連である。電気冷蔵庫の普及によって食の洋風化に不可欠な肉やバターなどを日常的に保管できるようになった。食の洋風化の背後には、第3章で紹介したアメリカ的ライフスタイルへの憧れの影響が大いにあったと考えられる。しかしそれだけではなく、電気冷蔵庫の普及によって憧れのライフスタイルを実現するための基本的条件が整備されたことも忘れてはならないだろう[36]。

二つ目は、女性のライフスタイルとの関連である。高度経済成長期には、パートタイムに出る主婦について話題に上るようになった。主婦がパートタイムに出る理由はさまざまだったが、理由の一つとして、家電製品の普及による家事の合理化が指摘できるだろう。例えば、一九六〇年と七〇年の国民生活時間調査を比較すると、家事をしている時刻に変化がみられる。例えば、三十代女性のうち平日朝五時に家事をしている人の割合は、六〇年には一九・八%だったが、七〇年には三・六%に減少している。平日朝六時では六〇年五二・一%、七〇年二八・二%に減少している[37]。この理由について、先の七〇年の調査では、電気釜の普及などを例に挙げながら「家庭用電気製品の普及によって、早朝の家事が大幅に削減された結果であると考えられる[38]」と分析している。また村瀬は、電気冷蔵庫の普及によって毎日買い物にいく必要や「家で「ご用聞き」を待つ必要がなくなると、主婦の時間はずいぶん自由になる。／このことは、女性の社会進出を促進する要因となった[39]」と指摘する。このように家電製品は女性の家事のあり方を変えたといえるだろう。さらには家や、やや金額がかさむ耐久消費財などを購入するためにパートタイムに出る主婦の存在も指摘されていて[40]、家電製品の購入自体が一つの目的になったケースも考えられる。なお、高度経済成長期に主婦がパートタイムをしている様子は、長谷川町子による新聞四コマ漫画『サザエさん』（一九四六—七四年）でも描かれている。『サザエさん』ではしばしば時代を象徴する題材を扱っていて、世相を読み解く資料と捉えることができる。「朝日新聞」一九六六年十一月五日付の漫画では、主人公のサザエが近くのお屋敷でパートタイムのお手伝いさんの募集があることを知り、さっそくお屋敷に出向いている。その後、例えば一九六六年十一月九日付や十五日付の「朝日新聞」の漫画には、同じお屋敷と思われる場所で実際に働く様子が描かれている。このような描写からも、主婦の間でパートタイムがおこなわれていた様子を理解できる。

三つ目は、マイカーの普及との関連である。東京の道路は一九六四年の東京オリンピックに向けて環境整備が進められていた。環状六号線・七号線が整備され、六五年には日本初の高速自動車道である名神高速道路が全線開通し、六九年に東名高速道路が全線開通する。加えて、六六年にはトヨタカローラや日産サニーなどの千ccクラスのファミリーカーが登場し、マイカーブームを起こした。のちに六六年は「マイカー元年」と呼ばれた。[41] マイカーの普及は、食材の買い物の仕方にも影響を与えている。それは休日に車でスーパーマーケットに出かけ、一週間分の食材をまとめ買いするという買い物スタイルの誕生である。[42] スーパーマーケットは五三年に紀ノ国屋がオープンし、六二年ごろから七三年ごろに急成長した。[43] このような新しい買い物スタイルの様子は、「暮しの手帖」の記事からも読み取ることができる。

ところで、突然話は変りますが、お宅では日曜日に買物に行きませんか。
とくに郊外では、近所にあまり商店がないせいか、運搬係の旦那様を引きつれて、この際とばかり、一週間分の食料品や日用品をどさっと買いこんでいくのが、日曜日の典型的風景といえるくらい、買物は日曜日に集中しています。
だからスーパーなどにとっては、日曜日というのは、かき入れどきなのです。[44]

新しい買い物スタイルは、電気冷蔵庫の普及によって食品を保管できるようになったこと、マイカーの普及、スーパーマーケットの普及、パートタイムに出る主婦の増加など、多くの要素から生まれたものといえるだろう。

このように、電気冷蔵庫の普及は、食の洋風化、女性のライフスタイル、マイカーの普及などさまざまなライフスタイルの変化と深い関連をもちながら達成され、食品を「冷やす」だけでなく「保管」することを可能にした。

余剰品を「発見」する人々

食品の「保管」はごみと人間の関係にどのような変化を与えただろうか。結論を先に述べると、そこには意図せず発生する「余剰品」の存在を確認できる。以下の「主婦の友」の記事をみてみよう。

保存
冷蔵庫を戸棚がわりにしない

食品を捨てる理由は、表①でもわかるとおり、「しなびた」「かびが生えた」「腐ってしまった」など。その七割は、冷蔵庫へ入れておいてだめにしたものです。

冷蔵庫が大型化したこともあり、今は、生といわず調理ずみ食品といわず、たいてい冷蔵庫へ入れてしまいがちです。そこまではよいのですが、そのまま忘れてしまい、その結果、捨てることになります。[45]

同様の記事は、「暮しの手帖」のなかにも見つけることができる。

冷蔵庫を買ってからは、あまり考えないで、ついあれもいりそうだ、これも、と買うくせがついてしまいました。

あまってもしまっておけるから、つい作りすぎるし、しまっておいても、何日ももつとおもうから、そのままにして、くさらせてしまったのでした。[46]

これらの引用からは、以下の流れを読み解くことができる。すなわち、電気冷蔵庫の普及や買い物スタイルの変化が、一度に多くのものを買い込むことや、それを保存することを可能にした。するとつい余計に買いすぎ、余計に作りすぎ、余ったものはしまい込み、結局だめにしてしまうという流れである。この余計にが生む「余剰品」というごみの台頭をみることができる。もちろん、電気冷蔵庫の普及以前にも作りすぎることや、食品をしまったままだめにしてしまうことは当然あっただろう。そもそも食品が余ること自体、生活水準向上との大きな関係が考えられ、余剰品台頭の原因を電気冷蔵庫だけに求めることには無理がある。したがって、筆者はここで「電気冷蔵庫の普及によって、初めて余剰品が誕生した」というつもりは毛頭ない。ここで述べたいのは「それまでも余剰品は存在したが、電気冷蔵庫の普及によって、余剰品の増加を助長させた側面の指摘」である。それは別の言い方をすれば、電気冷蔵庫の普及によって助長された「余剰品」というごみを、人々が発見する様子、と表現できるだろう。具体的に二つの事例を通して確認したい。

一つ目は、「掃除に関する記事」に着目する。掃除に関する百五十五記事のうち、冷蔵庫について言及がある記事は三十四記事（一九五〇年代が五記事、六〇年代が十八記事、七〇年代が十一記事）だった。三十四記事を詳細にみていくと、一九五〇年代の記事には「冷蔵庫の掃除方法」に関する記述はみられなかった。またこの時代の冷蔵庫とは、基本的に氷冷蔵庫が想定されていた。六〇年代に入ると、基本的には電気冷蔵庫を前提にした記事に変化していく。ここで注目すべきは、電気冷蔵庫の「外側」の掃除方法に関する記述が登場することである。例えば、「台所で、私たちがいちばん悩むのは、ガスレンジの回りとか、換気扇、冷蔵庫のよごれなどです[47]」などの記述が登場する。具体的には研磨剤などを使った掃除方法が紹介されている。さらに、電気冷蔵庫の「内側」の掃除に関する記述も登場している。例えば、

①このごろの陽気なら週に一度、中のものを全部出して、ふき掃除し、よく風を通すこと。[48]
冷蔵庫や戸棚の中も食べ物のにおいがまじりあっているのです。

という記載がある。「内側」の拭き掃除が必要である様子を理解できる。電気冷蔵庫の掃除が台所掃除の一つと理解されている様子を読み取ることができるだろう。一九七〇年代に入ると電気冷蔵庫の「内側」の掃除に関してより多くの記述がみられるようになった。例えば以下の記事をみてほしい。

> 冷蔵庫　お正月前に一度庫内の大掃除をしましょう。中の食品を出し、庫内をアルコールなどでよくふいてから、必要なものだけ整理して入れます。お正月用の食品を入れるスペースをつくっておきましょう。(49)

「必要なものだけ整理して入れ」るということは、裏を返せば「整理しなければならないほど、余計なものが入っている」と解釈可能であり、「余剰品」の存在を理解できるだろう。さらに興味深いのは、こうした「余剰品」を捨てるよう勧める記述が登場していることである。

> いつから入っているかわからない口のあいたびん詰め、つくだ煮などは捨てましょう。冷凍庫の奥にも、かさかさになって外側には霜がいっぱいついたものが入っているかもしれません。冷凍といえども半年以上たったものは、早く食べるか捨てるかします。(50)

これらの記事からは、電気冷蔵庫の掃除とは単にその外側や内側の汚れを取るだけではなく、「余剰品」を発見して捨てることをも含んでいる様子を理解できるだろう。こうした点からも、電気冷蔵庫の普及によって助長された「余剰品」というごみを、人々が発見する様子がうかがえるだろう。

具体的な事例の二つ目は、「ごみ一般に関する記事」に着目する。ごみ一般に関する六十四記事のうち、冷蔵庫について言及しているのは二十一記事（一九五〇年代が一記事、六〇年代が七記事、七〇年代が十三記事）だった。この二十一記事を詳細にみてみると、まず一九五〇年代の記事からは「余剰品」の存在を確認することは難しい。それどころか例えば一九五九年四月号の記事では、共働き家庭には「〔家を〕閉めきって出ていくせいか、食物の腐りやすいこと。残り物でもすぐいたんでしまいます[51]」という悩みがあるが、電気冷蔵庫があれば「肉、魚、ハムなら七日。野菜類なら二十日以上。牛乳五日前後、玉子なら半月以上も保つ[52]」と述べている。こうした記述からは、電気冷蔵庫があれば腐らせたり傷んでだめにしてしまう食品を減らすことができると考えているようにみえる。当時の人々は、まさか電気冷蔵庫によって「余剰品」の誕生が助長されるなどみじんも想定していなかっただろう。ところが六〇年代に入ると様子が変わってくる。以下の記事をみてほしい。「その霜とりをかね、一週一回は必ずスイッチを切って、庫内を掃除し、えたいの知れない食べ残しがつっこまれていないよう、整理を[53]」。この「えたいの知れない食べ残し」とは、「余剰品」にほかならない。このような「余剰品」に関する記述は、七〇年代に入るとより顕著に表れる。例えば「新婚の失敗１００問答」という記事の「買い物の失敗」の部分には以下のような失敗談が記されている。

〔質問部分〕玉ねぎ、ほうれんそうなど一皿買いや、まとめ買いをして、つい忘れてしなびさせてしまいます。まとめ買いのコツと保存法、忘れないコツを。

〔回答部分〕（略）買うときの注意としては、手あたりしだいにたくさん買わずに一週間くらいを単位に考えて。

そして買ってきたものを整理して、一週間分の献立を考え、その順に冷蔵庫に入れると忘れません。(54)

もう一つ同様の例を挙げておこう。

冷蔵庫に入れておけば安心とばかり、おそうざいの残りなどなんでもかんでもほうり込んでいませんか。次から次へと入れてゆくと、しだいに奥のほうへ押し込まれて、気づいたときにはたいていいいたんでいるもの。(55)

これらの記事からは、「余計に買いすぎ・作りすぎ、余ったものはしまい込み、結局だめにしてしまう」様子を確認できる。以上二つの具体的事例を通して、電気冷蔵庫の普及によって助長された「余剰品」というごみを、人々が発見する様子を理解できるだろう。

余剰品というごみを発見する様子は、現代社会にもなお顕在する事象である。恥ずかしながら筆者自身にも経験がある。先日、輪切りにしたレモンを冷蔵庫に入れ、しばらく使わないからと奥のほうにしまい込み、そのまま忘れてしまった。気づいたときには、美しかったレモンはおぞましい姿に変貌していて、結局捨てざるをえなくなってしまった。そしてこのような行為はどうやら、筆者のような一部のうっかりした人間に限られた出来事とも言いきれないようである。環境省のデータによれば、二〇一七年度に家庭から排出された食品ロス発生量の推計は二百八十四万トンに及び[56]、食品ロスの問題は近年重大な社会問題の一つと理解されている。

3　粗大ごみ

「大きいごみ」から「粗大ごみ」へ

一九六八年の「清掃きょくほう」の創刊からしばらくの間、繰り返し取り上げられた話題の一つは、大掃除の風景の変化についてである。現在は大掃除といえば、暮れに各家庭で念入りな掃除をおこなう様子をイメージするが、もともと大掃除は年二回程度、地域で一斉に実施されていた。具体的には五四年に制定された清掃法第十六条によって、建物の占有者は毎年一回以上、市町村長が定める計画に従って大掃除を実施しなければならなくなった。そこで地域ごとに実施日が割り当てられ、おおむね春と秋の年二回大掃除がおこなわれるようになったのである[57]。なかでも「春の大掃除は種々の伝染病や衛生害虫の発生好期を前にし、その予防撲滅のために行う」[58]といい、「秋の大掃除は、夏は部屋を開放し勝ちであるから、室内に塵埃の集積することが多くなるのでこれを除去し、冬籠りと新春を迎える下準備のために行う」[59]という。したがって、大掃除にあたって重要な作業は、畳を上げて、日に当て、たたいてホコリを出すこと。そして床下に薬剤をまき、害虫の発生を抑えることだった。

ところが団地では、畳を上げてたたく作業は物理的に不可能である。上層階の住人は畳を地上まで運び出すことは難しく、またベランダで畳をたたけば上下左右の住戸に迷惑をかけてしまう。こうして昔ながらの大掃除の風景は徐々にみられなくなっていった。かわりに目立ってきたのが、いわゆる粗大ごみの廃棄である。一九六七年に清掃局が実施したアンケートによれば、「お宅ではどのような形で大掃除をしますか」という問いに対し、昔ながらの大掃除（畳を上げたり、物置を整理するなど）をしている人は五六％で最も多い。しかし一方で、大型のごみを捨てる人も三四・七％いて、変化の兆しがみえている。[60]さらに「清掃きょくほう」の記事をみると、大掃

図4-7　積み重ねられた粗大ごみ（1969年）
（写真提供：毎日新聞社）

除が粗大ごみ廃棄へと変化しつつある様子が端的に記されている。例えば、清掃局員たちによる座談会記事で、ある清掃局員は「平常感じていること」として以下のように述べている。「大掃除の性格が以前と変りつつあるので、これを雑物収集にあらためる必要がある」[61]。あるいは、春の大掃除に関する記事には次のような記述がみられる。「このところ畳を出すという大掃除風景はすっかりかげをひそめ、もっぱら不用家具類などいわゆる雑物が多く出ているのが特色」[62]。このような文章からは、大掃除の風景が畳を上げてホコリや害虫をたたき出す「衛生目的」から「粗大ごみ廃棄目的」に変化している様子を見て取れる。

なぜ大掃除の日に粗大ごみがまとめて出されるようになったのだろうか。その理由は定かではないが、この日は清掃局も特別な体制を組み、危険物以外のごみには柔軟に対応していたようである。「主婦の友」にも「年に一、二回の大掃除のときには、指定された場所に、危険物以外はなんでも出してよいことになっています」[63]という記載があった。逆に通常のごみ収集時は、収集車に粗大ごみを積み込むと集積所に出されたすべてのごみを収集することが難しくなるため、大きなごみは回収されなかったようである。すると困るのは住宅スペースが狭く、庭をもたない団地居住者だった。一九六八年におこなわれた清掃局と民間アパート経営者の懇談会では、民間アパート経営者から以下の質問が出されている。

アパートに住んでいる者が、電気製品などを買うと、木ワクの始末に困る。普通のごみ集めでは持って行ってくれない。なんとかして欲しい[64]

このような記事からは、「住民が普段からいかに大きい不用品の始末に困っているか」[65]を理解することができる。また、一度に大量に廃棄される粗大ごみを収集する清掃局員の労働力は大変大きなもので、ある職員は今年も大掃除の収集で三キロ痩せたと述べている。[66]粗大ごみは年々増加し、計画量を大幅に上回る量が廃棄され、一九六九年度の東京都板橋区では計画量を約六割強も上回ったという。[67]このような量の増加と都民からの要望の高まりを受け、東京都では六九年十月から段階的に粗大ごみ収集を開始した。そして、七一年度中に東京都二十三特別区全域で粗大ごみ収集を開始し、毎月収集されることになった。[68]

粗大ごみの異質性

ここで着目したいのは、このように増大した粗大ごみが、人々にどのように捉えられてきたかである。それはこれまでのごみの印象を覆す「新しいごみ」と認識されているようにみえる。例えば、次の「主婦の友」の記事からは、これまでも存在した「台所から出るごみ」などに加えて、毛色が異なる「新しいごみ」が台頭しはじめた様子を、「ほかに」「までが」という強調する言葉から読み取ることができる。

ごみの量は、一昔前とくらべて、はるかにふえています。台所から出るごみ、紙くず、ぼろきれなどのほかに、テレビ、電気冷蔵庫、洗濯機などの家庭電化製品、大型の家具、はては自動車までが、ごみとしてどんどん捨てられていくこのごろです。[69]

同様に、次の「清掃きょくほう」の記事と、写真（乱雑に出された粗大ごみが写っている）に添えられたキャプションをみていこう。

大掃除のごみは、ここ数年来出されるごみの内容を見ると、消費経済を反映してか、質的にかなり変化して、家具類、電気製品など大型ごみが多くなっている。[70]

大掃除も昔と変った。テレビから古障子、スノコ板からタイヤまで、大変バラエティーに富んでいる。そのうち家ごと出されるかも――。[71]

「質的にかなり変化して」という表現からは、端的に、粗大ごみがこれまでのごみとは異なる様子を読み取ることができる。「そのうち家ごと出されるかも――」という表現には、こうした変化を目の当たりにした清掃員たちの、驚きや焦りが表れているように思えてならない。粗大ごみとして理解されたごみは、家電製品のように当時、ようやく一般に普及したために、それまでは多くの人がごみとして捨てる状況を想定していなかったもの、あるいは、団地などの住宅環境の変化とともに、自ら処分することが困難になったもの、と考えられる。こうした対象が「新しさ」として認識されたと理解できる。

この「新しさ」についてさらに深く掘り下げるならば、それは二つの「異質性」に集約できるだろう。

一つ目は、大きさである。一九六九年に「粗大ごみ」という用語が確立・定着する以前、「清掃きょくほう」では、「大きいごみ」「大型のごみ」「雑物」などの表現が用いられてきた。六九年の「清掃局月報」では「粗大ごみとは、通常のごみ容器に入らない大型ごみで、家庭用電化製品、庭木、自転車等[72]」と定義されている。このようにごみ容器に入らないほどの大きさは、一つの特徴として理解されている。

二つ目は、腐らないことである。「清掃きょくほう」に寄せられた市民からの手紙のなかには「ゴミといっても大掃除のゴミと違い、台所から出るゴミは腐敗しやすく、その臭いは格別[73]」という記述があり、それは台所から出るごみと区別され、腐らないことを一つの特徴として理解している。

人々が粗大ごみに対して抱いた「異質性」を逆説的に解釈すれば、粗大ごみ登場以前のごみは「燃やすことができ、埋め立てることができ、土壌化できる、小さな存在」と捉えられていたことがわかる。ところが人々は、粗大ごみという新しいごみを発見することによって、考えを改めざるをえなくなったといえるだろう。

おわりに

ここまで、高度経済成長期に掃除機と電気冷蔵庫が普及することによって、ごみと人間の関係がどのように変化したのかを検討してきた。その結果、人々が空間を舞うチリやホコリ、余剰品、粗大ごみというごみを発見する様子を確認した。人々がごみに対して漠然ともっていた定義やイメージのようなものを「ごみ概念」と定義すると、これまで見えていなかったところにごみを見いだし、いままで以上にごみを生み出し、新たな特徴をもつごみと出合うなかで、人々のごみ概念は拡大しているといえる。掃除機と電気冷蔵庫の普及は、ごみと人間の関係において、人々が新たにごみを発見する機会を作り、ごみ概念を拡大させる変化をもたらしたといえるだろう。「はじめに」で確認したとおり、これまで高度経済成長期はごみの量や質が大量化・多様化した時代であることが指摘されてきた。[74]これらの議論の焦点は、各家庭から収集されたごみ全体に当てられている。こうした視点に加えて、人々のごみ概念自体が拡大していることにも注目すべきだろう。

興味深いのは、掃除機も電気冷蔵庫も、本来ごみ概念を拡大させるようなモノには見えないことである。掃除機はごみを吸い取る道具であり、電気冷蔵庫は食品を冷蔵・保管するための道具である。にもかかわらず、なぜ掃除機と電気冷蔵庫の普及や廃棄を通して人々のごみ概念は拡大されたのだろうか。それは、私たちが日常生活で何をごみと捉えるかは、私たちがもつモノの影響を受けているからではないだろうか。身近にどのようなモノがあり、それがどのような機能を有し、そのモノについて何を望むのかに応じて、私たちはごみを生み出しているようにみえる。そのため掃除機や電気冷蔵庫という新しいモノの登場で、新しいごみ概念が創出されたと考えられる。

現代社会に目を向けると、新しいモノが新しいごみ概念を創出するという側面は、近年の電子機器類の発展・普及に関しても確認できる。電子機器類は急速に発展・普及し、私たちの生活を変えた。不要になった電子機器類は「電気電子機器廃棄物（e-waste）」と呼ばれるごみになる。電気電子機器廃棄物の新しさとは、そこに非常に多くの資源が眠っていることである。これらの資源をどのように回収するかは大きな論点になっている。さらに注目すべきは、電子機器類の登場によって「デジタルごみ（digital waste）」という新しいごみ概念が創出していることである。シュテファン・シュミト[75]は、インターネット上などに残る使わなくなったデータなどをデジタルごみと理解していると解釈できる。このような定義に沿って考えると、筆者はデジタルごみの新しさとは「完全な消去が難しく、かつ増殖する点」にあると考える。なぜなら、特にインターネットに一度アップされたデータは、所有者が元データを削除しても、第三者がそのデータをコピーして保存しておけば、すべてのデータを消去することは難しいからだ。このようなデータの特性が悪い方向に利用されて、個人情報や誹謗中傷などがインターネット上に拡散しつづける様子は、メディアを中心に「デジタル・タトゥー」と呼ばれ、対策などが議論されている。私たちの生活は電子機器類の登場によって大きく変化した。そして電気電子機器廃棄物やデジタルごみという新しいごみを発見し、ごみ概念を拡大している最中といえる。このように、ごみの「発見」と「拡大」は現在進行形の事象であることから、その先駆けと考えられる高度経済成長期の事例を検討するのは意味があるだろう。

私たちは新しいモノを作り上げると同時に、新しいごみ概念をも作り上げている。各家庭から収集されたごみ全体の傾向に注目するだけではなく、個々のごみ概念の拡大にも注目しながら、ごみとの付き合い方を検討していく必要があるのではないだろうか。

注

(1) 村瀬敬子『冷たいおいしさの誕生――日本冷蔵庫100年』論創社、二〇〇五年

(2) ルース・シュウォーツ・コーワン『お母さんは忙しくなるばかり――家事労働とテクノロジーの社会史』高橋雄造訳、法政大学出版局、二〇一〇年

(3) 田口正己『ごみ社会学研究――私たちはごみ問題とどう向き合ってきたか?』自治体研究社、二〇〇七年

(4) 前掲『環境問題の社会史』

(5) 小泉和子「日本人はいつから「拭く」ようになったのか?」「水の文化 ミツカン水の文化センター機関誌」第五十八号、ミツカン水の文化センター、二〇一八年、一〇ページ

(6) 同論考、小泉和子文、田村祥男写真『昭和のくらし博物館 新装版』(らんぷの本)、河出書房新社、二〇一一年、小泉和子『昭和なくらし方――電気に頼らない、買わない・捨てない、始末のよいくらし』(らんぷの本)、河出書房新社、二〇一六年

(7) 同論考、同書(三冊すべて)

(8)宍道恒信「住み心地」、前掲『日本人の暮らし』所収
(9)同論考、宍道恒信「家を建てる」、前掲『日本人の暮らし』所収、布野修司「nLDKの誕生――近代日本の都市住宅事情」、新谷尚紀/岩本通弥編『都市の暮らしの民俗学3 都市の生活リズム』所収、吉川弘文館、二〇〇六年、独立行政法人都市再生機構技術・コスト管理室設備計画チーム 都市住宅技術研究所「ING REPORT 機 第四版」独立行政法人都市再生機構技術・コスト管理室設備計画チーム 都市住宅技術研究所、二〇一一年
(10)幸田文『父・こんなこと』(新潮文庫)、新潮社、一九五五年、久保道正編『家電製品にみる暮らしの戦後史』ミリオン書房、一九九一年、村瀬敬子「掃除と洗濯」(前掲『日本人の暮らし』所収)、小泉和子『新装版 昭和の家事――母たちのくらし』(らんぷの本)、河出書房新社、二〇一五年
(11)前掲『家電製品にみる暮らしの戦後史』、前掲「掃除と洗濯」
(12)大西正幸『生活家電入門――発展の歴史としくみ』技報堂出版、二〇一〇年
(13)前掲「掃除と洗濯」
(14)沼畑金四郎「春の大掃除について――まず、細菌類追出しに工夫を」「朝日新聞」一九五四年四月二十三日付。新聞・雑誌記事内の最初のページ、あるいは記事の最後に個人名が記載されている場合、署名入り記事と判断した。インタビュー記事のなかには、記載された個人名が単なる取材協力者なのか筆者なのか不明瞭な場合もあったが、先の基準を満たすかぎり署名入り記事と見なした。ただし「記者」と記されていて個人名が不明な場合や、個人名の記載はあっても、それが記事内容に関する指導や解説をした指導者や解説者である場合は、署名入り記事とは見なさなかった。また個人を特集した記事であっても、最初のページ、あるいは記事の最後に個人名が記載されていない場合は署名入り記事とは見なさなかった。あいまいなものは個別に判断した。なお、この方針は以降の章でも同様

である。

(15) 掃除道具一覧に関する、より詳細な情報を記載しておく。記事のなかには、掃除道具一覧内には列記されていない道具が本文中に登場することもあった（例えば、掃除道具一覧には掃除機は記載されていないが、記事内では掃除機が取り上げられている場合など）。このような場合でも、掃除道具一覧内で列記された道具だけを分析対象にした。また、「掃除道具」「掃除に必要な道具」として一覧化されたものだけを分析対象にした。例えば、掃除手順を説明するなかで適宜道具が挙げられるような記事は掃除道具一覧とは見なさなかった。

(16) 大田／田伏／伊東「能率的な大掃除」「主婦の友」一九六〇年五月号、主婦の友社、二八四ページ

(17) 犬養智子「歳末の家事特集I ポイント掃除で、住まいのイメージアップを」「主婦の友」一九七〇年十二月号、主婦の友社、一五〇ページ。この記事で紹介される「ポイント掃除」とは、汚れをためないようにおこなう、日常的な掃除のことである。普段から要所要所の掃除をしていれば、暮れに大掃除は必要ないと述べている。

(18) 「主婦の友」一九五八年二月号、主婦の友社、三八六ページ

(19) 「主婦の友」一九五八年十二月号、主婦の友社、二二三ページ

(20) 酒井玲子「パンフレット知識だけでは不安」、前掲「主婦の友」一九五八年十二月号、二二〇ページ

(21) 「主婦の友」一九五九年十月号、主婦の友社、一九二ページ

(22) 「主婦の友」一九七四年十二月号、主婦の友社、一一六ページ

(23) 「主婦の友」一九七七年十二月号、主婦の友社、二五六ページ

(24) 「主婦の友」一九六六年八月号、主婦の友社、一八八ページ

(25)「主婦の友」一九六五年八月号、主婦の友社、一四九ページ
(26)「主婦の友」一九五五年十二月号、主婦の友社、四二二ページ
(27)伊東「大掃除はしない」「主婦の友」一九六〇年十二月号、主婦の友社、二八九ページ
(28)前掲「主婦の友」一九五八年十二月号、二一三ページ
(29)前掲『冷たいおいしさの誕生』
(30)前掲『昭和のくらし博物館 新装版』九六ページ
(31)同書
(32)田中ちた子「六月の家事手帖――梅雨を気持よく暮すために」「主婦の友」一九五四年六月号、主婦の友社、四三五ページ
(33)上田フサ/金原松次/田中ちた子「梅雨時の生活手帖 食」「主婦の友」一九五七年六月号、主婦の友社、一八二ページ
(34)東芝ライフスタイル「東芝電気冷蔵庫75年の歩み」「東芝ライフスタイル」(https://www.toshiba-lifestyle.co.jp/living/exhibition/history/refrigerator.htm)［二〇二〇年十一月十二日アクセス］
(35)前掲『家電製品にみる暮らしの戦後史』、前掲『冷たいおいしさの誕生』、前掲『昭和のくらし博物館 新装版』、前掲「東芝電気冷蔵庫75年の歩み」
(36)前掲『家電製品にみる暮らしの戦後史』、中川博『食の戦後史』明石書店、一九九五年
(37)日本放送協会放送世論調査所編『昭和45年度 国民生活時間調査』日本放送出版協会、一九七一年、日本放送協会放送文化研究所編『国民生活時間調査(昭和35年調査)第一巻資料編Ⅰ(属性別)』大空社、一九九〇年。国民生活時間調査は一九七〇年から調査方法や分類項目などを変更していて、経時比較には留意が必要である。本章ではおおよその傾向を把握する数値として用いた。なお、六〇年

の家事がおこなわれている時刻の数値は、火曜日の自宅内外の家事時間を合計した値である。

(38) 前掲『昭和45年度 国民生活時間調査』二七ページ

(39) 前掲『冷たいおいしさの誕生』二一九ページ

(40) 労働省婦人少年局編著『パートタイム雇用の現状と課題』日本労働協会、一九六九年

(41) 鈴木一義「自動車とマイカー」、前掲『日本人の暮らし』所収、世相風俗観察会編『現代風俗史年表——昭和20年（1945）—平成12年（2000）』河出書房新社、二〇〇一年、トヨタ自動車「高度成長とモータリゼーション」「トヨタ自動車75年史」（https://www.toyota.co.jp/jpn/company/history/75years/text/entering_the_automotive_business/chapter1/section2/item1.html）［二〇一九年十二月七日アクセス］、トヨタ自動車「市場の成熟化と多様化」同ウェブサイト（https://www.toyota.co.jp/jpn/company/history/75years/text/leaping_forward_as_a_global_corporation/chapter2/section1/item1.html）［二〇一九年十二月七日アクセス］、日産自動車「SUNNY 1000」「日産自動車」（https://n-link.nissan.co.jp/NOM/ARCHIVE/08/）［二〇一九年十二月七日アクセス］

(42) 前掲『冷たいおいしさの誕生』

(43) 建野堅誠「スーパーの概念と発展過程」、長崎県立大学経済学部学術研究会編「長崎県立大学論集」第二十五巻第一号、長崎県立大学経済学部学術研究会、一九九一年

(44) 「暮しの手帖」一九八二年十一・十二月号、暮しの手帖社、三八ページ

(45) 「主婦の友」一九七九年三月号、主婦の友社、三三四ページ

(46) 「暮しの手帖」一九七三年三・四月号、暮しの手帖社、八ページ

(47) 「主婦の友」一九六八年十二月号、主婦の友社、二八九ページ

(48) 田中ちた子／ほか主婦の方々「悪臭とたたかう」「主婦の友」一九六一年五月号、主婦の友社、二

七四ページ
(49) 前掲「歳末の家事特集I ポイント掃除で、住まいのイメージアップを」一五五ページ
(50)「主婦の友」一九七九年十二月号付録「歳末の掃除・買い物百科」、主婦の友社、一一ページ
(51) 森ほか「共かせぎの家事②」「主婦の友」一九五九年四月号、主婦の友社、二七七ページ
(52) 同記事二七七ページ
(53) 和田「八月の家事――楽しい今月の生活プラン」「主婦の友」一九六〇年八月号、主婦の友社、二八七ページ
(54)「主婦の友」一九七一年四月号、主婦の友社、三〇七ページ
(55)「主婦の友」一九七五年二月号、主婦の友社、二八二ページ
(56) 環境省「令和元年度食品廃棄物等の発生抑制及び再生利用の促進の取組に係る実態調査 報告書」「環境省」(https://www.env.go.jp/recycle/H31houkokusyo.pdf)［二〇二〇年十一月十六日アクセス］
(57) 真田秀夫「大掃除も法律上の義務に――特別清掃地域の指定、汚物投棄の禁止等」、法令普及会編「時の法令」第百四十二号、朝陽会、一九五四年、「清掃きょくほう」一九七一年三月三十一日号、東京都清掃局ごみ減量総合対策室
(58) 山口与四郎「大掃除と虫退治」「科学朝日」一九五二年五月号、朝日新聞社、六六ページ
(59) 同記事六六ページ
(60) 東京都清掃局ごみ減量総合対策室編「清掃局月報」一九六八年一月号、東京都清掃局、八―九ページ
(61)「清掃きょくほう」一九六八年六月号、東京都清掃局ごみ減量総合対策室
(62)「清掃きょくほう」一九六八年七月号、東京都清掃局ごみ減量総合対策室

(63)「主婦の友」一九七〇年五月号、主婦の友社、三六六ページ
(64)「清掃きょくほう」一九六八年八月号、東京都清掃局ごみ減量総合対策室
(65)茂木謙策「不燃物と粗大ごみ」「清掃きょくほう」一九六八年十一月号、東京都清掃局ごみ減量総合対策室
(66)加賀屋慶次郎「笑っていこう(2)」「清掃きょくほう」一九六九年六月号、東京都清掃局ごみ減量総合対策室
(67)佐藤一春「大掃除にひとこと」「清掃きょくほう」一九六九年九月号、東京都清掃局ごみ減量総合対策室
(68)前掲「清掃きょくほう」一九七一年三月三十一日号
(69)前掲「主婦の友」一九七〇年五月号、三六五ページ
(70)「清掃きょくほう」一九六九年五月号、東京都清掃局ごみ減量総合対策室
(71)同記事
(72)東京都清掃局ごみ減量総合対策室編「清掃局月報」一九六九年十月号、東京都清掃局、七ページ
(73)森川みどり「ある手紙――テレビ〝ゴミと戦う〟を見て」「清掃きょくほう」一九六九年十二月号、東京都清掃局ごみ減量総合対策室
(74)前掲『環境問題の社会史』、前掲『ごみ社会学研究』
(75)シュテファン・シュミト「増え続けるデジタルごみ」伊従優子訳、「Our World 国連大学ウェブマガジン」(https://ourworld.unu.edu/jp/a-growing-digital-waste-cloud)［二〇二〇年十二月九日アクセス］

第5章　ごみを排除する人々
――ごみに対する寛容度の変化

はじめに

第4章では、掃除機と電気冷蔵庫の普及によって、ごみと人間の関係がどのように変化したのかについて検討した。その結果、人々は空間を舞うチリやホコリ、余剰品、粗大ごみというごみを発見し、ごみ概念が拡大している様子を確認した。新しいモノの登場が、ごみと人間の関係に影響を与える様子を捉えることができた。この結果は、筆者のなかにあった「二つの関心」を刺激することになった。

一つは、第4章の掃除機や電気冷蔵庫のような「高度経済成長期に普及し、現在ではその存在が当たり前になったモノ」について引き続き着目してみたいという関心である。これについては、第

6章でプラスチック製品に着目し、さらに理解を深める。

もう一つは、少し大きな視点からこの現象を捉えてみたいという関心である。具体的には、「生活空間」への着目である。生活空間とはモノの集積結果だと考えることができる。新しいモノの登場がごみと人間の関係に影響を与えるのならば、その集積である生活空間の変化は、ごみと人間の関係にどのような影響を与えたのか考えてみたい。それは筆者の単なる好奇心という枠を超えた意味をもつように思う。高度経済成長期というあらゆる分野でドラスティックな変化が生じた時代に着目する以上、生活空間という総合的・俯瞰的視点から検討してはじめて理解できる要素があると考えるからだ。

問題はどのような生活空間に着目するかだが、本章では「台所」に着目した。理由は第4章でも言及したとおり、日常生活のなかでごみと人間が関わりをもつ場面は多岐にわたるが、確実にごみが発生するのが掃除と食事の場面と考えられるからである。そのなかでも調理から後片づけまでをおこなう台所は、毎日ほぼ確実にごみが発生する。もちろん、限界もある。台所で発生するごみは生ごみや食品パッケージごみなどだから、種類に偏りがある。そのため限定的な分析にすぎないかもしれない。しかしながら、ごみと人間の関係を考察するうえで台所が重要な生活空間の一つであることに違いはないだろう。しかも高度経済成長期には「台所改造」と呼ばれる変化が生じ、台所を構成するモノの近代化が進んだ時期でもあった（台所改造の詳細は後述する）。第4章で示した電気冷蔵庫の普及についても、こうした大きな潮流の一つから捉えることもできる。住宅内での台所の位置づけ自体が大きく変化した時期でもある。このような事実からも、台所という生活空間とごみと人間の関係を検討することは興味深い。そこで本章では、高度経済成長期に生じた台所改造によって、ごみと人間の関係がどのように変化したのかを明らかにする。

したがって、本章の内容は第４章の補足的側面を強くもつ。それと同時に、第６章の理解を深めるための側面ももつ。実際に後半では、台所という生活空間からごみと人間の関係を再考するなかで、第４章で述べた「発見」の意味を理論的に整理する。そして本章で明らかにする内容は、再度第６章で考察する運びになっている。

1　高度経済成長期の台所

ダイニング・キッチン（DK）の登場

高度経済成長期は、日常生活のさまざまな風景が変化した時期であった。台所も例外ではない。なかでも重要な変化の一つがダイニング・キッチン（以下、DK）の登場だった。DKとは「食事のできる台所」を指し、別の表現をするなら「台所兼用食事室」[1]という言い方もできる。いずれにしても、食事をとる部屋と台所が「同室」であることがポイントである。従来、台所は家の北側[2]に、家族が食事をする場所とは別に設けることが多かった。[3]ところが、DKの登場によってそれまで分断されていた食堂と台所が同室になり、家の北側に追いやられていた台所が、家庭生活の中心に据えられるように変化したのである。DKの登場は食事風景の変化にとどまらず、私たちの家庭生活そのものを変化させたといっても過言ではないだろう。
ＤＫ誕生の背景には戦後の住宅不足が関係している。第二次世界大戦後、焼け野原になった日本は、圧倒的な住宅不足が起こり、短期間に大量の住宅を確保する必要があった。こうした状況に対処するため、公営住宅の建築が始まった。そして、一九五一年、公営住宅が提案した間取りの一つ「51Ｃ」（一九五一年度公営住宅標準設計のＣ型という意味）でＤＫが誕生した。[4] 51Ｃは二部屋とＤＫから構成されていて、現代的な言い方をすれば、いわゆる２ＤＫの間取りといえる。ＤＫという発想は、「食寝分離（食事をする場と寝る場を分けること）」と、「寝室の分解（寝室を二部屋確保すること）[5]」を実現し、かつ狭い住空間を少しでも広く使える間取りとして採用された。[6] 51Ｃの設計に携わった鈴木成文の文章[7]を読めば明らかなように、緻密な調査と並大抵ではない努力によって編み出された間取りであることがわかる。
その後、戦後復興とともに都市部への移住者は増加し、住宅不足はますます深刻な問題になる。そこで住宅不足解消を目指して一九五五年に日本住宅公団（現在の都市再生機構〔ＵＲ都市機構〕）が誕生した。公営住宅の51Ｃで採用されたＤＫのスタイルも日本住宅公団に引き継がれ、日本住宅公団は多くの団地やニュータウンを建設した。[8]
日本住宅公団の団地は、従来の日本家屋とは異なる新しい住環境を次々と提案した。それはＤＫにとどまらず、ステンレスの流し、換気扇、窓枠のアルミサッシなどが該当する。最新の設備を整え、新しい暮らしを実現する団地は、たちまち人々の憧れの対象になった。その様子は一九五八年に「団地族」という言葉が生まれたことからも理解できる。[9] やがてＤＫ、ステンレスの流し、換気扇などは、一般の住宅にも広く普及するようになる。背景にはさまざまな要因が関係するが、ここでは本章に関連する興味深い指摘を二つ確認したい。

一つ目は、家電製品の普及との関係である。台所内に家電製品の置き場所が必要になったことで、リフォームに拍車がかかったという指摘がある。[10]

二つ目は、女中を雇う習慣の衰退との関係である。戦前は特に裕福ではない家庭でも、女中は身近な存在だったという。ところが、戦後に女中の習慣が途絶えたことで、台所の横に設置されることが多かった女中部屋が不要になってしまう。こうした現象もリフォームの後押しをしたのではないかという指摘がある。[11]

このような経緯を経て、ＤＫは「戦後日本の近代住宅の象徴」として人々に広く受け入れられるようになった。

図5-1　公団初期のダイニングキッチンの様子（1955年）（写真提供：毎日新聞社）

新しい朝の感じ方

台所の歴史を振り返ってみると、ＤＫが戦後の住宅史に影響を与えたことや、新しい存在だったことはよく理解できる。しかしながら、筆者のような「当時を知らない世代」にとっては、DKというスタイルや団地の暮らしが、当時の人々にとってはそれ以前の暮らしと具体的にどのように異なるのか、その変化がどれほどの衝撃をもたらしたのか、いまいち想像しにくいのもまた事実ではないだろうか。少なくとも、筆者はまったくピンとこなかった。そこで、DK登場以前の台所の様子を感じてもらうために、第3章でふれた民俗学者・倉石あつ子の文章を紹介したい。一九四五年長野県生まれの倉石が、「長野県松本市郊外の山つきのムラの農家の嫁であった〔倉石の〕母[12]」や家族の日々の家事の様子、あるいは倉石自身が感じていたことを理由に、当時の台所での家事の様子やその変遷をまとめた「母のいる台所」という文章の一部である。したがって、本書が対象とする東京都市部の高度経済成長期の暮らしとは違うのだが、伝統的な日本家屋でのDK以前の台所の様子が大変よくわかる資料であるので紹介しておく。台所の風景は以下のように描かれている。

> ネギを刻む音、台所からただよう味噌汁の香り、テレビドラマに出てくるような朝の光景は、都会の暮らしである。一九六〇年代半ばごろ（昭和四十年頃）までの農家の台所は寝室などとはかなり離れており、台所などの物音はほとんど聞こえない。ただ、雨戸をくる音や、なんとない人の動く気配に朝を感じる、それが農家の子供であった。[13]

「台所の音やにおいで感じる朝」が、居住空間と台所の距離が近いからこそ成立しうることに、はっと気づかされる文章ではないだろうか。台所改造以前の台所が居住スペースと離れた場所にあった様子がよく理解できる。もちろん、台所改造以前でも、台所と居住スペースの距離が近い造りの住宅もあっただろう。狭い住宅では「台所の音やにおいで感じる朝」に目新しさはなかったのかもしれない。しかしながら、倉石の文章からは、団地やDKの普及とともに「台所の音やにおいで感じる朝」がテレビドラマで描かれるほど、ますます一般的な感覚へと変化していった様子、あるいは「都会的雰囲気」として人々に理解されるようになった様子を、感覚レベルで理解できる。

また、居住スペースから台所の様子をうかがい知ることができないということは、当然、その逆も成立するということである。すなわち、台所から居住空間の様子をうかがい知ることもまた難しい。それは、台所仕事をする者が、どうしても家族から孤立してしまう構造だったともいえるだろう。一方、DKの場合は、台所仕事をしながら家族とより近い距離を保つことができる。最初に、DKの登場によって「台所が、家庭生活の中心に据えられるように変化した」と述べたゆえんはここにある。のちに登場するリビング・ダイニング・キッチン（LDK）と比べれば家族との近さはないかもしれないが、当時の台所仕事のおもな担い手だった女性にとって、これは大きな違いではないだろうか。このように考えてみると、DKや団地の暮らしが私たちの普通の朝の風景にどれだけ大きな影響を与えたのかが、よくわかるだろう。

2 台所改造

高度経済成長期の「主婦の友」にみる「台所改造」

台所の風景が大きく変わり始めた高度経済成長期、「主婦の友」の台所に関する記事には何が描かれていたのだろうか。一九五〇年から七九年の間の「主婦の友」には、台所に関する記事が六十五存在し、その多くは「いかに台所を使いよくするか」という内容だった。こうした記事は「台所改造」[14]という言葉を使いながら、これからの台所には何が必要で、どうすれば使いよく改造することができて、また、実際に改造した人はどのように感じているのかについて、体験談が細かく紹介されている。

台所改造とはいったい何を指すのだろうか。「主婦の友」のなかでは言葉の定義はなされていないが、一言で表現するなら「台所を構成するモノの近代化」とまとめることができるだろう。例えば、前述のDK化、流しのステンレス化、床材や壁材、天井材などの内装の変更、電気冷蔵庫などの家電製品の導入、それらを踏まえた台所全体の空間設計などが該当する。こうした改造によって台所仕事をより衛生的・効率的・合理的におこなうことを目指している。これは紛れもない事実である。しかしながら、台所改造を単に「台所を構成するモノの近代化」という言葉だけで片づけてしまうことには、どうも違和感を覚える。なぜなら、当時を生きる人々の主観的なリアリティーが

図5-2　台所改造の様子（1951年）（写真提供：毎日新聞社）

伝わってこないように思うためである。先ほどの倉石の文章が端的に示すように、「雨戸をくる音」や「なんとない人の動く気配」で朝を感じていた毎日から、「ネギを刻む音」や「台所からただよう味噌汁の香り」で朝を感じる毎日への変化。それこそ、当時の人々が体験したリアルな生活の変化だったのではないだろうか。本書が捉えようとする「生活文化としてのごみ」（第1章を参照）を考えるうえでは、物理的な変化にとどまらず、人々が感じた世界を捉えることは意味があるだろう。このような思いをもって「主婦の友」の台所の記事をみると、台所改造による台所の変化を、人々は視覚や肌感覚、嗅覚レベルで感じ取り、その感覚が誌面上に表れていることに気づいた。ざっとみても「台所」に分類した八〇%の記事に見つけられた。そこで本章では、高度経済成長期の台所改造が、当時の人々の視覚、肌感覚、嗅覚においいてどのように感じられていたのかに注目して、ごみと人間の関係の変化を捉えてみたいと思う。

視覚的風景

何はともあれ、まず驚かされるのは「明度」に関する変化だろう。

> 真暗で、ナメクジを煮物と一緒に煮込んでもわからぬ台所を改造し、窓を広くとりましたので、今では家中で一番明るい場所です。照明も調理の手元を照らす移動式[15]。

なんと象徴的な文章だろうか。ナメクジを煮込んでしまってもわからないほど薄暗かった台所から、目の前がパアッと明るく変化する様子が表現された「動的な文章」である。台所改造時には、衛生的な理由や安全性の問題から換気や採光が重視され、電球や窓を取り付けることが定番になっている。こうした物理的改造が、台所の視覚的雰囲気を大きく変えてきたことが理解できる。それは明るさにとどまらず、「色彩」の変化としても表現されている。

> この名越さんのお宅にも、最近、かまど、流し、お風呂場が完成しました。（略）水がめも調理台も備えたタイル張の清潔な立ち流し、小さくとも気持よさそうな長州風呂、どれもこれも、都会の奥様たちでさえ、羨ましがるにちがいないほど立派で便利にできています。何十年何百年という、古い田舎家のすゝけて黒くすんだ柱や壁のかげに、こんなにも新

しい輝くばかりのタイル張の台所がのぞかれる光景は、何か心にじんとひゞくものを感じさせます。[16]

これは田舎の台所改造を示した記事のため、変化がより強調されている側面はあるかもしれないが、改造以前の台所について「黒」という語が象徴的に使われている。黒い柱や壁に囲まれた暗い台所から、タイル張りの明るい台所に変化した様子が理解できる。一方、改造後の台所には「白」という具体的な色が強調されることが多い。例えば「塗装は白色ペンキ。／流しはステンレス・スチール製。／調理台はリノリウム張。出窓と壁は白タイルです[17]」のように、黒かった台所の風景が白く変化する色彩変化が強調される。「ピカピカ」という形容詞も象徴的である。ステンレスの流し、ガステーブルやガス台などは「ピカピカ」と形容され、ひときわ強調された。それらは「ピカピカ光って、見るからに機能的、たのもしい。デザインも、あかぬけてきましたし[18]」と表現されるほど、台所の風景を一新させる新しい視覚的風景と理解できる。

それどころか、「主婦の友」では、これからの台所は積極的に色彩に気を使うべきだと指摘している。例えば、実例として紹介するある家庭に対しては、「台所全体が、プラスチック塗料のアイボリー（象牙色）でまとめられているのも、清潔で、働きやすいふんいきです[19]」と好意的な評価を示している。「個性ある台所演出のコツ」という見出しの記事では、色について次のように述べている。

色

色は、台所の場所、採光、大きさ、他の部屋との関連にも左右されます。寒い地方だとか、北側だとか、暖房があまりきいていない台所には、白、レモンイエロー、オレンジイエローなどの、明るくて、あたたかい色を使ったらいいでしょう。台所は一般にそう大きくはないので、色は三色以内に押えるようにしましょう。[20]

実際に、緑や青などの寒色の化粧板やプリント合板を用いた家庭に対しては、「光沢のある寒色を多く使っているので、寒々しい。ダイニングキチンの場合は色彩と材料に気をつけて」[21]というアドバイスを記している。さらには、「この台所はこんなムードにしたいということを決定しなければ、色や小物や照明などもきめようがありません」[22]「他のお部屋との関連を考えながら、どのムードでいくか自分で最初にきめましょう」[23]とアドバイスする記事まで登場する。さらに興味深いのは、「目でも楽しめるような台所作り」を推奨していることである。象徴的な事例を二つ紹介する。

でも、家庭の台所は実用一点張り、清潔一点張りでは、味気ないことよ。応接間に飾れなくなったお花でも、お台所にはじゅうぶん。(略)お台所がいっぺんに明るくなりますよ。(略)かわいい食器――動物を模したこしょう入れなども、よいアクセサリー。パセリやセロリをコップにさしても、実用を兼ねた飾りになります。[24]

収納もさることながら、ガラス器は見て楽しむインテリア。しまい込まずに、積極的に台所のムードづくりに活用しましょう[25]。

台所はただ調理できればいいだけではなく、台所に立つ者が、目でも楽しみながら作業ができることを目指している。その様子を「アクセサリー」「飾り」「ムード」という単語が象徴している。こうした取り組みは、台所の物理的明度や色彩を明るくするだけではなく、台所に立つ者の心のなかをも明るくしているようにみえる。

このように台所は、ほかの部屋から分断された薄暗く黒い場所ではなく、ほかの部屋との兼ね合いを考慮し、色彩にも気を使うべき場所へと変化している。こうした点からも、台所が家庭生活の中心へと変化する様子を理解できるだろう。

肌感覚の風景

台所改造による台所を構成するモノの近代化は、人々に視覚的な変化を印象づけるだけではなく、温度や湿度などの肌感覚のレベルでも刺激を与えている。

まずは「温度」である。例えば、次の記事は、実は「台所」ではなく「掃除」に分類していた。だが、台所の寒さを理解するのに適しているのではないかと思い紹介する。記事の内容は、十二月三十日に主婦がおこなうべき仕事についてである。「おせち料理を作る。一日台所に立つので、働きやすく、衛生的でかつひえないように服装をととのえる[26]」

同様の内容はもちろん「台所」に分類した記事にもあった。例えば、台所改造に関する記事では、台所の防寒対策は一つのポイントになっている。以下は台所の床についてアドバイスするものだ。「床　よごれやすく、すきま風の入る板張りの床を、プラスチックタイルですっかり張りかえ、防寒的にすると同時に掃除しやすくします[27]」

また、札幌市の家庭の台所改造では、暖房設備の工夫によって、台所が暖かい場所に変化した様子がつづられている。

ふつうの家では、台所がいちばん寒いところになっているのに、わが家では、反対にいちばんあたたかく、居間よりも四〜五度高い。炊事に台所に立つにも寒さを苦にすることなく、ゆっくり落ち着いて、栄養分のある食事をつくることができます。水や油類が、寒中に凍ることもありません。あたたかいので、食物が腐敗するおそれがあるくらい[28]。

このほか、台所改造でDKの間取りに変更したことで「〔居住スペースと〕空間的なつながりがあるため、台所だけ寒い、暑いという心配もありません[29]」という紹介記事もみられた。このように、旧来の台所は本来「寒い場所」として理解されていたが、台所改造とともに「暖かい場所」に変化していった様子を捉えることができる。

次に「湿度」である。台所改造以前は、じめじめした不快感が強調されている。例えば、一九六四年の台所改造の記事では、「Kさんの台所は排水設備が悪く、土台や根太がくさっていました。

古い建物では流し前の土台は、くさっているものと思ったほうがよいでしょう[30]」と紹介されている。水を使う機会が多い台所はどうしても湿り気を帯び、根太の腐りなどとも無縁ではなかったようである。そういう事情もあってか、台所改造以前の文章に頻出する形容詞は「じめじめ」だった。以下、二つ事例を挙げる。

〔台所改造後の台所を見て〕何とまあ明るいこと。便利なこと。これまでの、ジメジメした台所を見なれた目には、仰天するほどの驚きだった。[31]

〔建築家が、台所改造以前の台所の改善点について解説するページのなかで〕排水　北側の隅で、塀に近く、排水も完全でないので、いつもじめじめしている。[32]

じめじめを改善するため、床などの素材を変更したり、通気を意識した台所改造がおこなわれている。

室内に流しがあると、とかく洗い水が床板にまではね、年中湿りがちです。こんなとき、水のしみないビニタイルを利用するなり、（略）蛇口に新案水道蛇口（略）を取りつけると、水がはねず便利。[33]

キッチンセンター（流し、調理台、ガス台）の前の床は、七十センチ幅にプラスチックタイルを張り、流しの下の戸棚には網戸をつけ、窓は南北にもあけて通風をよくするなど、湿気防止にも気をくばりました。(34)

台所改造の結果、じめじめという形容詞はほぼ使われなくなった。すなわち、少なくとも台所改造以前と比べると「じめじめ」した感覚は落ち着きをみせ、肌感覚において「快適」な台所に変化したと解釈できるだろう。このように肌感覚レベルでの台所改造とは、「寒くてじめじめした台所」から「暖かく快適な台所」に変化する様子を理解できる。

ユニークなのは、このような台所の肌感覚の変化を「台所に登場する害虫の描かれ方の変化」からも読み取ることができる点である。「主婦の友」には、多くの「害虫」に関する記事が存在する。筆者が「害虫」に関する記事を読んでいたとき、強烈な違和感を覚える表現があった。それは「台所を這うナメクジ」の描写だ。それも、「ナメクジは台所のイソウロウ(35)」と表現されるほど、台所と親和性が高い害虫として描かれていたのである。筆者にとって、これは驚くべき描写だった。なぜ、台所にナメクジがいるのか。台所に登場する害虫の類いはゴキブリとネズミが圧倒的に多い。ナメクジの登場回数はほんの一握りであり、数でいえば見過ごしてしまうレベルである。だが違和感をもとにナメクジに注目して記事を確認するうちに、湿度との関連を理解することになった。実際に、ナメクジの駆除方法については「根本的な防除法としては、ジクジクした台所などを、まず乾かすこと。排水をよくし、餌を片づけ、メタアルデヒドなどの薬をまけば完全(36)」と記してあり、台所の湿度対策が不可欠であることがわかる。なるほど湿気が多い台所にはナメクジがよく似合い、事実、じめじめした台所にはナメクジが存在し、台所とナメクジがセットで認識されていたわけである。ところが、アルミサッシなどの導入で住宅は気密性が高い閉鎖的な構造へと変化した[37]（詳細は第4章を参照）。台所改造によって台所自体の排水設備も整い、さらには冷暖房が完備されると、温度や湿度が安定していった。すると、じめじめした台所は消失し、同時にナメクジの描写もみられなくなる。かわりに圧倒的な存在感を示すようになったのが、ゴキブリである。台所が暖かく快適な場所になるほど、ゴキブリにとっても好ましい環境になるという皮肉な結果が生じるわけである。以下の記事からはその様子をよく理解できるだろう。

住まいが近代化され、台所まで暖房設備がととのってきたということは、同時にゴキブリも住みよくなり、その生息地域を広げ、数をふやしているという皮肉な結果をも生み出しています[38]。

そのため、ゴキブリは「文明害虫」と表現されることも多かった。

ゴキブリは熱帯虫で寒さに弱い。北海道に少ないゆえんです。同じ理由で、風のスースー入るバラック建築に少なく、暖房のよくきいた近代建築に多い。戦後クローズアップされた文明害虫です[39]。

台所にすみ着く害虫の描写からナメクジが消え、ゴキブリの存在感が圧倒的になればなるほど、その背後に「寒くてじめじめした台所」から「暖かく快適な台所」への変化があったことを理解できるだろう。

においの風景

台所改造についての感覚的表現のうち、最も記述が少なく、変化がみえにくいのが嗅覚だった。ただ、確実に述べられている内容が一つあった。それは、「調理の際に出るにおいをどのようにして排除するか」についてである。住宅が気密性が高い閉鎖的な構造になり、台所がほかの部屋から分断された場ではなく、生活空間の中心になるとともに、台所の「におい」は人々の意識に顕在化するようになった。気持ちよく食事をとり、DKで楽しく団欒するためには、調理過程で発生するにおいや煙を自然換気に任せるのではなく、強制的に排気する必要がある。そのため台所改造の記事には換気扇に言及する記事が多くみられる。

煙や臭気抜けのためには、ファンとまでゆかなくても、せめて回転窓かフードをつける必要があります。(40)

ダイニングキッチンやリビングキッチンの場合、魚を焼いたりするときのにおいや煙の処理

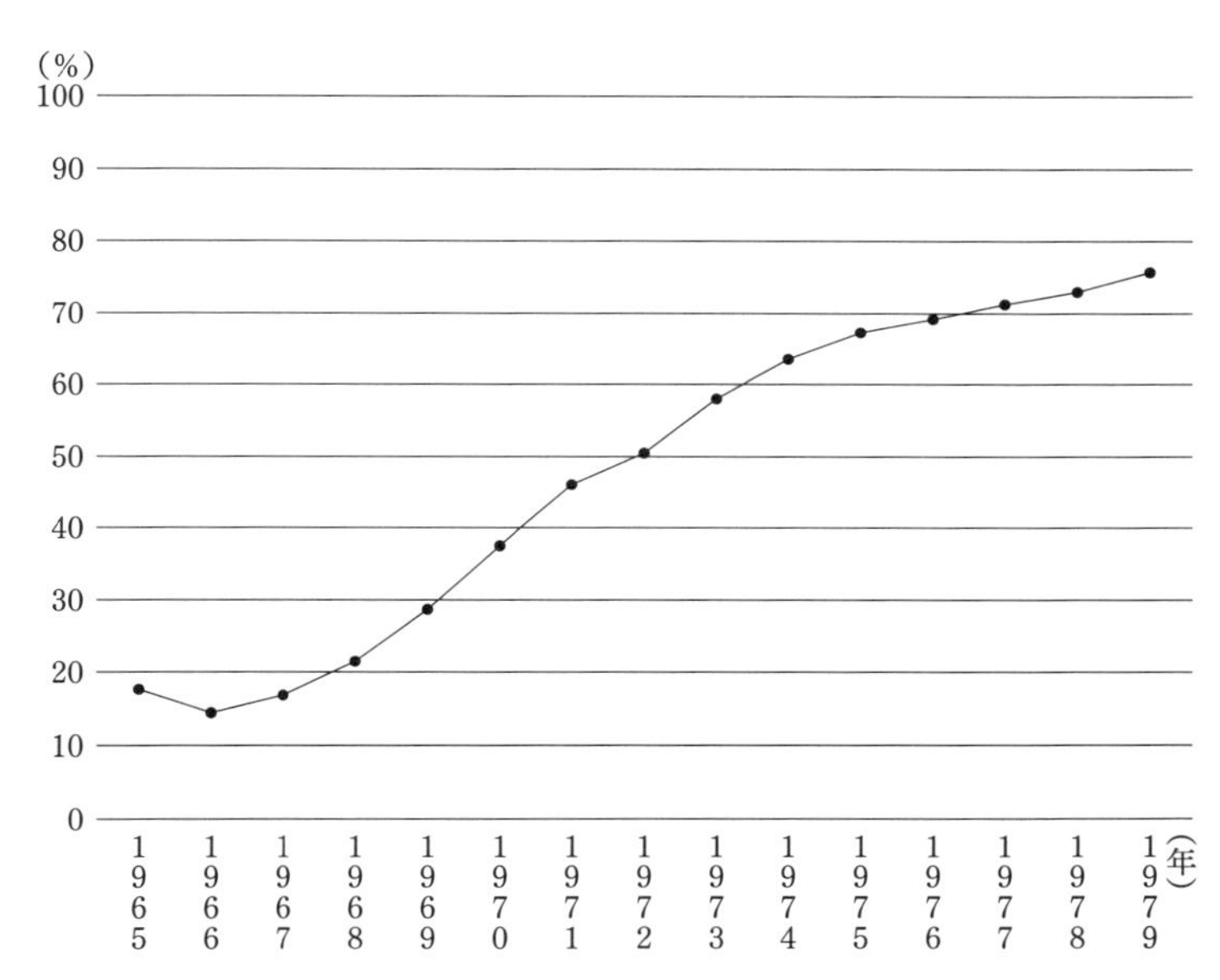

図5-3　ガス瞬間湯沸かし器の普及率
（出典：前掲「消費動向調査」から筆者作成）

がうまくできないと居心地の悪いものになります。ガス台の上にはガラスの小壁を煙返しとしてとり、その中に換気ファンをとりつけました。(41)

興味深いのは、第１節で引用した倉石の文章にも表れているとおり、料理から漂うにおいは好意的に捉えられるにもかかわらず、そのにおいがいつまでも部屋のなかにとどまり続けることは許せないものと理解されることである。「適度なにおいの漂い方」が求められるようになった、とでも表現できるだろうか。自然換気ができないからこそ、意識的な換気が必要となる。すると、どこまで換気すればいいのか、その「適度さ」というものが意識されるようになった。このように、台所にいつまでも残るにおいは「不要なにおい」であり、排出するよう意識される様子を読み取ることができる。

なお、換気扇は「においの排出」以外にも重要な意味をもっていた。それは「新鮮な空気の取り入れ」である。特に、食の洋風化が進んで油を使った料理が増えると、食器洗いに「湯」が欠かせなくなる。そして、ガス瞬間湯沸かし器の普及が進む。内閣府の消費動向調査によれば、ガス瞬間湯沸かし器の普及率は一九六五年が一七・五%、七〇年が三七・四%、七五年が六七・二%、七九年が七五・六%となっている（図5―3を参照）。ガス瞬間湯沸かし器を安全に使うためには、吸排気が重要である。そのため、「主婦の友」のなかでも以下のような記事がみられる。

> 四～五号の小型のものは、普通、天井や上の棚から六十ｃｍ以上離せば、排気筒をつけなくてもよいことになっていますが、窓がないときや、アルミサッシなどで密閉度が高い場合は、つけたほうが安全。[42]

においだけでなく吸気の観点からも、換気扇は台所に必要な設備として普及していく様子が理解できる。

3　日常生活空間からのごみの排除

ここまで確認してきたとおり、台所改造によって台所の風景が明るく、白く、ピカピカになり、暖かく快適で、不要なにおいを排気できる設備が整い、台所が家の表舞台になるにつれて、ある興味深い変化がみられるようになる。それは、いままで気にならなかった対象が相対的に汚く見えたり、悪目立ちしたりするという現象である。例えば、以下ではステンレスと布巾が対照的に併記されている。

日本も、調理台や流しは、ステンレスなんかでピカピカしてきたようだけれど、さて、「私たち〔布巾のこと〕の姿はどうだろうか」[43]

この記事はこのあと、晴れた日には布巾を太陽に当てることを推奨し、そして「とにかく、日本のふきんは、まだきたないな」[44]と続けている。ピカピカ光るステンレスの流しの前では、いままでもそこに存在したであろう布巾が、どうしても汚く見えてしまう様子を読み取ることができる。皮肉なのは以下の記事である。

壁や天井で、ベニヤ板や木製羽目板張りの場合、清潔感を強調しようと〝白〟にすると、かえってよごれが目立ちます。多少薄く色のついた明るい感じがいいでしょう。(45)

清潔さを求めて台所を白くすることで、逆にそれまでは気にならなかった汚れが目立ってしまうというわけだ。汚れを目立たせないために「多少薄く色のついた明るい感じがいい」というアドバイスからは、この汚れをネガティブなもの(存在すべきではない汚れ)と捉えていることがわかる。清潔さが意識されている様子は、以下の台所をリビングキッチンに改造した家庭の様子を紹介した記事でも明らかである。

台所もまる見えとなるわけで、よほど清潔にしておかねば、目ざわりでいけません。庖丁やしやもじ、おろし金、茶漉などが乱雑に下つているのも見苦しいので、写真②のような、小物棚を作つてみました。(46)〔本文内で言及している写真②には棚の写真が掲載され、『体裁よく清潔な小物棚』という紹介文が付いている〕

台所が家の表舞台になることで、ますます清潔さが強く意識される様子を確認できる。さらには、乱雑にぶらさがった包丁やしゃもじといったモノまでが見苦しさの対象になり、排除すべきものに転じている。ここでいう清潔さとは、汚れやごみの存在を許さないような、衛生的で、きれいで、快適な空間を作ることと理解できるだろう。異なる見方をすれば、このような清潔さを達成した台所こそ先進的であり、それを維持できてこそできる主婦である、というニュアンスさえ含んでいるように感じられる。台所は、その時代に人々が考える清潔のあり方が最も実践された場の一つと考えられる。それゆえ、台所改造は、私たちに新しい清潔のあり方を提示する役割も果たしたといえるのではないだろうか。このように、台所が明るく、白く、ピカピカになり、暖かく快適で、不要なにおいを排気できる設備が整い、家の表舞台になるにつれて、これまでも存在したであろう「そこに存在した汚れやごみを排除しようとする感覚」を読み取ることができる。こうした出来事を第4章に倣って表現するならば、台所改造によって人々が汚れやごみを発見する様子を確認できるといえるだろう。

ここで、第4章と本章で確認した、高度経済成長期に人々が発見したごみについて整理してみたい。第4章では一律的に「発見」と表現してきたが、発見には三つのタイプが存在している。

一つ目は、高度経済成長期に「新しく誕生したごみ」を発見することである。具体的には第4章の粗大ごみが該当する。高度経済成長期に家電製品が普及し、それらが不要になったことで誕生したごみといっても過言ではないだろう。家電製品という新しいモノの普及によって、新しいごみが誕生し、発見されたのが、このタイプである。

二つ目の発見は、高度経済成長期に「増加が助長されたごみ」を発見することである。具体的には第4章の余剰品が該当する。それまでも余剰品は存在したが、食品の保存を可能にした電気冷蔵庫の普及によって、増加が助長された。新しいモノの普及によって、それまでも存在したごみが、さらに増加して発見されたのがこのタイプである。

三つ目の発見は、高度経済成長期以前から存在していたが、高度経済成長期に「可視化されたごみ」を発見することである。第4章の空間を舞うチリやホコリと、本章の台所改造とともに発見された台所の汚れやごみが該当する。これらのごみは、高度経済成長期以前はそこに存在しても仕方がないものとして気にとめられることがなかった。ところが、高度経済成長期に掃除機や新しい台所製品が普及することによって、これらのごみが人々の意識のなかで排除すべきごみとして可視化し、発見されたのである。新しいモノの普及を受けて、人々の意識のなかでごみが可視化され発見されるのが、このタイプである。

空間を舞うチリやホコリ、暗くて黒く、じめじめした寒い台所のなかにあった汚れやごみ。こうした存在は、ごみではあるものの、日常生活空間のなかに存在しても仕方がないものとして、受け入れられ、日常生活のなかで共存してきた。ところが、掃除機の登場によって空間を舞うチリやホコリを吸い取り、完全な掃除ができるようになった。すると、それまで気にならなかったチリやホコリが急に目立つようになった。台所が明るく、白く、ピカピカになり、暖かく快適で、不要なにおいを排気できる設備が整った場所になるにつれて、そして家の表舞台になるにつれて、汚れやごみが目立つようになった。こうして発見された汚れやごみは、寛容に付き合うことなく排除が志されている点は指摘すべきだろう。つまり、日常生活空間のなかで許容され寛容に付き合うことができた汚れやごみが、新しいモノの普及によって厳格に排除されていく変化を読み取ることができる。

おわりに

ここまで、台所改造によってごみと人間の関係がどのように変化したのかを、人々の感覚に注目しながら検討してきた。その結果、台所は「薄暗く、暗く、黒く、寒くてじめじめした場所」から「明るく、白く、色彩に気を使い、ピカピカで、暖かく快適で、不要なにおいを排気できる設備が整う場所」へと変化した。そして、家の表舞台になるにつれて、それまでは気にならなかった汚れやごみが目立ち始め、排除しようとする感覚がみられた。すなわち、台所改造は、ごみと人間の関係において、ごみを発見し、「ごみ概念」を拡大させるだけでなく、日常生活空間にごみが存在することに対する寛容度を変化させた。

環境社会学の鳥越皓之によれば、「景観」とは、「人びとの動きや祭などの特定の時期に生起する事象」であり、「ときには人の意識的なレベル（聖・俗とか中心・周辺など）に関わるところまで視野を広げる必要があるだろう[47]」という。例えば、「山や橋や家屋のような固定した外見[48]」だけを指すのではなく、集落のなかの聖なる中心的な場所（神社など）や、集落の外れの墓地や、作物が実らない荒廃した場所などが存在することを指摘している。このように「心理上の起伏に富んだ空間[49]」にまで目を配って景観を捉える必要があるという。台所改造に伴って生じた人々の感覚の変化を鳥越に倣って表現するならば、人々の生活環境の風景が、腐敗や汚れと共存する「起伏に富んだ風景」から、一様に清潔さを求める「平面的な風景」へと変化したと理解できるだろう。[50]重要な点は、鳥越の視点を援用すると、高度経済成長期以前の台所は薄暗く、じめじめした、腐敗などのリスクと隣り合わせの風景が多く存在していたようにみえる。人々はこのような風景のなかで、汚れやごみと共存しながら生活していた。ところが、台所改造に伴う変化は、こうした汚れやごみの存在を可視化させ、そして徹底した排除を志すようになった。汚れやごみのリスクの高低が存在する「起伏に富んだ風景」から、一様に清潔でなければならない「平面的な風景」へと、日常生活の風景を変化させたようにみえる。それどころか、平面的な風景は、相対的に多くの対象を不潔な排除対象に位置づけ直し、その傾向を加速させているようにみえる。換言すれば台所改造は、人々にとって台所という場所を、汚れやごみが「あっても仕方がない場所」から、「あってはいけない場所」へと変化させたといえるだろう。ごみの立場から表現するならば、ごみの家庭生活は「生きづらいもの」に変化したと表現できるだろう。私たちはこうした変化を「衛生」とか「清潔」という言葉で肯定的に受容し、近代化の象徴として称賛してきたのではないだろうか。しかしながら、衛生とか清潔という名のもとに捨象してきた「何か」がある気がしてならない。この「何か」については、第6章の分析を経て再び考察する。

注

(1)鈴木成文『鈴木成文住居論集 住まいの計画 住まいの文化』彰国社、一九八八年、二四ページ

（2）北側と記した根拠は、北浦かほると辻野増枝の調査による。北浦・辻野は「明治期から昭和初期（十八年）までの住宅専門書および建築雑誌・一般雑誌・婦人雑誌などに掲載された独立住宅平面図を統計的に処理することによって、当時の建築空間としての構成と生活空間としてのその中での台所の使われ方を調べた」という（北浦かほる／辻野増枝編著『台所空間学事典――女性たちが手にしてきた台所とそのゆくえ』彰国社、二〇〇二年、七一ページ）。この調査によると、台所の方角については平面図に方位の記載がないものが多く、傾向を探りにくいそうだが、全時期を通じて主流は北であり、次いで東、西、南の順に多かったと述べている（同書七五ページ）。また、小泉和子の著書で、大正―昭和期に出版された住宅設計図集から女中部屋の特徴についてまとめた部分をみても、女中部屋の方角について「方角についての記述はないが、玄関、台所などが配置される北側に置かれることが必然となる」（小泉和子編『女中がいた昭和』〔らんぷの本〕、河出書房新社、二〇一二年、九五ページ）という記述がみられた。実際に「主婦の友」の記事をみていても、「昔は、台所といえば、北側のジメくした所にあつて、家の中で一番冷遇されていました」（「主婦の友」一九五五年十一月号、主婦の友社、三四〇ページ）などの記載がみられたことから、北側が主流と判断した。

（3）前掲『台所空間学事典』、前掲『女中がいた昭和』

（4）前掲『鈴木成文住居論集 住まいの計画 住まいの文化』、鈴木成文「「51C」の成立とその後の展開」、鈴木成文／上野千鶴子／山本理顕／布野修司／五十嵐太郎／山本喜美恵『「51C」家族を容れるハコの戦後と現在』所収、平凡社、二〇〇四年、前掲「nLDKの誕生」

（5）「寝室の分解」についてもう少し丁寧に説明をするならば、51Cの設計に参加した鈴木成文が以下のように説明している。「家族が若いうちは一部屋で寝ているが、子どもがだんだん成長してくる、あるいは家族の人数が多くなってくると、ある時期に二部屋に分かれて寝るようになる。私たちはこれを「寝室の分解」と呼んだ。どういう間取りであれば、寝る部屋が二部屋に分かれやすいか――。まずはそれが主要な研究テーマとなったのである」（前掲「「51C」の成立とその後の展開」一三―一四ページ）

（6）同書、前掲『鈴木成文住居論集 住まいの計画 住まいの文化』、前掲「nLDKの誕生」

（7）前掲『鈴木成文住居論集 住まいの計画 住まいの文化』、前掲「「51C」の成立とその後の展開」

（8）前掲「「51C」の成立とその後の展開」、西山夘三『すまい考今学――現代日本住宅史』彰国社、一九八九年、前掲「現代日常生活の誕生」

（9）前掲『鈴木成文住居論集 住まいの計画 住まいの文化』、前掲「「51C」の成立とその後の展開」、前掲『すまい考今学』、前掲「nLDKの誕生」、前掲「現代日常生活の誕生」、前掲「『家族』と「幸福」の戦後史」

（10）吉田桂二『間取り百年――生活の知恵に学ぶ』彰国社、二〇〇四年

（11）同書、前掲『台所空間学事典』、前掲『女中がいた昭和』

（12）前掲「母のいる台所」六四ページ

（13）同論考六四ページ

（14）台所改造という表現のほか、「主婦の友」内では、「台所改善」「台所を改良」「台所の改造」「改造」などの言葉も同じ意味で用いていたが、本書は「台所改造」という表現に統一した。なお、台所環境を改善しようとする動きは、高度経済成長期だけ・婦人雑誌のなかだけにみられるものではない。大正時代、欧米型の生活様式が導入されると、「旧来の生活様式をより合理的かつ機能的なものに改めようとする生活改善の気運」（和田菜穂子『近代ニッポンの水まわり――台所・風呂・洗濯のデザイン半世紀』学芸出版社、二〇〇八年、一七ページ）が高まった。こうしたなかで「台所改善」とい

う表現を用い、注目されるようになった。具体的には、従来は座った状態で作業をする「蹲式（つくばい）」の流しが主流だったが、こうした作業は非衛生的で非合理的だとして、立った状態で作業をする「立ち式」の流しへの改善などがおこなわれた。前掲『すまい考今学』、前掲『台所空間学事典』、前掲『近代ニッポンの水まわり』

(15)「主婦の友」一九五七年四月号、主婦の友社、一八二ページ。台所改造に関する記事の場合、個人宅の台所を紹介する記事が多く存在する。こうした記事は多くの場合、記事内の最初のページ、あるいは記事の最後に居住者の個人名が記載されている。このような記事を署名入り記事と見なすかについては、判断が分かれるところである。しかしながら、①氏名が記載された個人は基本的には取材協力者と考えられること、②氏名が記載された個人が記事を執筆した可能性はきわめて低いと考えられること、③氏名が記載された個人の考えが反映された台所改造結果ではあるものの、何か特定の対象に対する意見や思考を前面に表現した記事構成ではないこと、を考慮して、署名入り記事とは見なさなかった。ただし、明らかに本人が執筆しているとわかる場合や、記者などの氏名が明記されている場合は、署名入り記事と見なした。あいまいなものは個別に判断した。本章で扱う引用記事はすべてこの方針をとった。

(16)「主婦の友」一九五二年十一月号、主婦の友社、二八三ページ

(17)「主婦の友」一九五三年三月号、主婦の友社、三九四ページ

(18)「主婦の友」一九六一年八月号、主婦の友社、二五九ページ

(19)「主婦の友」一九六七年三月号、主婦の友社、七三ページ

(20)「主婦の友」一九七二年三月号、主婦の友社、一九七ページ

(21)前掲「主婦の友」一九六七年三月号、八六ページ

(22) 前掲「主婦の友」一九七二年三月号、一九七ページ
(23) 同記事一九七ページ
(24)「主婦の友」一九六九年三月号、主婦の友社、一一一ページ
(25) 前掲「主婦の友」一九七二年三月号、二〇五ページ
(26)「主婦の友」一九六七年一月号、主婦の友社、二五六ページ
(27)「主婦の友」一九六四年三月号、主婦の友社、九七ページ
(28)「主婦の友」一九六一年十一月号、主婦の友社、三〇四ページ
(29)「主婦の友」一九七〇年八月号、主婦の友社、二七〇ページ
(30) 前掲「主婦の友」一九六四年三月号、九七ページ
(31) 前掲「主婦の友」一九五五年十一月号、三四〇ページ
(32)「主婦の友」一九五八年三月号、主婦の友社、二一四ページ
(33)「主婦の友」一九五七年二月号、主婦の友社、七八ページ
(34)「主婦の友」一九六三年二月号、主婦の友社、五八ページ
(35) 阿部光子/徳久和子ほか「7月の家事カレンダー」「主婦の友」一九六一年七月号、主婦の友社、三三一ページ
(36) 前掲「主婦の友」一九六〇年八月号、二七九ページ
(37) 前掲「家を建てる」、前掲「住み心地」
(38)「主婦の友」一九七三年五月号、主婦の友社、二五六ページ
(39) 前掲「主婦の友」一九六〇年八月号、二七六ページ
(40) 前掲「主婦の友」一九五九年十月号、三九ページ

(41) 前掲「主婦の友」一九六四年三月号、一〇一ページ
(42) 前掲「主婦の友」一九七二年三月号、二〇二ページ
(43)「主婦の友」一九六一年六月号、主婦の友社、二八八ページ
(44) 同記事二八八ページ
(45) 田島良平「床・壁・天井はこのように」、前掲「主婦の友」一九六四年三月号、一一二ページ
(46)「主婦の友」一九五四年四月号、主婦の友社、三四七ページ
(47) 鳥越皓之『環境社会学――生活者の立場から考える』東京大学出版会、二〇〇四年、一六三ページ。景観については、次の文献も参考になる。菅豊「川の景観――大川郷にみるコモンズとしての川」、鳥越皓之編『景観の創造――民俗学からのアプローチ』(「講座 人間と環境」第四巻)所収、昭和堂、一九九九年
(48) 前掲『環境社会学』一六三ページ
(49) 同書一六六ページ
(50) 同書一六三―一六六ページ。人々の意識的なレベル/目に見えないレベルをも捉えるという菅豊(前掲「川の景観」)や鳥越皓之(前掲『環境社会学』)らの発想を援用しながらも、ここで「景観」ではなく「風景」という語を使った理由は二つある。一つ目の理由は、これまでおもに環境社会学やその周辺領域が「景観」という言葉で対象にしてきたものと、本書が対象にする「台所改造をめぐる人々の暮らしの変化」や「ごみと人間の関係の変化」との間には、ややズレがあるように感じたためである。環境社会学などでいう景観とは、厳密に定義がなされているわけではないが、歴史的な景観(街並み、まちづくりなど)の文脈で論じられていることが多いようにみえる。例えば、堀川三郎(「景観とナショナル・トラスト――景観は所有できるか」、鳥越皓之編『自然環境と環境文化』〔「講

座　環境社会学」第三巻）所収、有斐閣、二〇〇一年）、野田浩資（「伝統の消費——京都市における町家保全と都市再生をめぐって」、環境社会学会編集委員会編「環境社会学研究」第十二号、環境社会学会、二〇〇六年）らの研究を挙げることができるだろう。また、特定の自然が織りなす景色を指すこともある。前出の菅は、川（具体的には新潟県岩船郡山北町を流れる大川）を取り上げている。鳥越は、景観に類似する用語として景色や風景などの語があるが、その違いをあえていうならば、「景観」は他の二語に比し、対象とするながめ（view）にたいして、何ほどか「分析」とか「計画」を目的とした場合に使われる例が多いようである」（鳥越皓之「花のあるけしき」、前掲『景観の創造』所収、九ページ）と述べている。本章の分析も人々の暮らしのありようを分析していることには違いないが、まちづくりのような計画でも、歴史的な景観や特定の自然が織りなす景観を扱っているわけでもない。そのため、景観という語を用いることには違和感を覚えた。「風景」という語を使った二つ目の理由は、一般用語としての「景観」という語の語感である。これは筆者の個人的感覚による部分が大きいことは否めないが、景観という語は、なんらかの価値観が想起されやすい語のように思う。「景観保全」「景観法」などの言葉があるせいか、それが都市景観のような人工的に造形されたものであれ自然であれ、語自体がポジティブな印象を強くもつ場合や、語の裏になんらかの価値観（例えば、「残すべきすばらしいもの」など）があることが多いように感じる。しかしながら、本章でみてきたものは、特に台所改造以前のものは、薄暗く、じめじめした、腐敗のリスクと隣り合わせなど、好ましくない要素も含む。一方、「風景」という語は、「景観」と比べるとよりニュートラルで、あいまいで漠然とした語感をもつように感じた。環境社会学のなかでも定義があいまいであることと、こうした（筆者個人の感覚かもしれないが）一般的な語感の問題から「風景」の語のほうが適していると考え、「風景」の語を使用した。

第６章　「くず」から「ごみ」へ
――「くず文化」の崩壊

はじめに

先日、中学生時代のタイムカプセルを開封する機会があった。中学三年時のクラス全員で計画したもので、筆者のあいまいな記憶によれば、卒業式の日に各自が思い出の品を入れたものである。筆者はタイムカプセルの存在はなんとなく覚えていたものの、何を入れたのかはまったく覚えていなかった。それでも二十一年の時を経て再会するそれは、相当くたびれた姿をしているだろうと想像していた。ところがタイムカプセルを開封したとき、衝撃を受けた。なぜなら筆者が入れたそれはピカピカの状態で出てきたからである。先ほどまで使っていたといわれてもわからないくらい、大変きれいな状態だった。その理由は簡単で、それがプラスチック製品だったからである。筆者は仲がよかった友人たちと学校で使っていた名札を入れていたのだが、プラスチック製だったため、錆びることもなく色あせることもなかった。対照的だったのは、クラスメートの誰かが入れた生花で作られたコサージュだった。もともとなんの花だったのかわからないほど茶色く変色し、水分が蒸発してドライフラワーと化し、触るとボロボロと崩れてしまった。ピカピカのプラスチック製の名札と、変色してボロボロに崩れた生花のコサージュは、同じ二十一年の時を経たとはとうてい思えないほど正反対の姿をしていた。

この経験を通して再確認できたことは、プラスチックという素材の特殊性である。錆びず、腐らず、いつまでも色鮮やかで、つるつるした手触り。このような材質は他に類をみないといっても過言ではないだろう。プラスチックはいまでこそありふれた素材だが、登場した当初は、人々に相当なインパクトを与えたのではないだろうか。実際に、一九四五年から七九年までのプラスチックに関する「朝日新聞」の新聞記事を概観[1]すると、その片鱗を感じ取ることができる。例えば、まだプラスチック製品が珍しかった四〇年代には「プラスチックス製品文化展」の案内が一つの記事として成立している[2]。プラスチック製品がどれほど珍しく、また人々から注目されていたかを理解できるだろう。プラスチック製品が一般家庭にも普及しはじめた五〇年代から六〇年代になると、プラスチック製品を紹介する記事や取り扱い方に関するハウツー記事が登場する。これらの記事で使われる「プラスチック時代[3]」や「素材革命[4]」という言葉からは、プラスチック製品に寄せられた期待の大きさを読み取ることができる。ところが、七〇年代に入るとプラスチック製品の「廃棄物公害」としての側面が強調されるようになった。例えば、こんな見出しがあった。「ゴミの両横綱

(プラスチック・廃油)にメス やっと調査・対策へ乗出す」[5]。実際に、東京都ではプラスチックごみは「焼却不適ごみ」と見なされ、七三年から分別収集を開始した[6]。第4章と第5章に沿って表現するなら、このときプラスチックごみは発見されたといえるだろう。これらの記事からは、プラスチック製品がいい意味でも悪い意味でも人々の生活に大きなインパクトを与えている様子を理解できる。

そこで第2部のまとめになる本章では、第4章と第5章で得た知見を踏まえ、高度経済成長期に普及し、現在ではその存在が当たり前になった「プラスチック製品」に着目する。本章の目的は、高度経済成長期のプラスチック製品の普及によって、ごみと人間の関係がどのように変化したのかを明らかにすることである。

ところで、「プラスチック製品の普及」と述べたからには、さっそく次節からプラスチック製品に関する議論が始まることを期待されたかもしれない。しかし、話はそんなに単純なものではない。第4章を思い出してほしい。掃除機の普及によってごみと人間の関係は変化したが、その背景には住宅構造の変化が大きな影響を与えていた。冷蔵庫の普及によってごみと人間の関係は変化したが、その背景には食の洋風化や女性のライフスタイルの変化、マイカーの普及などが大きな影響を与えていた。「背景にも目を向けること」が重要な意味をもっていた。プラスチック製品の場合も同様である。それどころか、ますます多様な要因と複雑に絡み合っているようにみえる。そこで、まず注目するのは、モノの「その後」である(「その後」の定義は後述する)。第1節で「くず」という「その後」に着目することからスタートし、第2節で「くず屋に払う(「出す」という意味)」という

「その後」に着目し、第3節で「プラスチック製品の普及」と「くず屋の減少」という要因によって、「その後」のあり方がどのように変化したのかを考察する。こうして「その後」が変化していく様子を追うなかで、プラスチック製品の普及が与えた影響について読み解き、ごみと人間の関係の変化を考察する。あらかじめ断っておくと「プラスチック製品の普及……」とうたいながら、紙幅の多くを割いているのはのちに詳しく述べる「くず文化」についてである。しかしながら、プラスチック製品の普及について語るにはくず文化への言及が不可欠であり、くず文化の崩壊を語るにもプラスチック製品の普及についての言及が不可欠である。そのため、このような構成で議論を進めたいと思う。

1 くず文化：①——くず

多様な「その後」

人間はモノを消費しながら生きている。そしてあるとき、モノとの付き合い方に「判断」を迫られる。例えばモノが古くなったり不要になったとき、人間はその対象にどのような判断を下してきたのだろうか。多くの人は、当然「ごみ」として処理すると考えるだろう。ごみ以外の選択肢などありうるのか、と思う人もいるかもしれない。人間が判断を下したあとのモノの人生（第2章のアルジュン・アパデュライの研究[7]を参考に表現するならば、「判断を下したあとのモノの軌跡」という表現もできるかもしれない)を「その後」と定義すれば、確かに不要になったモノの「その後」には、ごみという選択肢が存在する。だが、選択肢はそれだけではない。「主婦の友」をみていると、ごみという「その後」以外の、多様な「その後」に出合うことができる。例えば、一九五七年の「主婦の友」の「ボロの上手な整理と生かし方」という記事には、おもに不要になった衣類をどうするかについて、細かいアドバイスが書いてある。そのなかから「メリヤス肌着のお古」に関する記述の一部を抜き出してみよう。

メリヤス肌着のお古は
雑巾に。手拭二つ折の大きさに揃え、四枚重ねて。よく搾れるし、汚れを吸収しやすく、雑巾にはこれが一ばん。
ガーゼ代りのお化粧落しに。裁屑で結構。(略)
細かい裁屑は、石油コンロの掃除や靴拭きに。いくらあっても足りないくらいです。これらの拭屑は、箱に入れておき、お風呂に焚くと、とても火力が強いもの。[8]

「メリヤス肌着のお古」は、もう肌着としては使えない/使わなくなった、不要になった衣類である。では、ごみと見なされ捨てられるのかといえば、そうではない。肌着として不要になってから、雑巾、ガーゼがわり、掃除用、靴拭き用、焚き付け用などの「その後」が与えられている。本文内ではほかにも「人形の布団の綿代り」「病人用おむつの用意に」[9]とも記され、実に多様な「その後」を確認できる。あるいは一九五一年の「主婦の友」には「梅雨時のふとんの手入れ」に関する記事があるが、そこでは以下のような「その後」のアイデアが記されている。

布団の裏には古ゆかたやシーツのいたんだものなどを利用して当布をしておくと、汚れたときはそれだけはずして洗えますから重宝です。[10]

「古ゆかたやシーツのいたんだもの」を「当布」として活用するという「その後」のアイデアである。ほかにも一九六九年の「主婦の友」のなかに掃除のポイントを記した記事があるが、そのなかの「窓ガラスの掃除」について書かれたものは興味深い。

はじめは、メリヤスの下着などを切り刻んだ使い捨て布でふき、仕上げぶきにナイロンのスリップやくつ下の古いのを使うと効果的。[11]

おそらく「古くなった」メリヤスの下着、ナイロンのスリップ、靴下に関する記述と考えられる。これらの対象に、掃除道具としての「その後」が存在することを示している。この記事の興味深い点は、窓ガラスの掃除道具として専用の道具が挙げられるのではなく、最初から古くなったメリヤスの下着、ナイロンのスリップ、靴下の「その後」が道具として指定されている点である。このような記述からは、こうした「その後」がきわめて一般的だった様子を理解できる。

ごみにすること以外の「その後」を想定する行為自体は、特段目新しいものではないという意見もあるだろう。確かにそのとおりである。筆者の幼少期を振り返ってみても、母親が同じようなことをしていた記憶がある。またシーツや肌着を雑巾にすることはなくても、ボロボロのタオルを雑巾にするくらいは筆者もおこなっている。しかしながら、これらの記事にある「その後」が注目に値すると思う理由は二つある。第一に、人々の創意工夫や豊かな想像力によって、多様な「その後」を生み出している点である。第二に、特に「主婦の友」で紹介している内容のなかには、洗濯、裁断、裁縫などのさまざまな加工が施されることで、一つの対象からいくつもの「その後」が誕生している点である。一枚の「メリヤス肌着のお古」に工夫や想像力や加工が加わることで、雑巾、ガーゼがわり、掃除用……など多様な「その後」を生み出す様子は特筆すべきではないだろうか。

三つの特徴をもつくず

「メリヤス肌着のお古」には、「雑巾、ガーゼがわり、掃除用、靴拭き用、焚き付け用」という「その後」が提供されていた。「古ゆかたやシーツのいたんだもの」には、「当布」という「その後」が提供されていた。これらの行為についてさらに注意深く検討すると、このような「その後」を歩んだ対象は三つの特徴を有していることがわかる。

一つ目の特徴は、もともとの所有者との間に「その後」の関係が構築されていることである。例えば、メリヤス肌着のお古であれば、メリヤス肌着として使用していたもともとの所有者との間に、雑巾としての「その後」の関係が構築される。すなわち**私の**肌着が、今度は**私の**雑巾になるわけである。もちろん、子どものメリヤス肌着のお古をその母親が雑巾として使用する場合はあるだろう。それでも「その後」の関係が、見ず知らずの第三者との間に構築されるわけではない。

二つ目の特徴は、本来その対象に与えられた使命とは異なる、新たな使命が所有者から与えられていることである。例えば、メリヤス肌着のお古であれば、肌着という本来の使命とは異なる、雑巾としての新たな使命が与えられている。この点は、モノの一生という視点から考えると、きわめて特異な出来事といえる。同時に、中古品などの「再商品化」と明確に異なる点でもある。例えば、古着という再商品化がなされる場合、Aさんの不要になったスカートがBさんのもとに渡る。このとき、所有者はAさんからBさんに変わっているが、スカートとしての使命は基本的に変わらない。人間の人生で例えるならば、同業他社への転職とでもいえるだろうか。一方、メリヤス肌着から雑巾になるような「その後」の場合は、所有者はAさんのままだが、メリヤス肌着が雑巾へと変化する。仕事に命をかけていたサラリーマンが定年退職して、今後は趣味の世界に生きる様子とでもいえるだろうか。同じ人間でありながら、それ以前とはまったく異なる日常生活を送ることになる。再商品化されるという「その後」も、メリヤス肌着から雑巾になるような「その後」も、どちらもモノの一生のなかの転機にちがいない。しかしながら後者の「その後」を与えられることは、モノにとって「第二の人生」を生きることと表現できるほど大きな変化といえるだろう。

三つ目の特徴は、対象はモノでもごみでもない、あいまいな対象、すなわち第2章で示した「マージナルな対象」に属するものとして所有者に理解されていることである。例えば、一九六三年の「主婦の友」の「若奥さまの家事12月——和室の掃除を合理的に」という見出しの記事では、掃除

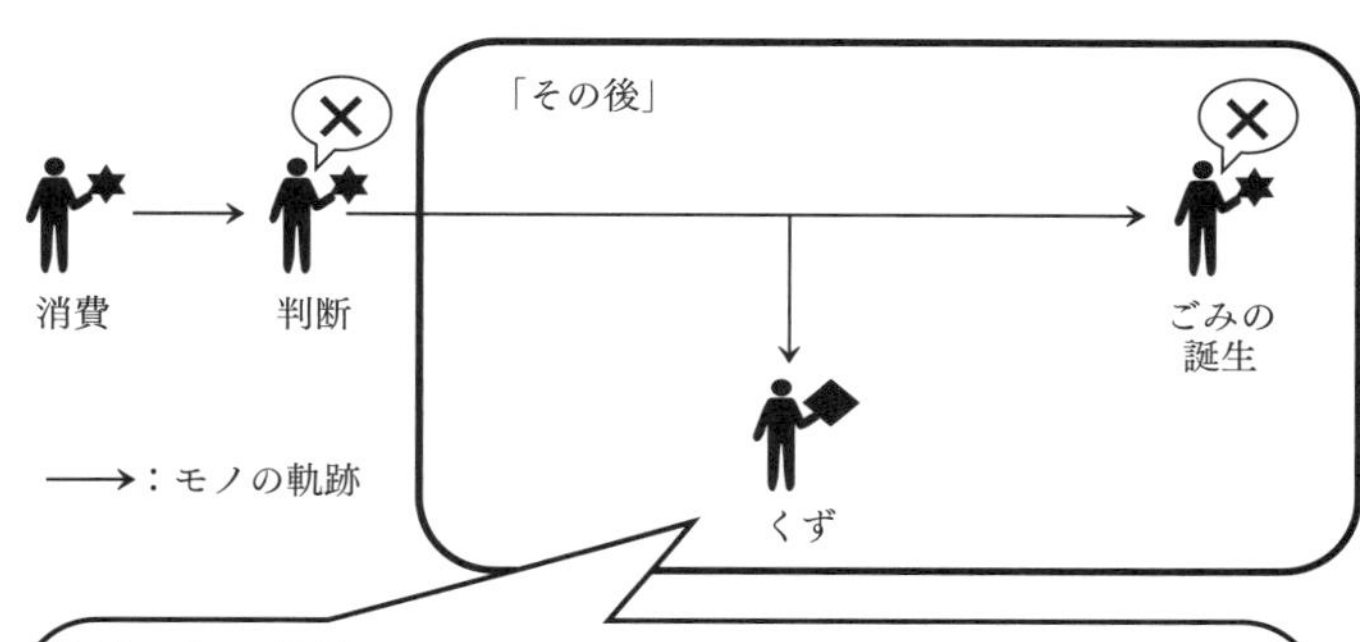

図6-1　くず

道具一覧のなかに「ボロ布」が挙げられている。そのなかで、ボロ布は次のように説明されている。「ボロ布：一山。古シーツなどを小さく切ってひどいよごれのふきとり用、使い捨て用に」[12]。このような説明をみると、ボロ布も役割が与えられた立派な道具の一つにみえるが、実際の立ち位置はもっとあいまいである。

よく、雑巾＝ボロ布と考えがちですが、雑巾も、立派な道具なのですから、ボロ布などゝ軽蔑し、よい加減にあしらってはいけません。[13]

この記事からは、雑巾は道具として、ボロ布は道具以下の対象として認識されている様子を理解できるだろう。ではボロ布はごみなのかといえば、そうとも言いきれない。なぜなら、ボロ布を捨てるよう明確に勧める記載もまた、見つからないからだ。道具以下だが、ごみではない。ごみともモノとも言いきれない「マージナルな対象」に属するといえるだろう。

本書ではこのような三つの特徴をもつ「その後」が想定される対象を、「くず」と総称する（図6―1を参照）。そしてこうしたくずを生み出す行為は、人々の想像力をかき立て、人々の生活の一側面を構築しているという点では、文化的行為の一つといっても過言ではないだろう。本書ではくずと人々のこのような関わりを、「くず文化」と呼ぶことにする。モノでもごみでもない、怪しさを放つくずが生活空間にいることが許される日常、くずが生き生きと活躍する日常、そんな風景を読み取ることができるだろう。

2 くず文化：②――くず屋

ごみ収集の歴史

不要になったモノはごみになるという「その後」のほかに、くずになるという「その後」が存在する様子を確認してきた。例えば「メリヤス肌着のお古」はすぐにごみになる以外に、雑巾、ガーゼがわり……などのくずになる選択肢が存在する様子を確認してきた。

これだけではない。「主婦の友」には、くずやごみ以外の「その後」も描かれている。「くず屋に払う」という「その後」である。それは一見すると現在の資源回収と等しい行為のようにみえる。

しかしながら注意深く記事を読んでいくと、現在の資源回収にはない特徴的な機能をみることができる。そこで次に、くず屋に払うという「その後」に着目したい。

くず屋に払うという「その後」の考察に入る前に、戦後から高度経済成長期までのごみ収集の簡単な歴史をまとめる。そうすることで、くず屋の仕事や当時のごみをめぐる状況への理解が深まると思うからである。なお、ごみの収集方法は時代ごとに大まかな傾向はあるものの、具体的な方法や各種制度の導入時期は地域によって異なる。ここでは、基本的に東京都の事例を扱うことにする。なぜなら、日本の首都であり、ごみ収集の方法についても先駆的な役割を果たしてきたと考えられるためである。東京都のごみ収集の歴史は、大きく「戦後──一九六一年」「一九六一──七三年」「一九七三年以降」の三つの時期に分けられる。各時期について一般的なごみ収集と、いわゆる資源ごみを収集したくず屋たちの仕事に分けて、要点を確認していく。

戦後──一九六一年

戦争で中断していたごみ収集は、一九四六年四月に再開された。四六年の段階では、基本的には厨芥（生ごみ）と雑芥（生ごみ以外）をまとめて収集する、混合収集がおこなわれていたようである。「道路上、空地などにたい積した雑芥の処分が中心であった[14]」という。四七年から順次厨芥と雑芥を分けて収集する、分別収集がおこなわれた。厨芥は、作業員がチリンチリンと鈴を鳴らしながら各家を回って収集した。各家庭は、鈴の音を合図に厨芥を持ち出し、作業員が引く大八車に自ら厨芥を投入した。この厨芥収集は通称「チリンチリン」と呼ばれ、収集作業は一、二日に一回お

図6-2　荷車にごみを入れて回収している（1952年）（写真提供：毎日新聞社）

こなわれていた。雑芥は、各家庭に備え付けられた「ごみ箱（塵芥箱）」にためられた。ごみ箱は木やコンクリートでできたふた付きのもので、屋外に置かれた[15]。ごみ箱にためられたごみは作業員が「ひっかき棒」や「パイスケ（籐で編まれた半円の大ザル）[16]」を使って集め、大八車に移して収集した。収集作業は五日に一回おこなわれていた。人力でおこなうこれらの作業は過酷な重労働であり、大変不衛生だった。そこで東京都は「塵芥収集作業機械化五か年計画」を立て、五八年から段階的に小型自動車を用いた収集に切り替えることを目指した。その結果、予定よりも一年早い六一年に完了した。ただし、この時点では厨芥を収集車まで持ち出す作業や、作業員がごみ箱にためられた雑芥をひっかき棒とパイスケを用いて集める作業については機械化されず、手作業のまま残った[17]。

現在の資源ごみに該当するものは、買い出し人（通称くず屋）、拾集人（通称バタ屋）が収集した[18]。くず屋は各戸を「くずいー、おはらい」と言いながら歩き回り、古新聞、空き瓶、ボロなどを買い取った。中野静夫と中野聰恭によれば、買い取りの様子は次のようなものだったという。

「くずぃー、くずぃー」とか、「くずぃー、おはらい」などと唱えながら、リヤカーを引いて往来を歩いていました。

「くず屋さーん」と呼ぶと、木の棒に鉤とおもりの分銅のついた竿秤と、あまりきれいとはいえない麻袋を手にお勝手のほうにきてくれます。古新聞や古雑誌は十文字に縄をかけ、空きかんや空きびんなどは麻袋に入れて、そうして秤の鉤を引っかけて分銅を動かし動かし目方を量り、一貫目いくらでくず物を買ってくれたのです。

「くずぃー、おはらい」の「おはらい」は、くず物を「払い下げて下さい」という意味でしょう。[19]

一方、バタ屋は、各戸に設置されたごみ箱のなかや道に落ちているもののなかから売れそうなものを拾った。くず屋とバタ屋は集めたものを建場に持っていき、買い取ってもらう。こうして集まったものを建場ではさらに細かく種類別に分類し、紙問屋や鉄くず問屋などに売った。問屋ではさらに細かい分類をして工場に売り、再度製品になって市場に戻る仕組みになっていた。[20]

一九六一―七三年

この期間のごみ収集のポイントは、ごみ容器を用いた定時収集が開始されたことである。各家庭はふた付きポリバケツ容器(容量約四十リットル)を用意し、ポリバケツのなかにごみを入れ、決められた収集日時に決められた集積所に持ち出すと、作業員がポリバケツのなかのごみを収集する

図6-3　廃品回収業者であるくず屋（1969年）（写真提供：毎日新聞社）

仕組みに変更された。各戸に設置された雑芥のごみ箱は廃止され、厨芥と雑芥をまとめて収集する混合収集の形態がとられた。東京都の二十三特別区では一九六一年度から六三年度の三カ年計画で実施された。制度変更の背景には、六四年の東京オリンピック開催を控え、東京の街の美化推進や収集作業の効率化・衛生化を図るとともに、「従来の問題」を解決する意図があったという。[21]「従来の問題[22]」とは、次のとおりである。

　従来の問題とは、①今までのごみ収集作業は、収集日時が確定していなかったため、いつごみを集めにくるのかという点で都民の気苦労が大きかった。②直接ごみに触れるため、その作業は非衛生的で、服装などの汚れもはなはだしかった。③道路上にごみ箱を置くことは、都市の美観上から好ましいことでなかった。④新道路交通法の施行により、道路上に、ごみ箱を置くことが困難となった、などである。[23]

もともと「チリンチリン」による厨芥の収集作業は、一、二日に一回がルールだった。しかしながら当時の「主婦の友」などをみると、実際の収集状況は不定期であり、引用した資料にもあるように「気苦労」が絶えない状況だったようだ。それが定時収集になれば、人々はいつくるのかわからないごみ収集を待つという「気苦労」から解放される。ただし、ポリバケツによる収集方法の場合、「ごみ収集後のポリバケツを回収する必要」があることを忘れてはならない。この点はおいおい問題になるのだが、それでも定時収集の開始は人々の負担を大きく軽減したといえるだろう。

このころ東京のくず屋とバタ屋の数が急激に減少した。中野らはその理由に、ほかの就業機会が増えたこと、高齢者が大勢いたこともあってくず屋では食べていけなくなったこと、東京オリンピックを前に都内では各戸に設置されたごみ箱が一斉撤去されたこと、の三点を挙げている。[24] くず屋やバタ屋の減少は建場にも大きな影響を与えることになった。建場ではくず屋やバタ屋からの収集物がなくなってしまったため、かわりに経済発展に伴って企業から大量に発生するようになった印刷会社や製函工場の裁断くず、縫製工場の裁断くず、鉄工場の金属くずなどを回収するようになる。また、人件費の高騰とともに、手間がかかる「より分け作業」をする余裕がなくなり、引き取りは古紙だけ、鉄くずだけというように専業化が進んだ。[25]

一九七三年以降

一九七三年以降のごみ収集のポイントは、「焼却不適ごみ」などの分別収集が開始されたことである。当時、大量に排出されるようになったプラスチック類やゴム類は、焼却時に有害物質を排出したり、焼却炉を傷めていた。そこで東京都は、七三年から三カ年計画で、可燃ごみ・不燃ごみ・焼却不適ごみに分ける、分別収集を予定していた。ところが、七二年から七三年に清掃工場の排水・排ガスの調査をおこなったところ、一部の清掃工場で基準を超えるカドミウム、鉛、ばいじんなどが検出された。この事態を重く捉えた東京都は、急遽当初の三カ年計画を一年計画に改めた。こうして東京二十三区全域では、七三年度中に、焼却不適ごみを中心とした分別収集が開始された[26]。

資源ごみに関しては、一九七三年のオイルショックをきっかけに、全国的に「省エネルギー・省資源運動」の盛り上がりがみられるようになった。このような時代に登場したのが、七五年に静岡県沼津市で開始された、「沼津方式」と呼ばれる回収システムである。市民は、資源を分別（ビン・缶など）のうえ集積所に持ち込む。行政は、決まった日に回収をおこなうというものである。全国初の行政主導の画期的なリサイクル事業として注目され、その後各地に広まった[27]。一方東京都では、使い捨てびん（カレット）は八三年から、ビン・缶は八二年から、一部の世帯を対象に回収実験を開始した[28]。

以上、ごみ収集の歴史的変遷を概観してきた。ここから、大きく二つの傾向を読み取ることができる。

一つ目は、バタ屋は例外であるものの、ごみ収集も資源回収も、基本的には対面形式から非対面形式の収集方法に変化していることである。

二つ目は、ごみ収集も資源回収も、不定期から定期収集へと変化していることである。収集方法の変化によって、ごみは効率的に確実に収集可能になった。この点は重要であるため、のちほど詳細に検討する。

「媒介者」としてのくず屋

次に「くず屋に払う」という行為について検討していきたい。本書において「くず」とは、三つの特徴を有する対象であると定義した。このとき、くず屋に払う対象（例えば古新聞、空き瓶、ボロなど）は「くず」に当てはまるのだろうか。くずがもつ三つの特徴に当てはめて考えてみたい。まず、くずの一つ目の特徴は、もともとの所有者との間に「その後」の関係が構築されていることだった。そして二つ目の特徴は、本来その対象に与えられた使命とは異なる、新たな使命が所有者から与えられていることだった。まずこの二つの特徴について考えてみる。くず屋に払うものは、もともとの所有者との間に（＝くずの一つ目の特徴）、「資源」という新たな使命が与えられたもの（＝くずの二つ目の特徴）という解釈が理論上は可能であるから、くずの二つの特徴を満たしているようにもみえる。しかしながら、こうした解釈を証明できる、根拠となりうる明確な資料が、どこにも見当たらないのである。そのため、くずの二つの特徴を満たしているとは断言できない。さらに、くずの三つ目の特徴は、「マージナルな対象」に属するものとして所有者に理解されていることだった。この点については、「くず屋に払うもの」として、モノやごみと区別していた様子を読み取ることができる。しかしそれは、ただ単に当時の収集システムがそのような仕組みだったからかもしれず、それを否定できる根拠も見当たらない。さらには、ごみとの違いを明確に認識していたかも、あいまいである。このようにくず屋に払うものは、完全にくずとは言いきれない。あえて表現するならば「くずのようなもの」と定義できるだろう。なんともあいまいな表現だが、ここで重要なことは、くず屋に払う対象がくずか否かを厳密に問うことではない。このような非常にあいまいな存在が、くず屋を介して人々に影響を与えていた事実にこそ焦点を当てていきたいのである。

では、「くずのようなもの」を回収するくず屋の仕事に目を向けてみよう。くず屋の仕事は、一見すると現在の資源回収と同義にみえる。だが、「主婦の友」の記事を読んでいるうちに、ある事実に気づく。それは、くず屋は各家庭の軒先で「くずのようなもの」を計量して、買い取りをおこなう。そのため、人々とくず屋の間には、必然的に対面でのやりとりが発生していることである。ここでのやりとりは、現在の資源回収ではみられないような人間味にあふれたものであり、人々にさまざまな感情を喚起させる様子を確認できる。例えば一九五六年の「主婦の友」には、くず屋の安居健次郎氏とバタ屋の庄司広吉氏の対談が掲載されている。そのなかでくず屋の安居氏は、各家庭とのやりとりについて以下のように述べている。「キッチリした家は、屑もキッチリしてる。ボロでも洗濯して、キチンとたゝんで出してくれる家は、ゆかしいな。こちらも奮発したくなるよ。(笑)[29]」。この発言は、くず屋による回収作業の特殊性を浮き彫りにしているといえるだろう。すなわち、現在の資源回収にみられるような画一的で一律的な作業ではなく、買い取り価格が感情によって左右される、人情あふれる不均質な作業だったという面である。別の表現をすれば、「くずのようなもの」が人々とくず屋の間に人情あふれるやりとりを生み出し、さまざまな感情を喚起しているともいえるだろう。こうした「くずのようなもの」との付き合いも、人々の感情に刺激を与え、人々の想像力をかき立てながら、生活の一側面を形成しているという意味では、広義のくず文化の一つと理解してもいいだろう。なかには（もちろん少数派に違いはないが）くず屋とより親しい関係を築いた人々もいたようである。例えば、「主婦の友」には、絵が上手なくず屋が週一回「おとくい先の奥さんたち」に油絵を教えている話[30]や、家具類などの大物を処分するときは前もってくず屋に相談しておくと、ほしい人を探し出してくれて、くず値ではない値段で（すなわち、より高い値段でという意味と考えられる）買い取ってくれる話[31]などが掲載されていた。なお、いずれの事例も長年同じくず屋が収集を担当しているようである。対面でのくずのやりとりは人情や感情を動かし、信頼関係をも構築可能である様子を示しているだろう。

農業史などを専門とする藤原辰史は、自然界のなかで微生物が物質を分解していくように、くず屋は人間社会のなかの「分解者」であると指摘する。[32]確かに、くず屋の作業をマクロ的・社会的な目線から捉えれば、人間社会のなかで発生した物質を回収して資源に戻す分解者の役割を果たしている。一方で、くず屋の仕事をミクロ的・モノの視点で捉えると、モノの人生のなかで現世と来世をつなぐ媒介者としての側面を理解できるだろう。なぜならくず屋の仕事は、例えば使い終わった金属製品や紙製品（＝モノの現世）を、新品の金属製品や紙製品（＝モノの来世）に転生させる役割を担っているためである。さらに、くず屋の仕事をミクロ的・人々の視点から捉えると、まれなケースではあるものの、人と人、人とモノを結び付ける媒介者としての側面ももっていた。前述した「おとくい先の奥さんたち」を油絵を介して結び付けたり、不要な家具とその家具を必要とする人を結び付ける事例が存在していた。

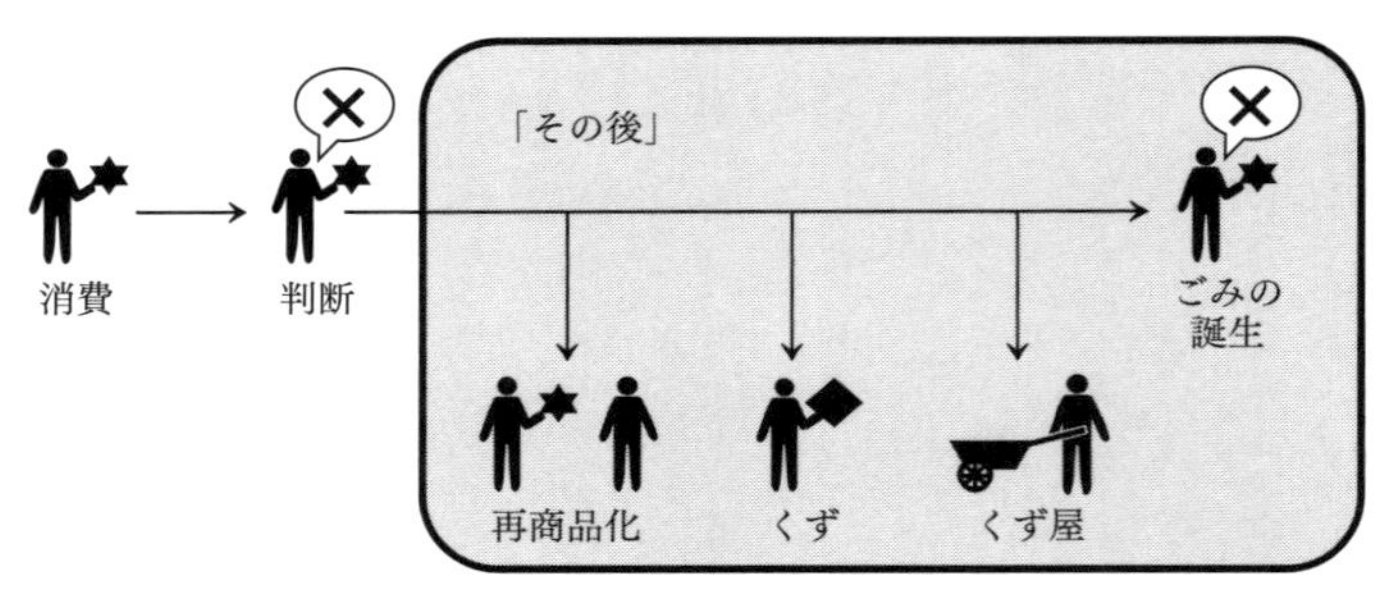

図6-4　「その後」の整理

「その後」の整理

ここで、「その後」に関する議論を整理する。理論的には四通りの「その後」が存在すると考えられる（図6―4を参照）。

一つ目は、再商品化されることである。ここでいう再商品化とは、中古市場に売るだけでなく、人に無償で譲ることなどを含む。再商品化について本書では深くは論じないが、基本的な考えは本章第1節「三つの特徴をもつくず」で、くずとの対比のなかで示したとおりである。すなわち、新たな所有者のもとで、それまでと同じ使命を果たすことになる。なお、再商品化されるためにはいくつかの条件が必要である。第一に、対象が「本来その対象に与えられた使命」をいまも果たせる必要がある。古着のスカートであれば、スカートとしての機能をいまもまだ有していることが大前提である。第二に、古物商やリサイクルショップなどに売る場合、そもそもその対象に中古品売買ができる再商品化市場が存在している必要がある。市場を介さず人に譲る場合は、それをほしいと思う人が存在することが条件である。

二つ目は、くずになることである。新たな使命を与えられ、「第二の人生」を生きることである。くずになる場合、再商品化とは異なり「本来その対象に与えられた使命」をいまも果たせることは必須条件ではない。そのため、理論的にはモノは不要と判断されると、再商品化する／しないという分岐が訪れ、次にくずになる／ならないの分岐が訪れることになる。

三つ目は、「くずのようなもの」としてくず屋やバタ屋に払われ、資源回収されることである。

四つ目は、ごみになることである。

3 くず文化の崩壊

くずの消失

ここまで、人々が豊かな想像力をもって対象の「その後」を考え、くずや「くずのようなもの」とともに暮らしながら、人々の生活の一側面を構築していくくず文化の様子を描いてきた。ところが高度経済成長期とともに、このくず文化のありようが変わり、崩壊の兆しがみえてくる。くずという選択肢が完全になくなるわけではないが、くずという選択肢に代わって、ごみとして捨てるという選択肢が台頭してくるのである。例えば、一九六五年の「主婦の友」では、「9月の家事メモ──8月下旬〜9月中旬 夏物しまつとガラクタ整理」という記事に、以下のような記述がみられる。

その際、季節ごとに不用品を整理します。災害地などに役だつものは残して、エプロンやぞうきんの材料も必要なだけ確保したら、あとは思いきってよけいな道具も小物も処分してしまいましょう。[33]

ここでは、必要なぶんのくずは確保するものの、あとは処分するように促している。さらに、一九七五年になると、「歳末家事特集1 モノ別の整理・収納の知恵 有名人のナウな実例くふう集つき」という特集が組まれている。そのなかの、「容量一定主義のすすめ 家の中のぜい肉を落とそう」という小見出しのついた記事では、指摘内容はより過激になっている。

整理・収納も、言ってみれば、適度な運動にあたると言えます。生活の多様化につれ毎日ふえつづけるモノ。それに対し、整理・収納をきちんと行ない、家の中のぜい肉、むだを落とす。そうしてはじめて、生活の機能が円滑に働くのです。[34]

ここでは、モノの量を一定に保つことを示唆し、しかも、一定量を超えたモノに対して早期に判断を迫っている。それは「そのモノが不要になったから、じっくり判断する」というよりも、「一定量を超えたから、機械的に判断せざるをえない」ようにみえる。対象の「その後」について、時間をかけてゆっくり向き合う余裕は感じられない。したがって、記事中ではくずとして活用することや人に譲るなどの「その後」の存在も提示されてはいるものの、その対応はきわめて機械的で冷徹な印象を強く受ける。また、一九七一年の「主婦の友」の「新婚の失敗100問答」という記事には、「ごみ用のポリバケツの中に、あきカンやあきびんをいっしょに入れておいたら、しかられました。どうしたらいいのですか[35]」という問いが掲載され、以下のような回答がなされている。

ビール、コーラ、ジュース、サイダーやお酒、しょうゆなどのびんは、酒屋さんに引きとってもらうと、一本五〜十円くらいになりますが、そのほかのものはダメ。このごろは、クズ屋さんもなかなか持っていってくれないので、まめに「危険物」として出すより手がないでしょう。[36]

ここではくず屋が収集しなくなった理由は定かではないが、くず屋の仕組みが崩れだし、それまで「くずのようなもの」としてくず屋が扱っていた対象を「危険物」というごみとして捉え直し、捨てざるをえない様子を理解できる。これらの事例から読み取れることは、モノがくずという「第二の人生」を経験することなく、ごみへと変化するようになったということだろう。それはすなわち、対象の「その後」に関する人々の想像力が貧困化するのと同時に、くず文化崩壊の兆しとも捉えられるだろう。

人間と共存し、日常生活になじんでいたはずのくず文化がなぜ崩壊の兆しを見せ始めたのだろうか。くず文化崩壊に大きな役割を果たした要因は、二つ指摘できる。一つ目が「プラスチック製品の普及」であり、二つ目が「くず屋の減少」である。以下、順を追って説明していこう。

くず文化崩壊の要因：①――くずになりにくい新素材の登場

要因の一つ目である「プラスチック製品の普及」から検討する。本章冒頭でも紹介したとおり、一九五〇年代から六〇年代の新聞記事のなかには、プラスチック製品を紹介したり、取り扱い方に関するハウツーを紹介する記事が登場し、記事中には「プラスチック時代[37]」や「素材革命[38]」という言葉がみられるようになった。「主婦の友」でも、例えば一九六二年九月号では「特集 家庭のプラスチック――住宅から義歯まで」という特集が組まれた。記事内の以下のような記述からは、日常生活のなかに大量のプラスチック製品が普及している様子を理解できる。


上の写真〔一般家庭の日常の一コマの写真が掲載されている〕の中に、どのくらいプラスチック製品が使われているか、調べてみてください。

手前から、椅子の座、テレビのキャビネット、帽子、アコーディオンドア、マガジンラック、テーブルトップ、調味料セット、キャンデーポット、果物入れ、バケツ、買物かご、はかり、時計、造花、台所のつり棚、コップ、容器類、床タイル……

私たちの生活は、もはや、プラスチックなしでは考えられませんね。[39]

プラスチック製品が普及している様子は統計的にも確認できる。プラスチック製品総生産量をグ

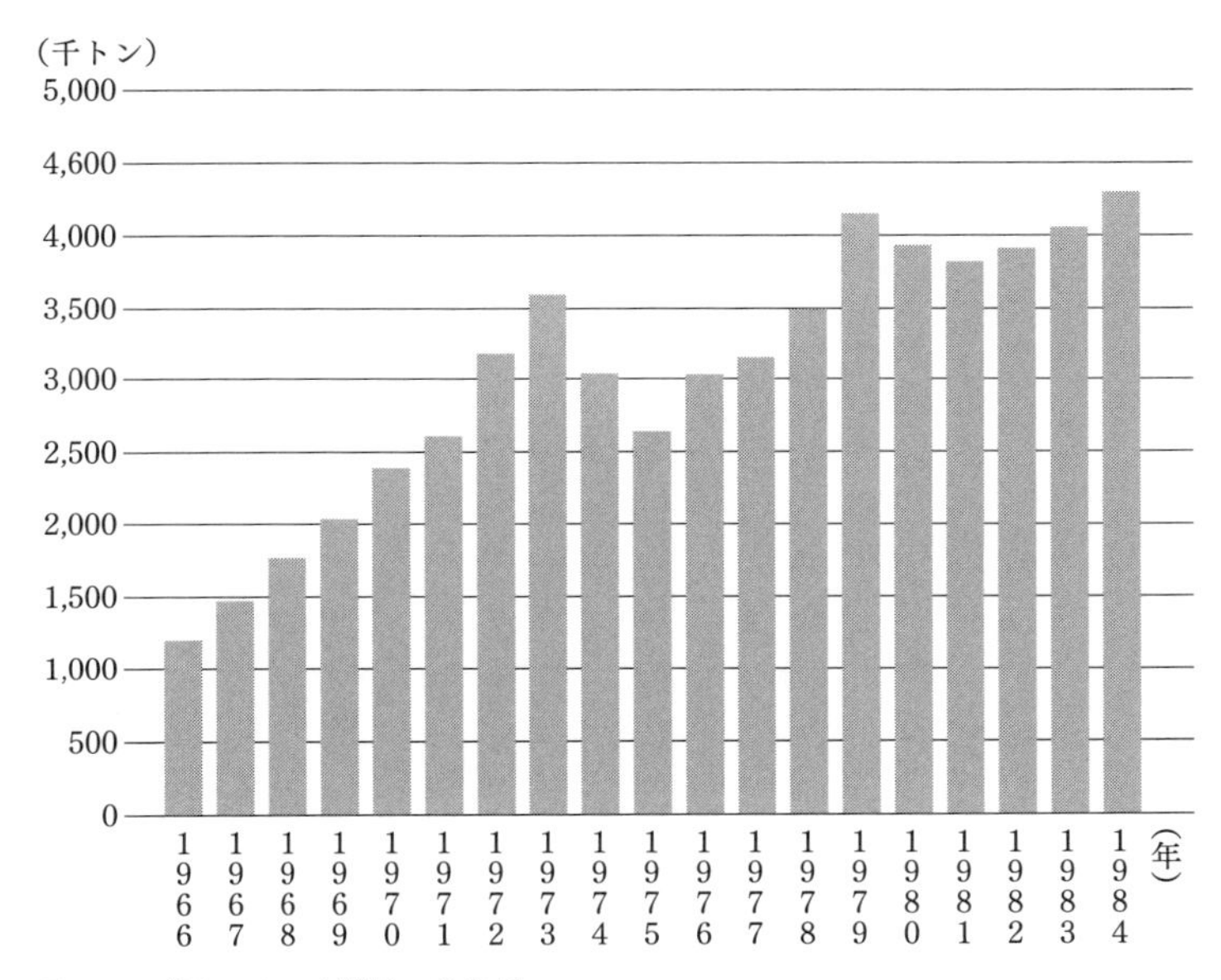

図6-5　プラスチック製品の生産量
(出典：通商産業大臣官房調査統計部編『プラスチック製品統計年報（昭和46年・昭和50年・昭和51年・昭和55年・昭和59年)』〔日本プラスチック工業連盟（昭和46年)、通産統計協会（昭和50年・昭和51年・昭和55年・昭和59年)、1972年・76年・77年・81年・85年〕から筆者作成)

図6-6　第2回全国新製品展示会でのプラスチックのハンドバッグ（1952年）（写真提供：毎日新聞社）

ラフ化すると、右肩上がりに増加していることがわかる（図6―5を参照）。現在確認できた最も古いデータである一九六六年の生産量（百十九万七千三百十七トン）と、高度経済成長期の終わりにあたる七三年の生産量（三百五十九万千百七十トン）を比べてみると、約三倍に増加している。その後は七三年、七八年のオイルショックの影響だろうか、詳細は不明だが生産量がやや減少する時期はあるものの、八四年までの状況は全体として増加傾向にあるといえるだろう。

それでは、プラスチック製品の普及はくず文化の崩壊にどのように寄与したのだろうか。まず指摘したいことは、プラスチック製品の普及は、人々の「古さ、汚れ、傷」などに対するそれまでの考え方に影響を与えたという点である。「主婦の友」を読んでいると、プラスチック製品は腐らず、錆びず、いつまでも色鮮やかで美しいことが魅力として描かれている。その一方で、熱や酸に弱く、一度変形・変質してしまうともとに戻らない「不可逆性」を有する様子も描かれている。例えば木製の家具であれば、つや出し剤を塗って古い味を楽しむこともできる。表面を削り直すという方法で新しく見せる手入れをすることも可能である。[40] そのほか、日本家屋の柱や床などは、「黒光り」

するまで磨き上げることが重要な仕事と考えられていた。それは「五年十年と水拭きして、ムラなく黒光りしている床は、それを生かした方がよい」[41]という指摘がみられるほどである。もちろん手入れが行き届いていることは大前提だが、使い続けてきたことによる古さは「味や風合い」として好意的に捉えられる様子を理解できる。ところがプラスチック製品の場合はそうはいかない。例えば、住宅内の床や壁にもプラスチック製品は多く用いられるようになるが、これらの古さ、汚れ、傷などについては以下のような記述がみられる。

傷がつく、焦げる、落ちる、はげる、つやがなくなる

今までは、掃除の範囲とは考えられていなかったよごれではないでしょうか。きれいに住むためには、これもたいせつな仕事です。（略）

メラミン化粧板も、湿気の多い浴室のとびらの内側などに使うと、はげてしまいます。このようになったら、違う材料にかえるなり、ステンレスの腰板を張るなりしてはどうでしょう。[42]

プラスチックの床

直射日光にあたると変色したりゆがんだりすることがありますし、水をこぼすと、すきまからしみていって、タイルの裏に回り、接着剤をはがしてしまうことがあります。なるべく水をこぼさないようにし、ぬれたらすぐふきます（略）

日にあたって変色したら処置なし。マットなどでごまかしましょう。刃物などできずをつけ

たら、同色のクレヨンをぬり込んでおきます。[43]

これらの記事では、メラミン化粧板が剥げてしまったら、違う材料に変えるなり、ステンレスの腰板を張るなりするしかないという。プラスチックの床が変色したり傷がついたりしてしまったら対処のしようがなく、ごまかすほかないという。すなわち、プラスチック製品の古さ、汚れ、傷の類いは「排除すべき対象」と理解されている様子を読み取ることができる。このような傾向は、掃除に関する記事だけにみられるものではない。いずれも、プラスチック製品の「古さ、汚れ、傷」については、ネガティブな表現が用いられている。

> 「質の劣化」が気になる向きもありますが、これまた有機合成物に共通で、くり返し働かせていると、だんだんにはじめの性質が落ち、くたびれてくるもの。[44]

> たとえば「連続煮沸可」と表示のあるメラミンのお椀に、毎日熱いみそ汁をついでいると、いつの間にか光沢が失われてしまいます。これは製品の老朽化を意味します。[45]

このような記述からは、プラスチック製品の「古さ、汚れ、傷」を「味や風合い」として好意的に捉えるのではなく、「排除すべき劣化」とネガティブに捉えている様子を読み取ることができる。それでは「排除すべき」と見なされたプラスチック製品は、どのような「その後」を歩むことになるのだろうか。くずとしてモノの第二の人生を生きることができるかというと、それは難しそうである。プラスチック製品をくずの三つの特徴に当てはめて考えてみよう。

順番は前後するが、特徴の二つ目から考えると理解しやすい。特徴の二つ目は、本来その対象に与えられた使命とは異なる、新たな使命が所有者から与えられていることだった。プラスチックの場合、素材の性質上、一般人が加工を施すことは困難である。肌着を適当な大きさに切り、縫い合わせて雑巾にしたような加工を施すことが、プラスチック製品の場合はそもそも困難なわけである。するとプラスチック製品に新たな使命を与えることはきわめて難しい。もちろん、くずになるために加工は必須ではない。しかしながら加工ができないということは、新たな使命をもつという可能性を狭めることになるだろう。これまでも一般人による加工が困難な素材は存在した。例えば、鉄、瀬戸物などだ。しかしこれらの素材は、くず屋やバタ屋による資源としての収集ルートが確立していた。プラスチック製品の場合、こうしたルートもないから、資源として「くずのようなもの」になることも不可能なのである。したがって再商品化、くず、くず屋という「その後」を考えることが難しく、くずになることはできず、ごみとして使い捨てるほかない。ここから、くずの三つ目の特徴である、「マージナルな対象」に属するものとして所有者に理解されていること、という条件も満たすことができない。

最後に、くずの一つ目の特徴は、もともとの所有者との間に「その後」の関係が構築されていることだった。確かに「その後」は所有者との間に構築される。しかしながらそれは、ごみという「その後」であり、くずではない。このようにプラスチックはくずの三つの特徴をすべて満たすことができない。したがって、くずになりにくい性質をもったプラスチック製品の普及は、くず文化崩壊に一定の影響を与えたと考えられる。

くず文化崩壊の要因：②——くず屋の減少

次に、要因の二つ目である「くず屋の減少」について検討する。くず文化崩壊にはこのほかにも多くの要素が関連していると考えられるが、ここではくず屋の減少も一定の意味をもつことについて確認していく。

ここで、第2節の「一九七三年以降」の最後の部分で、「のちほど詳細に検討する」と予告した内容を思い出してほしい。ごみ収集の歴史的変遷を振り返り、対面形式から非対面形式に変化したこと。不定期から定期収集に変化したこと。これらの変化によって効率的に、確実に収集が可能になったことを指摘した。こうした変化は何を意味するのか、あらためて考えてみたいのである。そこで注目したいのは、くず屋が情緒的で不均質なやりとりをおこない、媒介者としての機能を果たすことができたのは、対面形式による収集であったことが大きいということだ。定期的に顔を合わせるからこそ、そこにはさまざまな感情や人情が生まれ、情緒あふれる不均質なやりとりが可能になっていた。こうしたやりとりが多くの人やモノとの出会いを可能にし、くず文化の一端を構築していたといえるだろう。ところが、その後くず屋が減少し、非対面形式の収集方法が定着した。すると「くずのようなもの」を一律的・均質的に、確実に収集することが可能になり、「分解者[46]」としてより効率的に機能するようになった。その一方で、「くずのようなもの」を介したつながりや、情緒的で不均質なやりとりは消失した。そのため収集者と話をする必要もなく、それどころか、どのような人が収集するのか知ることもなくなったと理解できる。

収集方法が対面から非対面へと変化したのは、くず屋による資源回収だけでなく、ごみ収集も同様である。前述のとおり、対面形式で収集をおこなっていた「チリンチリン」から、ポリバケツ容器を用いた定時収集に変わり、非対面での収集は実現した。収集方法の変化によって、ごみは確実に収集可能になった。しかしその一方で、中野らは以下のように指摘している。

けれども、こうしたゴミ収集の近代化は、一方では何でも捨てる習慣をつくる手助けをしてしまったとも考えられます。チリンチリンを待っていなくてもよくなった。そうなりますと、買出人〔くず屋のこと〕にくず物を売るのも次第に面倒になるのではないでしょうか。生活水準も向上しました。デパートにも美容院にも行きたい。買出人に売ってもせいぜい二〇円三〇円というような話なら、さっさとゴミにしたほうがお台所が早く片付いてさっぱりすると考えるのが人情でしょう。こうして買出人の活躍する余地もさらに狭められていったのです。(47)

中野らの指摘は大変示唆的である。確実にごみが収集されるようになり、かつ非対面形式の収集が成立したことで、どのようなごみを、どのように出そうとも、収集相手と対面することがないために、恥ずかしい思いをすることはなくなる。こうした出来事は、対象を気軽にごみにでき、ごみにすることへのハードルを下げたと考えられる。こうした側面からもくず文化の崩壊は進み、くずがごみへと変化していく様子を理解できるだろう。

おわりに

ここまで、プラスチック製品の普及によってごみと人間の関係がどのように変化したのかを検討してきた。その結果、プラスチック製品の普及が「その後」の想像力を貧困化させ、くず文化崩壊に拍車をかける様子を確認できた。日常生活のなかにはくずが活躍し、「くずのようなもの」を介したくず屋との情緒的なやりとりが存在し、くず文化が根づいていた。ところが、高度経済成長期のプラスチック製品の普及はくず文化崩壊に拍車をかけた。具体的には、古さや汚れ、傷を味や風合いではなく劣化と捉え、人々の使い捨てへの行動を加速させた。また、一般人が加工を施すことが難しいという性質は、新たな使命の可能性を狭めることにもつながった。すなわちモノは、くずというマージナルな対象の段階を経ることなく、ごみとしてすぐに捨てられるようになった。くず文化の崩壊とは、日常生活のなかでくずや「くずのようなもの」、古さ、汚れ、傷が付いたあいまいで怪しい対象が活躍する場を奪い、これらをごみと見なし、排除する動きと理解できる。こうした動向が、くず屋の減少とも関連がある様子を確認した。

現代社会を生きる私たちには、くず文化崩壊以前の日常生活空間は混沌としているようにみえる。なぜならば、モノともごみとも言いきれないマージナルな対象としてのくずが活躍し、「古さ、汚れ、傷」が「味や風合い」として認められ、日常生活空間に存在していたためである。日常生活空間では、モノ、マージナルな対象、ごみのそれぞれが居場所をもち、人間と共存していたわけである。ところがくず文化崩壊とともに、マージナルな対象はごみと再解釈されるようになった。人々は、マージナルな対象のカテゴリーに属する対象を縮小させ、ごみのカテゴリーに属する対象を拡大させているといえるだろう。そして、ごみと解釈された対象は、日常生活空間から排除される。日常生活空間はごみが「あってはいけない場所」となり、人々のごみへの許容度は厳しくなっている。ここに現代社会の特徴を確認できる。

日常生活からマージナルな対象やごみが排除される様子は合理的にみえる。不衛生なものを一掃し、清潔と衛生を得ることができる。あいまいさを排除して、秩序立った空間を得ることができる。だが、マージナルな対象があふれる生活には二つの「豊かさ」が存在するように思うのである。

一つ目は、第5章でもふれたとおり、感覚的風景の豊かさである。生活空間に居座るくず、黒光りした柱や古い床。こうしたものが存在する日常生活空間には、不快な場もあれば快適な場もあり、恐怖を覚える場もあれば安心できる場もあり、日常生活を感じ取る「感覚的風景」には起伏があった。それは独特の明度、色彩、温度、湿度、におい、不快感／快適さなどから特定の場所を想起できるような、繊細な感性をも育んでいたと考えられる。ところがマージナルな対象をごみと再解釈して排除するようになると、日常生活空間から不快感や恐怖感は消失し、安心で安全な空間が一様に広がると同時に、感覚的風景も平面化した。特定の場所を感覚的に想起する感性は、いまや貧相になってしまったといえるのではないだろうか。

二つ目は、モノとともに暮らす豊かさである。第2章で紹介したアルジュン・アパデュライとイゴール・コピトフ、あるいは湖中真哉の研究[48]では、モノの所有者が変更する場合に生じる、モノの状態変化が強調されているように思う。しかし、モノが同じ社会、同じ所有者のもとにいつづける間にも、所有者によるモノの意味づけや位置づけは変化していた。それが、くずやマージナルな対象だった。マージナルな対象を日常生活空間に受け入れるということは、私たちがモノの人生（ごみの家庭生活）を受け入れ、モノとともに暮らした証拠といえるだろう。一方、マージナルな対象をごみと再解釈して排除するということは、モノの人生を受け入れず、モノの機能だけを享受する、モノを使う生活といえるのではないか。モノは使うものだ、という指摘はもっともである。しかし、くず文化のなかには、モノの第二の人生を受け入れながら、最後までモノとともに暮らし、モノによって豊かな想像力をかき立てられる、そんなモノとの関わり合いがあったと思うのである。筆者は第5章の「おわりに」で、「衛生とか清潔という名のもとに捨象してきた「何か」がある気がしてならない」と指摘した。この「何か」が前記二つの豊かさのように感じている。

現代社会では、マージナルな対象カテゴリーに属するものはますます縮小し、ごみカテゴリーに属するものがさらに拡大しているようにみえる。加えて、ごみは日常生活空間のなかにとどまることは許されず、徹底した排除が志されるようになっている。着目すべきは、第5章での分析結果からも明らかなように、排除すべきごみの範疇が視覚的対象物にとどまらず、体臭、生活臭、生活音など、においや音の領域にまで拡大しつづけていることである。平面化した感覚的風景を生きるからこそ、些細な違いに敏感になる。モノとともに暮らす共存方法を知らないからこそ、徹底した排除を通してしか、モノの人生と付き合うことができないのである。私たちはこれからもごみを見つけ、排除しつづけるだろう。そして前記の豊かさからはますます遠のいていく。マージナルな対象や、日常生活空間からごみを排除しつづける社会は秩序立ち、わかりやすい。その片鱗は第2章で解説したメアリ・ダグラスの議論(49)からも理解できるだろう。私たちはごみとの関わりのなかで、このような秩序立ったわかりやすい社会を得ている。しかし、マージナルな対象を受け入れ、日常生活空間のなかでごみと寛容に付き合う混沌とした無秩序のなかにこそ、暮らしの豊かさはあるのではないだろうか。

注

(1)「朝日新聞」記事データベース(「聞蔵IIビジュアル・フォーライブラリー」)を使い、「プラスチック」というキーワードで検索をおこなった。具体的には、以下の条件で検索をかけた。キーワード:プラスチック(記事・広告・異字体を含めて検索・同義語を含めて検索にチェックを入れた)、検索年代:一九四五―八九年・八九―九九年、発行日:一九四五年一月一日から九九年十二月三十一日、発行社:東京・大阪・西部・名古屋、朝夕刊:朝刊・夕刊・号外・付録・別刷、検索対象:見出し。以上の条件で検索後、検索結果のなかから一九四五年から七九年までの新聞記事を概観して本文を執筆した。

(2)「朝日新聞」一九四九年十二月十五日付、「朝日新聞」一九四九年十二月二十二日付、「朝日新聞」一九四九年十二月二十四日付

(3)「朝日新聞」一九六一年五月四日付
(4)「朝日新聞」一九六九年四月二十三日付
(5)「朝日新聞」一九七〇年六月五日付夕刊
(6)前掲『東京都清掃事業百年史』
(7)Appadurai, "Introduction."
(8)前掲「主婦の友」一九五七年二月号、二五九ページ
(9)同記事二五九ページ
(10)「主婦の友」一九五一年七月号、主婦の友社、二七〇ページ
(11)「主婦の友」一九六九年十二月号、主婦の友社、二四一ページ
(12)「主婦の友」一九六三年十二月号、主婦の友社、三九八ページ
(13)前掲「主婦の友」一九五五年十二月号、四一六ページ
(14)前掲『東京都清掃事業百年史』一三〇ページ
(15)ただし、戦後すぐは戦争によってごみ箱がほとんど焼失していたという。したがって、一定の場所(塵芥集積所)まで各自に運び出してもらい、収集していたという(前掲『東京都清掃事業百年史』)。
(16)前掲「日本におけるごみ行政の変遷」四八ページ
(17)同論考、前掲『東京都清掃事業百年史』
(18)中野静夫/中野聰恭『ボロのはなし——ボロとくらしの物語百年史』リサイクル文化社、一九八七年
(19)同書一〇ページ
(20)同書、星野朗/野中乾『バタヤ社会の研究』蒼海出版、一九七三年

(21) 前掲『東京都清掃事業百年史』、前掲「日本におけるごみ行政の変遷」
(22) 前掲『東京都清掃事業百年史』一七一ページ
(23) 同書一七一ページ
(24) 前掲『ボロのはなし』九〇ページ
(25) 同書九八ページ
(26) 前掲『東京都清掃事業百年史』、前掲「日本におけるごみ行政の変遷」
(27) 前掲「日本におけるごみ行政の変遷」、前島雅彦「シリーズ最前線 ごみゼロ社会を求めて(2)分別収集――手本示した「沼津方式」の資源ごみ回収 住民還元で協力取り付けた「川口方式」」、日経産業消費研究所編「日経地域情報」第三百二十七号、日経産業消費研究所、一九九九年、宇田川順堂「住民自治を考える――「沼津方式」を基礎に」、日本地域開発センター編「地域開発」第百三十九号、日本地域開発センター、一九七六年
(28) 前掲『東京都清掃事業百年史』
(29) 安居健次郎／庄司広吉「クズ屋とバタ屋の路辺対談 主婦の無駄を拾う」「主婦の友」一九五六年八月号、主婦の友社、二六一ページ
(30) 「主婦の友」一九六四年一月号、主婦の友社、九六ページ
(31) 大坪「歳末の家事 整理と掃除」「主婦の友」一九五九年十二月号、主婦の友社、二九二ページ。この記事は「整理のコツ」という小見出しがつけられ、大坪氏と戸苅氏の整理についての事例が記されている。引用箇所は大坪氏の事例部分である。
(32) 藤原辰史『分解の哲学――腐敗と発酵をめぐる思考』青土社、二〇一九年
(33) 斎藤和子「9月の家事メモ――8月下旬~9月中旬」「主婦の友」一九六五年九月号、主婦の友社、

三八九ページ
(34)「主婦の友」一九七五年十二月号、主婦の友社、一一二ページ
(35) 前掲「主婦の友」一九七一年四月号、三〇九ページ
(36) 同記事三〇九ページ
(37) 前掲「朝日新聞」一九六一年五月四日付
(38) 前掲「朝日新聞」一九六九年四月二十三日付
(39)「主婦の友」一九六二年九月号、主婦の友社、一八六ページ
(40) 前掲「主婦の友」一九六八年十二月号、二九二ページ
(41)「主婦の友」一九五七年十二月号、主婦の友社、二一六ページ
(42) 前掲「主婦の友」一九六八年十二月号、二六六—二六七ページ
(43)「主婦の友」一九七二年十二月号、主婦の友社、四〇〇ページ
(44) 前掲「主婦の友」一九六二年九月号、二〇〇ページ
(45)「主婦の友」一九七四年九月号、主婦の友社、二八〇ページ
(46) 前掲『分解の哲学』
(47) 前掲『ボロのはなし』九四—九五ページ
(48) Appadurai, "Introduction," Kopytoff, op. cit., 前掲「小生産物(商品)の微細なグローバリゼーション」
(49) 前掲『汚穢と禁忌』

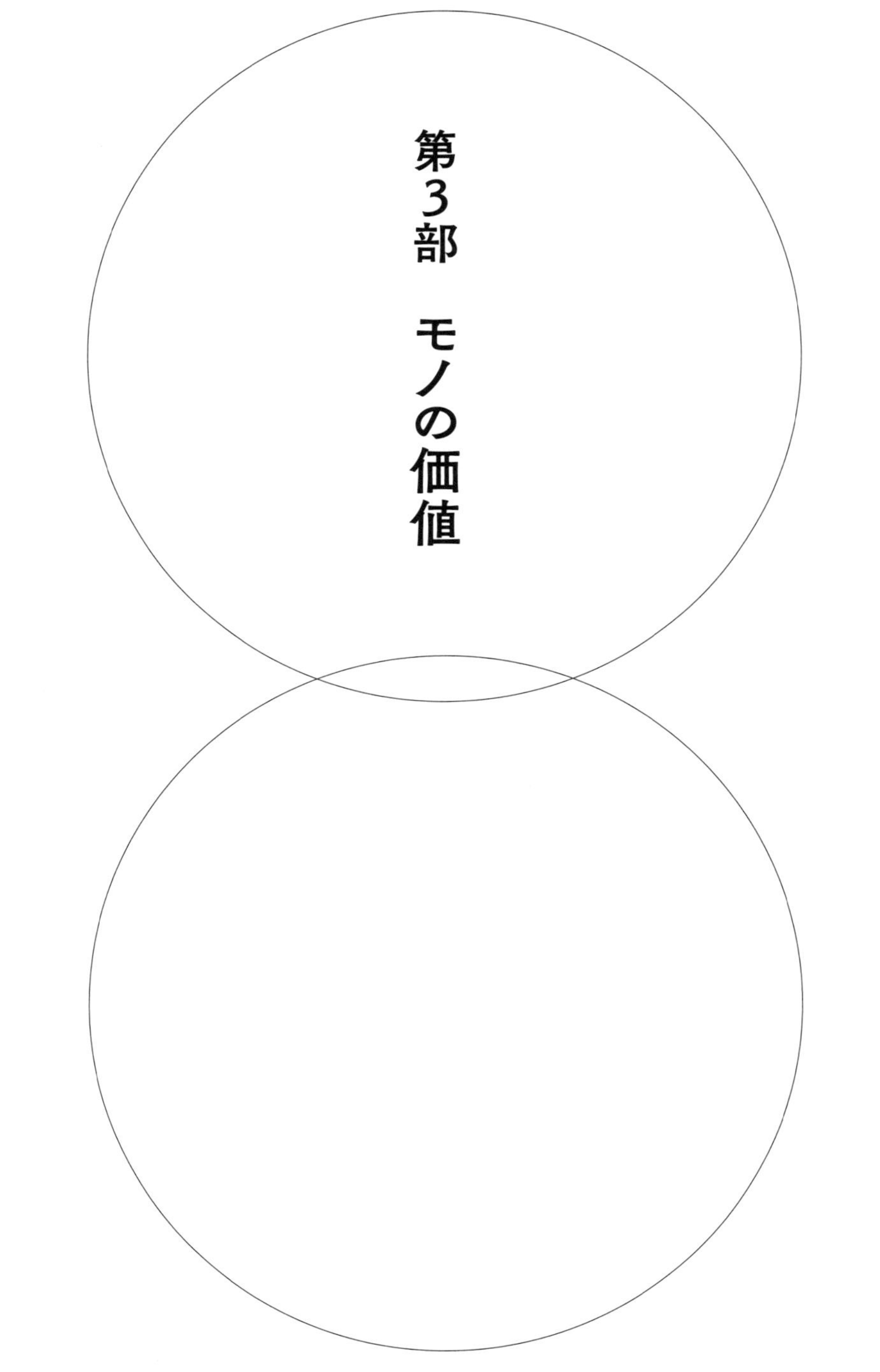

第3部　モノの価値

第7章　「ごみ屋敷」の現状

はじめに

大学の教員個人研究室を片っ端から訪ねてみると、非常に面白い体験ができる。大学教員はそれぞれに個室があてがわれ、授業時以外はその部屋で仕事をしていることが多いのだが、ほぼ同じ間取りでほぼ同じ家具があてがわれた空間であっても、部屋の印象は教員ごとにまったく異なるためである。本棚に並ぶ本のジャンルの違いはもちろんのこと、フィールドワーク先にちなんだ土産物であふれている研究室もあれば、いつも同じ菓子がストックされている研究室もある。そこにあふれるモノを見れば、それぞれの教員は何が好きなのかを当てることができるだろう。

好きなモノにあふれた空間、その究極的な存在の一つが、もしかするといわゆる「ごみ屋敷」なのかもしれない。筆者はこれまでごみ屋敷と呼ばれる何軒かの家を訪ねてきた。こうした家に出合うと、つい家の外観や状態にばかり意識が向きがちである。ところが、そこに堆積する一つひとつの対象に着目したとたん、それまで無秩序にもみえていたその空間が秩序的にさえみえることがある。それは、住人の好きなモノで埋め尽くされているためである。第7章から第9章で構成される第3部で論じるのは、このような家に住む人々やそこに堆積するモノ、周囲の人々をめぐる議論である。

ここで第3部の構成について説明したい。第1部第2章で「モノの価値」と「ごみの家庭生活」の二つの理論枠組みを設定した。第3部では、モノの価値の切り口から現代社会のごみを検討する。具体的にはごみ屋敷に焦点を当てて、本書の目的である「現代日本の都市部に住む人々にとって、家庭から排出されるごみはどのような存在なのか」を明らかにする。「どのような存在なのか」という表現は二つの要素に分解できることはすでに説明した（第1章）。この二つの要素のうち、第3部では「人間はどのようなものをごみと捉えているのか」という、ごみの定義について検討する。具体的な調査・分析は第8章と第9章でおこない、第7章では以下三点を論じ、ごみ屋敷への理解を深めることを目的にする。すなわち第1節で、ごみ屋敷とはどのような状態を指すのかについて論じる。第2節で、ごみ屋敷の当事者とはどのような人々なのかを整理する。第3節で、ごみ屋敷の問題に対してどのような対策がとられているのかについてまとめる。

1　ごみ屋敷

定義

ごみ屋敷とは何かという、定義の確認から始めたい。結論からいうと、統一された定義はない。筆者が渉猟したかぎりでは、調査報告書や論文などでも特段定義されることなく、「いわゆるごみ屋敷」という表現で議論が進む場合も多い。一方、定義がされている、あるいは定義に相当する記載がある調査報告書や文献から該当部分を抜粋すると、表7―1のように整理することができる。「ごみ屋敷に堆積するもの」の表現方法に着目してみると、表7―1のNo.1、5、6、7では「ごみ」、No.2、3、4（いずれも日本都市センターによる調査報告書）では「物品」という表現が用いられている。「ごみ」という表現が用いられるもののうちNo.6、7は、ごみ屋敷の当事者にとっては、そこに堆積するものがごみではない場合がありえることを意識した書き方になっている点は特筆すべきだろう（該当部分に傍点を付した）。

本書はごみ屋敷を定義することが目的ではないため、ごみ屋敷について独自の定義はおこなわない。「わかりやすさ、筆者の認識に最も近い定義」という観点から、表7―1のNo.6の彩の国さいたま人づくり広域連合G-zeroチームの定義におおむね準じるものとして、ごみ屋敷を理解する。

発生時期

ごみ屋敷はいつから存在したのだろうか。発生時期に関する全国統計などは見当たらない。筆者が「朝日新聞」「日本経済新聞」「毎日新聞」「読売新聞」「産経新聞」各紙の検索システムで「ごみ屋敷」という単語で検索をかけたところ、最も古いもので一九六八年四月十九日付の記事を確認することができた。[1]「クズで建てた四層のトリデ」という見出しで、記事によれば静岡県沼津市に、近所から拾い集めた「クズもの」で造った四層建ての家があり、近所では話題になっていたようである。市は「無届け建築物の疑い」で調査をしたが、本件は家屋ではなく「ゴミのトリデ」と結論づけられたという。しかしながら、近所では火事の危険性、その異色さに迷惑している旨が記載されている。記事では「ごみ屋敷」という言葉は使われていない。「近所から拾い集めの材料で築いたお城」あるいは「ゴミのトリデ」と表現されているが、いわゆるごみ屋敷と判断して問題ないだろう。このように「ごみ屋敷」という単語が使われていないため検索にヒットしなかっただけで、ごみ屋敷がほかにも存在していた可能性は否定できないが、少なくとも一九六八年には存在を確認できた。

興味深いのは、ごみ屋敷という現象は少なくとも一九六八年から存在したにもかかわらず、大きく社会問題化するのは二〇〇六年ごろからという事実である。ここで〇六年ごろとした根拠は二つある。第一に、岸恵美子が新聞のインタビューで、ごみ屋敷が注目されるようになったのは〇六年ごろからだと回答しているためである。[2]第二に、ごみ屋敷対策に積極的に取り組む大阪府豊中市の

おおむね定義に該当する部分
ごみなどが屋内や屋外に積まれることにより、悪臭や害虫の発生、崩落や火災等の危険が生じるいわゆる「ごみ屋敷」*2（略）。
いわゆる「ごみ屋敷」 　建築物又はその敷地、あるいは集合住宅における個別専有部分又はベランダや廊下等の共有部分に、物品が堆積又は放置されることに起因して、病害虫、ネズミ若しくは悪臭の発生、又は火災若しくは物の崩落のおそれがある建築物等をいう *3。
「持込み型ごみ屋敷」 　いわゆる「ごみ屋敷」のうち、資源・ごみ集積所等からの収集や過剰な量の購入などによって得た物品を堆積又は放置することにより形成されたものをいう *4。
「溜め込み型ごみ屋敷」 　いわゆる「ごみ屋敷」のうち、日常生活を営むなかで、物品を整理できない又は排出できないことにより形成されたものをいう *5。
ゴミ集積所ではない建物で、ゴミが積み重ねられた状態で放置された建物、もしくは土地 *6。
『ごみ』が敷地内外に溢れかえっている建物のことで、住民からの苦情や戸別訪問等により認知しているもの。なお、ここでいう『ごみ』とは所有者の意思によらず、通常人が見て『ごみ』と判断できるもの *7（略）。
「ごみ」が野積みの状態で放置された建物もしくは土地のこと。ただし、所有者にとっては「ごみ」ではなく所有物であるが、周辺住民が「ごみ」と感じて問題となる場合もある。所有者が「ごみ」を運び込んでためたり、住人不在で放置された民家等にごみの不法投棄が繰り返されたりするケースがある。悪臭や害獣・害虫の発生、火事の発生源になったりする危険性がある *8。

*6 岸恵美子『ルポ ゴミ屋敷に棲む人々――孤立死を呼ぶ「セルフ・ネグレクト」の実態』（幻冬舎新書）、幻冬舎、2012年、5ページ

*7 彩の国さいたま人づくり広域連合 G-zero チーム「地域の生活環境問題の解決に向けて――ごみ屋敷を通じて考える」、彩の国さいたま人づくり広域連合『平成22年度政策課題共同研究報告書』所収、彩の国さいたま人づくり広域連合、2010年（[http://www.hitozukuri.or.jp/wp-content/uploads/2010_kenkyuuhoukokusho-livingenvironment_20220304-.pdf]［2023年4月8日アクセス］）、7ページ

*8 東京市町村自治調査会「生活環境に係る自治体の役割に関する調査研究報告書」東京市町村自治調査会、2008年（[http://www.tama-100.or.jp/contents_detail.php?co=cat&frmId=192&frmCd=2-4-6-0-0]［2015年2月21日アクセス］）、14ページ

表7-1　ごみ屋敷の定義

No.	媒体	執筆者／題名 *1	出版年
1	調査報告書	環境省環境再生・資源循環局 廃棄物適正処理推進課（以下、環境省）／「令和4年度「ごみ屋敷」に関する調査報告書」	2023年
2	調査報告書	日本都市センター／『自治体による「ごみ屋敷」対策――福祉と法務からのアプローチ』	2019年
3			
4			
5	図書	岸恵美子／『ルポ ゴミ屋敷に棲む人々――孤立死を呼ぶ「セルフ・ネグレクト」の実態』	2012年
6	調査報告書	彩の国さいたま人づくり広域連合 G-zero チーム／「地域の生活環境問題の解決に向けて――ごみ屋敷を通じて考える」	2010年
7	調査報告書	東京市町村自治調査会／「生活環境に係る自治体の役割に関する調査研究報告書」	2008年

*1 このほかの調査としては、国土交通省が2009年に実施した「地域に著しい迷惑（外部不経済）をもたらす土地利用の実態把握アンケート結果」がある。ただし本調査はごみ屋敷に関する情報が少なく、実施時期が古くほかの調査結果で最新のデータを理解できることから、今回は除いている。
*2 環境省環境再生・資源循環局廃棄物適正処理推進課「令和4年度「ごみ屋敷」に関する調査報告書」「環境省」（〔https://www.env.go.jp/content/000123210.pdf〕［2023年4月3日アクセス］）3ページ。No.1の環境省による調査報告書には「定義」について記載はないが、「調査目的」部分に記されていた内容がおおむね定義に該当すると考え、記載している。
*3 日本都市センター編『自治体による「ごみ屋敷」対策――福祉と法務からのアプローチ』日本都市センター、2019年、230ページ
*4 同書230ページ
*5 同書230ページ

うにみえる。

ごみ屋敷の発現時期と社会問題化した時期にずれがあるということは、この間に、ごみ屋敷に関する人々の意識になんらかの変化があったことを示しているよ

クト)」を開始しているためである。[3]

社会福祉協議会が、〇六年二月から「ゴミ屋敷リセットプロジェクト(現在は福祉ゴミ処理プロジェ

問題

ごみ屋敷は何が問題なのかといえば、彩の国さいたま人づくり広域連合G-zeroチームと辻山幸宣は以下の六つの点を指摘している。[4]

一つ目は「防災・防犯機能の低下」である。ごみ屋敷は人々の視線を遮蔽している場合があり、周囲が異変に気づきにくい。また大量のごみを積み上げている場合が多いため、災害時に被害が大きくなる可能性がある。

二つ目は「ごみなどの不法投棄などを誘発」することである。大量のごみが放置されていると、新たな不法投棄を招くことが懸念されている。

三つ目は「火災の発生を誘発」することである。堆積したごみのうち発火性があるものに火がつき、火災になる危険性が高い。実際に、ごみ屋敷から火災が発生した事例は全国で発生している。[5]

四つ目は「土壌汚染や水質汚濁のおそれ」である。ごみに雨が降り、汚染された雨水による土壌汚染や地下水流の汚濁が指摘されている。

五つ目は「病害虫・悪臭の発生」である。不衛生なごみから病害虫が発生したり悪臭を放ったり

して、周辺地域に影響を及ぼす恐れがある。

六つ目は「風景・景観の悪化」である。近隣の風景や景観が悪化し、生活上の平穏が脅かされることが指摘される。

実際に、彩の国さいたま人づくり広域連合G-zeroチームによる調査で「「ごみ屋敷」の周辺地域に対する影響」を尋ねている。その結果は、一位「景観の悪化」、二位「悪臭の発生」、同率三位が「ネズミ・害虫の発生」と「火災の発生を誘発」であり、前記の三つ目、五つ目、六つ目の指摘と重なっている様子が確認できる。[6]

認知状況

環境省の調査報告書によれば、二〇一八年度から二二年度のごみ屋敷事案の認知状況は、「認知している（改善した事案を含む）」が三八・〇％（六百六十一市区町村）、「認知していない」が六二・〇％（千八十市区町村）だった。[7] またごみ屋敷事案のおもな認知方法（複数回答可）については、「市民からの通報」が圧倒的に多く八八・七％である。次いで「パトロールによる把握」二三・一％、「原因者の親族等からの相談」一三・九％である。一方、「原因者からの相談」は九・五％であり、周囲の人によって認知されるケースが多いとみられる。[8]

海外の事例

ごみ屋敷は日本に限った出来事ではない。やや古い文献ではあるが、ランディ・O・フロストとゲイル・スティケティーによれば、アメリカでは当事者用の自助グループも存在するという。[9] 学術研究は一九九〇年ごろから臨床心理学や精神医学などを中心に進められている。[10]

アメリカで有名な事例は、一九四〇年代にニューヨーク市で発見された「コリヤー兄弟の自宅」だろう。[11] 彼らはニューヨークの裕福な名門家庭の出身といわれ、自宅内はさまざまなモノで天井まで埋め尽くされていた。ガラクタを撤去した際には、作業途中の時点でグランドピアノ十四台と自動車（T型フォード）が発見されたというから驚きである。コリヤー兄弟の自宅内にはさまざまな仕掛けが施され、侵入者の上にモノが落ちてくるような仕掛けもあったという。あるとき、弟のラングリー・コリヤーは誤って仕掛けを作動させてしまい、亡くなったとみられている。ラングリーの兄ホーマーは、目が不自由で、体はリウマチのためほとんど麻痺していたという。そこで弟のラングリーが食事や生活の面倒をみていたというが、弟のラングリーの死後に兄のホーマーも亡くなったとみられている。兄弟の死後、警察の立ち入りによってコリヤー邸内部の状態が明らかになっている。[12]

2　ごみ屋敷の当事者

ごみ屋敷の当事者とはどのような人々なのだろうか。どのような特徴をもち、なぜこのような状態になったのか。各領域／関係機関からさまざまな当事者の実態が指摘されている。どのような領域／立場から当事者に関わるかによって、当事者の生活や実態については異なった捉え方がなされているようにみえる。そこで本章では五つの視点からそれぞれの当事者像を整理したい。

行政からみた当事者

一つ目は「行政」からみた当事者である。ここでは彩の国さいたま人づくり広域連合 G-zero チームの調査[13]と日本都市センターの調査結果[14]を中心に確認する。彩の国さいたま人づくり広域連合 G-zero チームの調査は二〇一〇年とやや古いデータではあるが、当事者に関するデータが充実していること、また一八年一月実施の日本都市センターの調査結果ともおおむね似た傾向がみられることから、概要を把握するには適切と考えて使用する。

彩の国さいたま人づくり広域連合 G-zero チームによれば、ごみ屋敷に住む人は高齢で、一戸建てに住み、同居人がいない場合が多く、近所付き合いはないか、あっても仲が悪い場合が多く、近隣住民などからの苦情や相談によって発見されるケースが多いとされる。[15]同様の結果は日本都市センターの調査でも確認できる。例えば、住まいの種類は「一戸建て」が七七・〇％（うち「持ち家」が四二・九％、「賃貸」が四・六％、「不明」が一一・四％、「無回答」が一八・一％）を占めていた。年齢は男女ともに六十五歳以上が占める割合が最も高かった。[16]

さらに彩の国さいたま人づくり広域連合 G-zero チームの調査では、「原因者の精神疾患の有無」という質問では、「あり」が二一・九％、「なし」が一七・二％、「不明」が六〇・九％という結果だった。[17]「自分のごみが捨てられない」もしくは「自分でごみを集めてくる」ケースが多いという。[18]

集めてくるごみの種類は資源ごみが比較的多いが、不燃ごみ、粗大ごみ、生ごみなど多岐にわたる。[19]このほか東京市町村自治調査会の調査によれば、当事者が「古物商をやる」「経済的に片づけられない」などと主張して進展しないケースもみられるという。[20]

外部組織との連携体制をみると、彩の国さいたま人づくり広域連合 G-zero チームの調査結果では、「連携体制がある」が二九・七%、「連携していない」が六五・六%、「不明」が四・七%である。連携体制がある場合、民生委員・児童委員、町会・自治会、警察、社会福祉協議会との連携が多かった。[21]

このように行政からみた当事者は高齢者に偏っている場合が多く、特に近隣住民などから問題として声が上がって認識されるケースがほとんどであることが理解できる。

特殊清掃会社からみた当事者

二つ目は特殊清掃会社からみた当事者である。ごみ屋敷の清掃依頼を請け負う特殊清掃会社についてのルポルタージュや新聞記事にたびたび登場するのは、集合住宅（アパート、マンション）住まい、会社勤めをしている、若い単身者の事例である。集合住宅の場合、一戸建てと比べてより密閉した空間である場合が多く、近所付き合いがない場合も多いと考えられる。したがって、たとえごみ屋敷状態になっていても発覚が遅れるケースもあるのではないだろうか。ルポや記事内に記載された、当事者が特殊清掃会社に片づけを依頼する理由に注目すると、大家に片づけを指示されたから、引っ越しのために片づけが必要になったからというものや、毎日忙しくて片づけられなかったなどの理由がみられた。当事者自身が特殊清掃会社に連絡をしているケースもみられた。人付き合いに関しては、日中は会社勤めをしている者など、問題なく社会生活を営んでいるケースもあった。[22] これは筆者の想像の域を出ないが、特殊清掃会社はインターネットなどを活用して広告活動をおこなう場合が多いことから、利用者が若い世代に偏る傾向があるのかもしれない。特殊清掃会社を利用する人々が全国的にどのくらい存在するのかは未知数だが、業者の感覚からすると年々増加傾向にあるようである。[23]

このように特殊清掃会社を通してみた当事者像は、先に提示した彩の国さいたま人づくり広域連合 G-zero チームや日本都市センターの調査結果とは異なるようにみえる。こうした状況からは、行政が把握しているごみ屋敷の現状はほんの一部である可能性や、ごみ屋敷という現象が多様な問題をはらんでいる様子を理解できるだろう。

精神医学からみた当事者

三つ目は精神医学からみた当事者である。『DSM―5』(精神疾患の診断・統計マニュアル)によれば「強迫症および関連症群/強迫性障害および関連障害群 (Obsessive-Compulsive and Related Disorders)」のうちの「ためこみ症 (Hoarding Disorder)」と捉えられている。『DSM―5』では「ためこみ症は、ものを貯めておくことへの強い欲求およびそれらを放棄することに関する苦痛の結果として、実際の価値のあるなしにかかわらず、所有物を捨てることの持続的な困難さ[24]」をもつとされる。一般的にため込まれている品物は、新聞や雑誌、古い洋服、かばん、本、郵便物、書類だが、実際はどんな品物でも対象になりうる。価値があるもの、価値がないもの、価値が限られているものを問わずたくさんの品物をため込み、活動できる生活空間が本来意図した使用ができないくらい品物でいっぱいになり散らかってしまう。その結果、臨床的に意味のある苦痛、社会的・職業的、またはほかの重要な分野での機能の障害が生じる。アメリカとヨーロッパでおこなわれた地域調査では、臨床的に明らかなためこみ症の時点有病率は約二％から六％であり、いくつかの疫学的調査によると、男性において有意に高い有病率が報告されているという。五十五歳から九十四歳の中高齢者は三十四歳から四十四歳の成人に比べて約三倍の有病率を示している。ただし、男性に比べて女性のほうがより過剰な収集、特に過剰な買い物をする傾向にある。また、ためこみ症をもつ人のうち約七五％が気分障害または不安症を併発している。ほかにうつ病、社交不安症（社交恐怖）、全般不安症も併発することが多い。約二〇％には強迫症の診断基準を満たす症状が認められている。[25]

看護学からみた当事者

四つ目は看護学からみた当事者である。前述の岸恵美子はごみ屋敷に住む人をセルフ・ネグレクトの一類型であると捉えている。セルフ・ネグレクトの定義はさまざま存在し、共通の定義は存在しないという。[26] いくつか紹介する。津村智恵子らは、「**セルフ・ネグレクトとは、高齢者が通常一人の人として生活において当然行うべき行為を行わない、あるいは行う能力がないことから、自己の心身の安全や健康が脅かされる状態に陥ること**[27]」と定義する。あるいは野村祥平らは、「健康、生命及び社会生活の維持に必要な、個人衛生、住環境の衛生若しくは整備又は健康行動を放任・放棄していること[28]」と定義する。岸は、津村の定義について「わが国の文化的背景を考慮して「生活において当然行うべき行為を行わない」ことをもセルフ・ネグレクトに含めていることが特徴的である[29]」と指摘している。

全国のセルフ・ネグレクト状態にあると考えられる高齢者の報告件数の推計値は、九千三百八十一人から一万二千百九十人（平均値一万七百八十五人）とされる。[30]セルフ・ネグレクト状態になったきっかけ・理由については、「覚えていない・分からない」が二一・五%、「特段、きっかけはない」が一五・九%である。きっかけ・理由がわかるものでは、「疾病・入院など」が二四・〇%、「家族関係のトラブル」が一一・三%、「身内の死去」が一一・〇%である。[31]

セルフ・ネグレクトは定義が高齢者に限定されていたり、定義に限定はない場合でも高齢者を前提に話が展開されるなど、対象に偏りがある場合が多いことには留意が必要である。さらに、セルフ・ネグレクトの対象はごみ屋敷を含めた幅広い問題を含んでいる。ごみ屋敷はセルフ・ネグレクト問題の一部という理解にとどまる点も留意が必要だろう。

福祉学、福祉の現場からみた当事者

五つ目は福祉学、あるいは福祉の現場からみた当事者である。これらの領域では、第一に当事者を「社会的孤立（Social Isolation）」の象徴として捉える傾向がみられる。内閣府は社会的孤立を「家族や地域社会との交流が、客観的にみて著しく乏しい状態」と定義し、具体的指標として「会話の頻度、困ったときに頼れる人の有無、近所や友人との付き合いの程度[32]」を挙げている。第二にごみ屋敷の問題を「制度の狭間」の問題として理解する傾向がみられる。すなわち、既存の制度では対応が難しい「制度の狭間」に陥った問題のために、当事者がサポートを受けられずに生じてしまった問題であることを指摘する[33]。いずれの場合も、ごみ屋敷を個人的な問題ではなく社会的な問題として捉え、当事者を支援が必要な存在と理解している様子を読み取ることができる。

社会的孤立とごみ屋敷の関係については、社会的孤立状態がなぜごみ屋敷につながるのか、その関連性が十分に議論されているとはいいがたい[34]。すなわち、ごみ屋敷だから社会的孤立状態になったのか、社会的孤立状態だからごみ屋敷になったのかは不明瞭である。明確なのは、当事者が結果的に社会的孤立状態にあったことだけである。この点には留意が必要だろう。

以上のように、どの立場から当事者を捉えるかによって、当事者像は大きく異なってみえる。現存する統計調査は、行政主体の調査か行政を対象にした調査に偏っていて、統計調査で示されている当事者像がごみ屋敷の実態を正確に捉えているかは、未知数だと考えられる。

3 対策

法律

現在、ごみ屋敷の規制に適用できる法律は存在しない。彩の国さいたま人づくり広域連合

G-zeroチームの調査によれば、埼玉県の市町村のうち、四〇・六%はごみ屋敷の存在を認知していたが、ごみ屋敷への対応状況は、四八・四%が手つかずの状態だった。その理由は、「行政が介入する法的根拠がない」が最も多く、困惑する現場の様子を見て取れる。(35) そこで彩の国さいたま人づくり広域連合G-zeroチームと辻山幸宣の分析をもとに、ごみ屋敷と関連が深いと考えられる既存の法律について順に概観する。(36)

一つ目の「廃棄物の処理及び清掃に関する法律」(廃棄物処理法)では、第五条第一項で、土地または建物の占有者などに対し、土地または建物の清潔を保つよう努めなければならない旨を規定しているが、努力義務にとどまっていて強制力はない。第十六条には「何人も、みだりに廃棄物を捨ててはならない(37)」と規定され、ごみの不法投棄を禁じている。しかしながら、ごみ屋敷の当事者はそこに堆積するものを「廃棄物ではない」と主張する場合が多いため、同法の適用は困難な場合が多い。

二つ目の悪臭防止法では、第一条で同法の目的は、悪臭に関して必要な規制・防止対策を推進することで、生活環境の保全や国民の健康の保護に資することだと明記されている。しかしながら、条文をよくみると、同法の対象になるのは「工場その他の事業場における事業活動に伴って発生する悪臭(38)」であり、一般家庭であるごみ屋敷は該当しない。第十四条では、国民の責務として「何人も、住居が集合している地域においては、飲食物の調理、愛がんする動物の飼養その他その日常生活における行為に伴い悪臭が発生し、周辺地域における住民の生活環境が損なわれることのないように努める(39)」と規定しているが、努力義務にとどまり強制力はない。

三つ目の消防法では、第三条第一項で、屋外での火災の予防のために危険と認める行為の禁止や停止、物件の除去などを定めている。第三条第四項は代執行について規定する。また第四条第一項には、火災予防のために必要があるときは、消防職員などが関係のある場所に立ち入ることができる旨が記載されている。しかしながら、「ただし、個人の住居は、関係者の承諾を得た場合又は火災発生のおそれが著しく大であるため、特に緊急の必要がある場合でなければ、立ち入らせてはならない[40]」というただし書きがあって、原則として関係者の承諾が必要になる。そのため、現実的な適用には難しさが残りそうである。鈎持麻衣も、「実際には十分な調査が行うことができず、火災リスクの認定が困難になっていると考えられる[41]」と述べている。

四つ目の道路交通法では、第七十六条第三項で「何人も、交通の妨害となるような方法で物件をみだりに道路に置いてはならない[42]」と規定している。実際に、二〇〇八年十月十日には埼玉県行田市で道路交通法違反容疑で七十九歳の男性が逮捕されている。新聞記事によると、男性は自宅兼店舗前の歩道に十年以上前からごみを集めて放置し、歩道の半分ほどをふさいでいたという[43]。しかしながら、同法が適用できる範囲は道路上に限定されているため、ごみ屋敷の問題すべてを解決できるわけではない。

五つ目の建築基準法では、第十条で、保安上著しく危険な建築物などに対する措置を規定している[44]。実際に、二〇〇六年六月二日には、東京都豊島区で建築基準法（第十条）による命令が出され、五十五歳の住人男性が避難したという。当該男性は一人暮らしで、職には就いておらず、生活保護も受けていなかった。一九九六年ごろから近隣住民による苦情が出ていたという。男性は拾ってきたものを積み上げていて、近隣住民は不安を募らせていた。[45] しかしながら同法の適用は、住宅部分が建築基準法に違反し、かつ著しく保安上危険または衛生上有害になる恐れがあると認められる場合であり、これで、ごみ屋敷の問題すべてを解決できるわけではない。

六つ目として彩の国さいたま人づくり広域連合 G-zero チームと辻山は、生活環境問題として刑法第二百四条の傷害罪[46]が適用された奈良県平群町の騒音問題についてふれている。この事件では、著しい騒音によって隣人である被害者に精神的ストレスを与え、回復見込みが不明の慢性頭痛症などを生じさせたことから同法が適用された。ごみ屋敷で同様の被害が生じた場合は適用の可能性がないわけではないが、まれなケースと考えられる旨を指摘している。[47]

条例

ごみ屋敷に適用できる法律が存在しないため、条例レベルで対応している自治体も存在する。環境省の調査によると、「ごみ屋敷事案に対応することを目的にした条例等の制定状況」は、「制定ずみ」が五・八％（百一市区町村）、「制定予定あり」が〇・三％（五市区町村）、「制定検討中」が二・九％（五十市区町村）、「制定予定なし」が九一・〇％（千五百八十五市区町村）であり、[48] 条例を制定している自治体はまだ少数といえるだろう。条例制定ずみの百一市区町村のうち、条例などを所管している部局は廃棄物部局が五九・四％で最も多かった。[49] 条例制定ずみの百一市区町村のうち、一部の制定状況をまとめたものが、表7―2[50]である。

北村喜宣によれば、ごみ屋敷条例の目的は「快適・良好な生活環境の確保」という点で共通して

	条例名	公布年月日
京都府	京都市不良な生活環境を解消するための支援及び措置に関する条例	2014年11月11日
大阪府	大阪市住居における物品の堆積等による不良な状態の適正化に関する条例	2013年12月2日
兵庫県	神戸市住居等における廃棄物その他の物の堆積による地域の不良な生活環境の改善に関する条例	2016年6月29日

（出典：北村喜宣「条例によるごみ屋敷対応をめぐる法的課題」〔日本都市センター編『自治体による「ごみ屋敷」対策――福祉と法務からのアプローチ』所収、日本都市センター、2019年〕125ページの表5-1）

いるといい、さらに、①建物・敷地、②原因、③状態、の三つの基準から対象案件を確定する場合が多いという。[51] 問題を解消するための方法は大きく「支援アプローチ」と「措置アプローチ」に分けられる。支援アプローチは、例えば京都市の条例などでは「この場合の「支援」は、（略）実質的には「ある程度片付ける」「費用を直接間接に補助する」ことを意味している[52]」と述べている。一方、措置アプローチでは、典型的には「助言・指導→勧告→命令→公表」の順に規定されるとし、どのレベルまで定めるかは条例によって異なっているという。[53] 環境省の調査では、条例制定ずみの百一市区町村のうち「条例等に規定された行政機関による措置の内容」（複数回答可）として多いのは、「調査」が八三・二％、「助言・指導」が八〇・二％、「勧告」が七八・二％、「命令」が六八・三％だった。以降、「公表」「代執行」「支援」「罰金・科料・過料」「その他」と続いている。[54] このうち命令については、行政代執行法に基づいて代執行が実施される場合がある。ごみ屋敷条例に基づく私有地のごみの行政代執行は、二〇一五年十一月十三日に京都市で実施された事例が全国初といわれる[55]（この事例の詳細については第

表7-2　ごみ屋敷条例詳細

	条例名	公布年月日
秋田県	秋田市住宅等の適切な管理による生活環境の保全に関する条例	2016年9月28日
福島県	郡山市建築物等における物品の堆積による不良な状態の適正化に関する条例	2015年10月7日
埼玉県	八潮市まちの景観と空家等の対策の推進に関する条例	2016年6月20日
	草加市家屋及び土地の適正管理に関する条例	2016年9月21日
東京都	新宿区空き家等の適正管理に関する条例	2013年6月19日
	品川区空き家等の適正管理等に関する条例	2014年11月25日
	世田谷区住居等の適正な管理による良好な生活環境の保全に関する条例	2016年3月4日
	中野区物品の蓄積等による不良な生活環境の解消に関する条例	2017年6月21日
	荒川区良好な生活環境の確保に関する条例	2008年12月17日
	練馬区空家等および不良居住建築物等の適正管理に関する条例	2017年7月10日
	足立区生活環境の保全に関する条例	2012年10月25日
	豊島区建物等の適正な維持管理を推進する条例	2014年3月25日
神奈川県	横浜市建築物等における不良な生活環境の解消及び発生の防止を図るための支援及び措置に関する条例	2016年9月26日
	横須賀市不良な生活環境の解消及び発生の防止を図るための条例	2017年12月5日
	鎌倉市住居における物品等の堆積による不良な状態の解消及び発生防止のための支援及び措置に関する条例	2018年3月29日
静岡県	袋井市建築物等における物品の堆積による不良な状態の適正化に関する条例	2017年3月31日
愛知県	豊田市不良な生活環境を解消するための条例	2016年3月30日
	名古屋市住居の堆積物による不良な状態の解消に関する条例	2017年12月19日
	蒲郡市住居等の不良な生活環境を解消するための条例	2018年3月22日

8章冒頭でも言及する）。この場合、さまざまな手続きを踏んで強制的に撤去される。このほかに、即時執行や罰則を規定する条例もある。

福祉的対応

強制的に撤去する行政代執行とはまったく異なるアプローチもある。それは福祉の力で対応を試みようとする方法である。ここでは「福祉的対応」と表現する。なかでも、大阪府豊中市の事例は全国的に有名だ。豊中市では、制度の狭間に落ちた当事者のサポートをおこなうコミュニティソーシャルワーカー（以下、CSW）を七つの日常生活圏域ごとに配置している。ごみ屋敷だけでなく、引きこもり、ホームレス、ドメスティック・バイオレンス（DV）、精神障害などの地域の課題を住民とともに発見し、支える役割を担っている。豊中市では市社会福祉協議会が事業を受託している。[56]二〇一四年の新聞記事によるインタビューによれば、ごみ屋敷についてはこれまで二百六十件対応しているが、もとに戻ったケースはほとんどないと述べている。[57]

具体的には、二〇〇六年二月にゴミ屋敷リセットプロジェクト（現在は福祉ゴミ処理プロジェクト）が立ち上げられた。プロジェクトには、豊中市伊丹市クリーンランド（ごみ処理施設）、減量推進課地域福祉課、生活福祉課、障害福祉課、保健所、豊中市社会福祉協議会、豊中環境事業協同組合、ボランティアなどの関係者が参加している。はじめに各機関がもつごみ屋敷の情報を交換しあったところ、各自問題を認識しているが、どこも解決できていないという状況がわかった。そこで、個々のケースについて解決策を話し合うとともに、ごみ処理が困難な市民を支援するためのルール作りを開始した。その結果、CSWが「福祉に欠ける状態にある」と判断した場合に、ごみの運搬費用を減額できる内規が整備された[58]。

当事者に寄り添い、地域全体で問題に取り組む福祉的対応は確実に成果を上げる一方で、依然限られた自治体での取り組みという域を出ていない。福祉的対応の実現には人的資源の確保に加えて、関係者の強い根気と精神力が求められる点も要因の一つと考えられる。

おわりに

本章ではごみ屋敷への理解を深めることを目的に、概要を説明してきた。各領域や関係機関が捉えたさまざまなごみ屋敷の当事者像からは、多様な要因が絡んでいる様子が想像できるだろう。さらに問題を複雑にしているのは、そもそもごみとは何かという論点ではないだろうか。第1節の表7―1の定義部分をみると、いずれも非常に複雑で長い説明になっている。これは「ごみにあふれた家」という表現だけでは、当事者がそれをごみと認めず、ごみではないと主張すれば、定義に該当しなくなってしまう。このような問題をはらんでいるからである。

それでは、ごみとはなんだろうか。第8章では当事者に焦点を当て、第9章では当事者と周囲の人々に焦点を当ててこの疑問に向き合っていきたい。また第8章と第9章は、順番どおりに続けて読むことで、より理解が深まる構造になっている。当事者や周囲の人々の「語り」や「行動」に注目しながら、ぜひ通読してほしい。

注

(1)「読売新聞」一九六八年四月十九日付夕刊

(2)「京都新聞」二〇一五年二月八日付、「静岡新聞」二〇一四年十二月十七日付夕刊、「沖縄タイムス」二〇一四年十二月十六日付。いずれも記事の内容は同じ。

(3)勝部麗子「地域と人を再び結ぶコミュニティソーシャルワーカー――ゴミ屋敷支援の取組を通じて」、自治研中央推進委員会編「月刊自治研」二〇一一年一月号、自治労サービス、五九ページ

(4)前掲「地域の生活環境問題の解決に向けて」七ページ、辻山幸宣「自治体における「ごみ屋敷」への対応策とその手法」、宇賀克也編集(執筆)、辻山幸宣/島田裕司/山本吉毅/清永雅彦執筆『環境対策条例の立法と運用――コミュニティ力再生のための行政・議会の役割 ごみ屋敷対策等の実効性を確保する』(〈地域科学〉まちづくり資料シリーズ二十八「地方分権」第十三巻)所収、地域科学研究会、二〇一三年、一八ページ

(5)例えば、二〇一六年十月十一日には福島県郡山市の民家で火災があった。当該民家はごみ屋敷として知られていたという。住人男性はこの火災によって亡くなっている(「朝日新聞」二〇一六年十月十三日付)。一五年八月二十五日には愛知県豊田市の民家から出火し、隣接する民家二棟を巻き込む火災が発生した。当該民家はごみ屋敷として知られていたという(「毎日新聞」二〇一五年八月二十六日付)。

(6)前掲「地域の生活環境問題の解決に向けて」一五ページ
(7)前掲「令和4年度「ごみ屋敷」に関する調査報告書」四ページ
(8)同報告書六ページ
(9)ランディ・O・フロスト/ゲイル・スティケティー『ホーダー——捨てられない・片づけられない病』春日井晶子訳、日経ナショナルジオグラフィック社、二〇一二年、三五〇—三五四ページ。なお、この文献では「ホーダー(hoarder)」を取り上げていて、「ためこみ症」(第7章第2節を参照)を患う人を念頭に置いていると考えられる。日本でごみ屋敷の当事者を指す場合、ためこみ症に限定するわけではないが、同様の状態を指すことから、本書ではホーダーとごみ屋敷の当事者を同義に扱う。以降、別の文献でも同様の扱いとする。
(10)池内裕美「人はなぜモノを溜め込むのか——ホーディング傾向尺度の作成とアニミズムとの関連性の検討」、日本社会心理学会「社会心理学研究」編集委員会編「社会心理学研究」第三十巻第二号、日本社会心理学会、二〇一四年
(11)前掲『ホーダー』
(12)同書六—一九ページ
(13)彩の国さいたま人づくり広域連合G-zeroチームの調査結果を用いる理由は三つある。第一に、ごみ屋敷の当事者を詳細に扱う全国調査は実施されていないこと。第二に、全国調査以外をみても、詳細に取り扱う調査は多くないこと。第三に、本調査は埼玉県内市町村六十四団体を対象としておこなったものだが、回答率が一〇〇%であり、データの信頼性が高いこと。
(14)同調査は「住居荒廃」問題に関する調査である。そのため、日本都市センターが定義する「いわゆるごみ屋敷」に加え、「樹木の繁茂」と「多頭飼育・給餌」を含む結果であることに注意が必要だ。

しかしながら、これらの事象は同時に発生しているケースも多いと考えられる。実際に「住居荒廃」の種類（特に重大な事例など最大五件まで）を尋ねた質問に対して、二百六十七自治体から七百五十七件の事例について回答があったが、その回答をみると、いわゆる「ごみ屋敷」だけを指すものは約六七％（五百十件）だった。この結果に「いわゆる「ごみ屋敷」＋樹木の繁茂／いわゆる「ごみ屋敷」＋多頭飼育・給餌／いわゆる「ごみ屋敷」＋樹木の繁茂＋多頭飼育・給餌」の回答も合わせると、合計約七八％（五百九十四件）がいわゆる「ごみ屋敷」を含んだ回答だった。ここから、同調査は対象が「住居荒廃」ではあるものの、一定のごみ屋敷の傾向を捉えることができると考え、同調査結果を活用した。前掲『自治体による「ごみ屋敷」対策』二三九ページ

(15) 前掲「地域の生活環境問題の解決に向けて」一一―一三ページ

(16) 前掲『自治体による「ごみ屋敷」対策』二四二―二四三ページ

(17) 前掲「地域の生活環境問題の解決に向けて」一四ページ

(18) 同報告一四ページ

(19) 同報告一六ページ

(20) 前掲「生活環境に係る自治体の役割に関する調査研究報告書」三七ページ

(21) 前掲「地域の生活環境問題の解決に向けて」二〇―二一ページ

(22) 笹井恵里子『潜入・ゴミ屋敷――孤立社会が生む新しい病』（中公新書ラクレ）、中央公論新社、二〇二一年、「読売新聞」二〇一九年四月十七日付夕刊、村田らむ『ゴミ屋敷奮闘記』有峰書店新社、二〇一四年、竹澤光生『特殊清掃会社――汚部屋、ゴミ屋敷から遺体発見現場まで』（角川文庫）、角川書店、二〇一二年

(23) 前掲『特殊清掃会社』、「読売新聞」二〇一九年四月十七日付夕刊、「朝日新聞」二〇〇六年四月五

日付
(24) American Psychiatric Association 編、日本精神神経学会日本語版用語監修『DSM―5 精神疾患の診断・統計マニュアル』髙橋三郎／大野裕監訳、染矢俊幸／神庭重信／尾崎紀夫／三村將／村井俊哉訳、医学書院、二〇一四年（原著二〇一三年）、二三四ページ
(25) 同書二四五―二四九ページ
(26) 岸恵美子「いわゆる「ごみ屋敷」の実態とその背景に潜むもの」、前掲『自治体による「ごみ屋敷」対策』所収、一二―一三ページ
(27) 津村智恵子／入江安子／廣田麻子／岡本双美子「高齢者のセルフ・ネグレクトに関する課題」「大阪市立大学看護学雑誌」第二巻、大阪市立大学医学部看護学科、二〇〇六年、二ページ
(28) 野村祥平／岸恵美子／小長谷百絵／浜崎優子／吉岡幸子／麻生保子／野尻由香／望月由紀子／下園美保子／米澤純子／斉藤雅茂「高齢者のセルフ・ネグレクトの理論的な概念と実証研究の課題に関する考察」「高齢者虐待防止研究」第十巻第一号、日本高齢者虐待防止学会、二〇一四年、一八五ページ
(29) 前掲「いわゆる「ごみ屋敷」の実態とその背景に潜むもの」一四ページ
(30) 内閣府経済社会総合研究所『セルフネグレクト状態にある高齢者に関する調査――幸福度の視点から報告書』内閣府経済社会総合研究所、二〇一一年、一九ページ
(31) 同報告書二九ページ
(32) 内閣府「平成22年版 高齢社会白書」「内閣府」(https://www8.cao.go.jp/kourei/whitepaper/w-2010/zenbun/pdf/1s3s_1.pdf)［二〇二三年四月九日アクセス］、五二ページ
(33) 前掲「地域と人を再び結ぶコミュニティソーシャルワーカー」、勝部麗子『ひとりぽっちをつくら

ない——コミュニティソーシャルワーカーの仕事』全国社会福祉協議会、二〇一六年

(34) 梅川由紀「「ごみ屋敷」を通してみるごみとモノの意味——当事者Aさんの事例から」、ソシオロジ編集委員会編「ソシオロジ」第六十二巻第一号、社会学研究会、二〇一七年、二五ページ

(35) 前掲「地域の生活環境問題の解決に向けて」一一、一七ページ

(36) 同報告二四—二八ページ、前掲「自治体における「ごみ屋敷」への対応策とその手法」一八—二一ページ

(37) e-Gov 法令検索「廃棄物の処理及び清掃に関する法律」「e-Gov 法令検索」(https://elaws.e-gov.go.jp/document?lawid=345AC0000000137)［二〇二三年四月十日アクセス］

(38) e-Gov 法令検索「悪臭防止法」「e-Gov 法令検索」(https://elaws.e-gov.go.jp/document?lawid=346AC0000000091)［二〇二三年四月十日アクセス］

(39) 同ウェブサイト

(40) e-Gov 法令検索「消防法」「e-Gov 法令検索」(https://elaws.e-gov.go.jp/document?lawid=323AC1000000186)［二〇二三年四月十日アクセス］

(41) 釼持麻衣「いわゆる「ごみ屋敷」への法的対応の可能性——現行法に基づく対処と拡がる独自条例の制定」、日本都市センター編「都市とガバナンス」第二十七号、日本都市センター、二〇一七年、一五〇ページ

(42) e-Gov 法令検索「道路交通法」「e-Gov 法令検索」(https://elaws.e-gov.go.jp/document?lawid=335AC0000000105)［二〇二三年四月十日アクセス］

(43)「毎日新聞」二〇〇八年十月十一日付、「毎日新聞」二〇〇八年十月十日付夕刊

(44) e-Gov 法令検索「建築基準法」「e-Gov 法令検索」(https://elaws.e-gov.go.jp/document?lawid=325AC

0000000201)［二〇二三年四月十一日アクセス］
(45)「豊島新聞」二〇〇六年六月二十一日付
(46) e-Gov 法令検索「刑法」「e-Gov 法令検索」(https://elaws.e-gov.go.jp/document?lawid=140AC0000000045)［二〇二三年四月十一日アクセス］
(47) 前掲「地域の生活環境問題の解決に向けて」二七―二八ページ、前掲「自治体における「ごみ屋敷」への対応策とその手法」二〇ページ
(48) 前掲「令和4年度「ごみ屋敷」に関する調査報告書」八ページ
(49) 同報告書一〇ページ
(50) 表7―2は、北村喜宣「条例によるごみ屋敷対応をめぐる法的課題」(前掲『自治体による「ごみ屋敷」対策』所収) 一二五ページからの転載である。もともと北村喜宣の論文内では、検討対象にする条例を示すために一覧化した表だが、本書では代表的なごみ屋敷条例の制定状況を把握するための表として活用する。いずれの条例も、ごみ屋敷対策に力を入れていたり、早期に制定されて話題になったなど、筆者も目にする機会が多い条例といえる。
(51) 前掲「条例によるごみ屋敷対応をめぐる法的課題」一二七―一二八ページ
(52) 同論考一三四ページ
(53) 同論考一三五ページ
(54) 前掲「令和4年度「ごみ屋敷」に関する調査報告書」一五ページ
(55)「朝日新聞」二〇一五年十一月十三日付夕刊
(56) 前掲「地域と人を再び結ぶコミュニティソーシャルワーカー」、豊中市社会福祉協議会原作・文、ポリン漫画『セーフティネット――コミュニティソーシャルワーカー(CSW)の現場』ブリコラー

ジュ、二〇一二年、浮谷次郎「市・社協・市民などの連携で「ごみ屋敷」問題を解決——大阪府豊中市（特集 自治体の職員力、組織力 取材リポート③職員力で自治体力をアップ）」、ぎょうせい編「ガバナンス」二〇〇九年四月号、ぎょうせい

（57）「朝日新聞」二〇一四年六月十八日付

（58）前掲「市・社協・市民などの連携で「ごみ屋敷」問題を解決」、前掲「地域と人を再び結ぶコミュニティソーシャルワーカー」

第８章　モノとごみの意味
――「ごみ屋敷」の当事者Aさんの事例から

はじめに

二〇一五年十一月十三日、京都府京都市で全国初のごみ屋敷対策条例[1]に基づく行政代執行がおこなわれた。新聞記事[2]によれば、住宅前の幅約一・三メートルの私道に、高さ二メートル、幅〇・九メートル、長さ四・四メートルにわたって、新聞や雑誌、衣類などが積み上げられていたという。住人の五十代男性はこれらを「資料」あるいは「財産」だと主張しているが、「市は「ごみを放置すると緊急時の避難や救急搬送が妨げられ、住民の生命も脅かしかねない状態」と判断し[3]」、代執行を実施した。

近年、このようないわゆる「ごみ屋敷」は、重要な社会問題の一つと理解されるようになった。

メディアでもしばしば報道され、家の状態や近隣住民とのトラブルに焦点を当てた映像や文章は、強烈なインパクトを残す。加えて印象的なのは、現場に堆積するものに対する周囲の人々と当事者の認識の違いである。それは冒頭で紹介した京都市の事例でも明らかである。市や報道記者が現場に堆積するものを「ごみ」と表現するのに対して、当事者はそれを資料や財産などの「モノ」と表現している。同じ対象を一方ではごみと捉え、一方ではモノと捉えるわけである。このような観点からごみ屋敷を捉えると、ごみ屋敷とは単なるトラブルという側面を超えて、何がモノで何がごみなのかという「モノとごみの境界が問われる現場」と理解できるだろう。なかでも筆者の興味を引くのは、ごみ屋敷の当事者のモノとごみの境界に関する認識である。なぜなら、独特な境界の認識をもつ当事者たちは、私たちが見過ごしてきたモノやごみの側面を捉えている可能性があるからだ。それをひもとく作業はごみ屋敷問題解決への一歩になる以上に、大量廃棄社会や物質社会を生きる私たちにモノやごみの新たな捉え方を提示する可能性がある。

そこで本章では、ごみ屋敷の当事者Aさんの事例分析をする。当事者Aさんがため続けるモノの意味を明らかにする作業を通して、人間にとってのモノとごみの概念を再考することを目的にする。

1　モノと記憶

第7章で詳しく確認したとおり、これまで、ごみ屋敷の当事者は精神医学や福祉学の観点から

「ためこみ症」「セルフ・ネグレクトの一形態」「社会的孤立」「制度の狭間の問題」などと理解されてきた。ここでは、社会科学分野の研究についてもふれておきたい。

例えば、人類学のスーザン・レプセルターは、ごみ屋敷の当事者を取り上げたアメリカのテレビ番組などを分析し、メディアでは当事者がどのように物語られているかを考察している。[4] レプセルターは、モノに感情を入れ込み、モノと感情の境界線があいまいであるため「社会から断絶された存在」と捉えられていることを示した。例えば、リッチーという当事者はモノに「過去の記憶」を見いだして保存する。彼はオレンジの錠剤を大切にしている。それは医者だった彼の母親が生前に調剤した思い出のモノであるため、捨てることを拒み、ため込んでいる。あるいはジルという当事者は、「有用な価値と想像できるモノすべて」を保存する。彼女はカボチャを捨てるように促されたとき、種だけはとっておきたいと懇願する。それは種をとっておくことで「永遠の可能性」を手に入れるためである。このように、当事者は本来分断されるべきモノと感情（記憶や願望）の境界線があいまいであるため、ごみをため込み、社会から断絶されていると分析する。そして境界線がはっきりと確立したとき、当事者は社会との再接続が可能であると描かれる様子を示した。

このように、これまでごみ屋敷の当事者はおおむね「社会的孤立／断絶」した存在と見なされてきた。しかしこれらの指摘について筆者は二つの疑問を抱く。

第一に、なぜ社会的孤立／断絶状態がごみ屋敷につながるのか、その関連性が十分に議論されているとはいいがたい。社会的孤立／断絶した状態だからごみ屋敷になったのか、ごみ屋敷になったから社会的孤立／断絶したのかは不明瞭である。明確なのは、ごみ屋敷の当事者が結果的に社会的孤立／断絶状態にあったことだけである。第7章でも言及したように、ごみ屋敷の清掃を専門に請け負う特殊清掃会社のルポなどでは、会社勤めをするなど、通常の社会生活を送りながらごみ屋敷に住む当事者も確認できる。[5] したがって、ごみ屋敷という現象を理解するためには、社会的孤立／断絶以外への着目も必要ではないか。

第二に、レプセルターの分析によれば、メディアでは当事者が社会と再接続する方法として、モノと感情の間に境界線を引く必要が語られる。しかしながら、そもそも人間はこうした境界線を引くことが可能なのだろうか。例えば、阪神・淡路大震災で家族を失った人へのインタビュー調査では、写真や遺影が亡くなった家族の記憶と直接結び付くモノとして理解されているケースもみられる。[6] あるいは、現在も各地に根づく「道具供養」の習慣には、こうしたモノに所有者の霊が宿り、所有者の一部になっているという発想があることを指摘する考察もある。[7] このように、ごみ屋敷の当事者でなくても、モノと感情の境があいまいな事例がある。[8] それにもかかわらず、なぜ私たちは当事者のモノをごみと認識するのだろうか。

私たちは普段、ごみやモノをどのように認識し、それは当事者の認識と何が異なるのだろうか。考えてみると、多くの現代人は対象がモノなのかごみなのかを考えるとき、「まだ使えるか」というモノの機能的な側面から判断しているように思う。一方、ごみ屋敷の当事者は、機能とは異なる観点からモノかごみかを判断しているのではないか。このような仮説を立てたときに着目したいのが、モーリス・アルヴァックスの「記憶と空間」に関する議論である。アルヴァックスは、記憶とは集団に依存する集合的なものであることを指摘した。[9] そして、ある個人が特定の集団に関する記憶を維持しつづけるかぎり、集団の成員であることを示した。したがって記憶は、集団とのつながりを維持するうえで重要な意味をもつ。またアルヴァックスは、集団にまつわる記憶を想起させる「枠」としての「空間」の存在を指摘する。例えば、私たちにとって家や家具などのモノや、家具の配列、部屋の配置などは、モノを使っていた家族との記憶や、その場所で過ごした友人との記憶を想起させる引き金になる。なぜなら、空間のなかには人々の構想が結晶化されているからである。そのため人は事物に愛着を抱き、事物がそのまま変わることなく、付き添い続けることを望むという。このアルヴァックスがいう空間とは、前記のような物質的なモノや配置にとどまらず、非常に幅広い概念であることを強調している。それは法的・経済的・宗教的空間も含むというのだ。ごみ屋敷について検討するうえでは、このような記憶と空間の捉え方は大変示唆的である。この議論に着想を得て考えをめぐらせると、ごみ屋敷のなかにため込まれるモノは、当事者がある集団との関係や記憶を持ち続けることと関連があるのではないだろうか。このような視点からごみ屋敷の当事者とため込むモノの分析を試みることにする。

2　Aさんについて

本章で取り上げるごみ屋敷の当事者Aさんは、一人暮らしの高齢者であり、一見すると社会的孤立/断絶の事例に当てはまるようにみえる人物だ。しかし実際のAさんは、社交性に富み、多くの他者と関わりをもっていて、社会的孤立／断絶以外の視点から事例を分析できる可能性がある。加えて、記憶という観点から検証するために、個人のライフヒストリーや時代背景を深く分析する必要があった。そこで、Aさんの事例を詳細に考察することで議論を深めていくことにした。

Aさんは六十代の独身の女性である。かつてはスーパーマーケットで試食品を提供する試食販売の仕事をしていたが、現在は無職である。X市[10]の古い木造アパートにペットの猫とともに暮らしている。家にはトイレはあるが風呂はなく、水道は使えるが電気やガスは止まっている。親族とは長い間会っていない。Aさんは手足にしびれがある。日常生活は自力で対応できるが、歩行は足を擦るように動かすことしかできず、重いものを持ったり、細かい作業をおこなうことは難しい。性格は人懐こく話好きである。約束や時間を守る几帳面さもある。記憶力がよく、子ども時代の話から先週雑談した内容まで、細かく正確に記憶している。

Aさんの調査は二〇一五年六月四日から一七年二月二十八日までおこなった。Aさんは、近隣住民からの苦情によってX市社会福祉協議会（以下、社協）に発見された。社協の説得もあって一度は家の片づけをしたが再びごみ屋敷状態になり、再度片づけ作業をすることになり、ここで筆者は調査を始めた。家の片づけ作業とは、当事者に一つずつモノを見せ、要るか要らないか、コミュニケーションを図りながらモノを整理する作業である。

約三カ月かけて家は片づいたが、壁や床に染み付いた悪臭がひどいため、すぐにはモノを置かず、数日の換気期間を設けた。その間、Aさんは同じアパートの空き室で生活した。筆者はこの間もAさんを訪ね、家の様子の確認や、各種手続き、入浴、洗濯などに同行した。換気後、筆者も参加して不要なモノを再度始末した。そして最終的に捨てずにとっておくことになったモノを、本来の家に戻した。

その後、継続的な自宅の片づけ作業、掃除、ごみ捨てのサポートをするために、週一回ヘルパーが訪ねるようになった。ヘルパーはAさんに確認をとりながらモノを捨て、掃除やごみ出しをおこなう。この段階から筆者はおおむね週一回、一年ほどAさんの家に通い、ヘルパーとの片づけ作業への立ち合い（約一時間）と、その後Aさんと話す時間（約一時間。非構造化インタビュー）を設けた。ときには片づけ作業の一環として、Aさんの買い物にも同行した。筆者が週一回の訪問を開始した数カ月後、再びモノが多くなったことと、Aさんの足の具合が悪化したことから、もう一度大がかりな片づけ作業をおこなった。あわせて電気の工事もおこない、家で電気が使えるようになった。また、この片づけ作業以降はヘルパーが毎日訪ねるようになった。

Aさんの人となりがわかるエピソードを紹介したい。筆者がAさんと初めて出会ったのは再度片づけ作業をしたときだったが、落ち着いてじっくり話ができたのは、おおむね週一回、一年ほどAさんの家に通い始めてからだった。最初に訪ねたとき、Aさんは筆者にいろいろと質問をして会話をリードしてくれた。例えば、Aさんに「出身どこ？」と聞かれたので、「私？　埼玉」と答えた。すると、Aさんは埼玉について自身が知っていることをいろいろと話してくれた。[11]

「ああ、そう、埼玉といえば川口はね、昔、俳優Bの「C」って大ヒット映画の舞台が川口だったの。（略）俳優Bの出世作になったね。鋳物が有名でね」

このとき筆者は「鋳物」を「芋」と聞き間違えてしまい、「そうなんだ。知らないなあ……。

芋、芋？　川越じゃなくて？　川口なんもないよ」と発言し、会話がかみ合わなくなってしまった。すると、Aさんはすぐに別の話に切り替えて、再び会話を盛り上げてくれた。Aさんとの会話は途切れることなく、テンポがよく心地いいものだった。後日、筆者がAさんが教えてくれた映画『C』を観たことを伝えると、[12]筆者はAさんから映画好きと見なされるようになった。それ以降、Aさんは折にふれて映画の話を聞かせてくれたり、映画について書かれた新聞記事の切り抜きを渡してくれるようになった。[13]

以上のようなフィールドワークとインタビューをもとに、モノの価値の観点（第2章を参照）から分析した。具体的には、すべてのフィールドワークとインタビューについてスクリプトを作成し、それぞれの概念をコーディングし、それらの関係を調べた。なお、個人のプライバシーに関わる重要な内容に関しては、必要に応じて加工のうえ使用している。

3　スーパーと食品へのこだわり

家のなか

Aさんの家のなかはどのような状態で、どのような生活をしているのだろうか。調査を通して明らかになったのは、Aさんには、あるこだわりが存在していることである。

Aさんの家のなかは、まるで嵐のあとのようだった。例えば、モノが入った棚を倒せばモノは床に飛び散る。それを何度も繰り返せば、散乱したモノが脈絡なく積み重なり層をなした状態になる。Ａさんの家はまるでそんな状態だった。とにかくモノが多いので、モノの圧力で部屋の襖は破れて変形していた。また、家のなかを歩いていると、意図せず何かを踏んでしまうことが多かった。それはたいてい腐敗した何か柔らかいモノで、「グチャッ」とした感覚が足に伝わり、ひやひやすることがしばしばあった。Ａさんの場合、モノの量の多さや散乱具合と並んで特徴的なのは、モノの種類に偏りがあることである。Ａさんの場合、ため込んでいるモノの約八〇％を未開封の食品が占めていた。食品とは具体的には、生鮮食品、加工食品、菓子、調味料、飲料などである。食品以外のモノは、衣類、リネン類、食器、ティッシュ、新聞、手紙、薬などがあった。大量の食品は特定の場所にため込んでいるわけではなく、トイレ、キッチン、家の外（通路やアパート共有の庭など）を含むすべての場所に一様に広がっている。トイレのなかに弁当があったり、家の外に卵が置いてあったりする。どの部屋にも必ず大量の食品があった。こうしたモノの上を、猫が縦横無尽に走り回っている。当然、モノは適正に管理されているようにはみえない。ヨモギ餅だと思った緑色の物体がカビだらけのミカンだったり、缶詰からウジが這い出していたり、ゴキブリなどの害虫も大量に発生している。モノを少し動かすと、モノの隙間に入り込んでいた何十匹ものゴキブリが一瞬視界一面に現れ、再びモノのなかに消えていった。「グチャグチャ」「ドロドロ」状態のモノが多く、腐った食品と猫の排泄物が混ざった臭気が立ち込める。このような空間にあるモノを、Ａさんはごみではなく「大切なモノ」[14]と言いきる。

大切なモノ

これらのモノに対して、Aさんはどのような認識をもっているのだろうか。Aさんの認識がよく表れるのは、ヘルパーが掃除をする際である。Aさんはヘルパーのあとをついて回り、以下のようなやりとりを繰り返す(以下は庭の掃除をしていたときの様子である)。

ヘルパー:これは? なんだろう? ああ、これはごみやね〔割り箸の袋〕。
Aさん　:うん、捨てていい。
ヘルパー:かまぼこ出てきた。
Aさん　:要る。
ヘルパー:要るの? これいつ買ったの?
Aさん　:お正月。
ヘルパー:お正月!?〔調査時は二月半ば〕、賞味期限切れてるよ。
Aさん　:大丈夫、大丈夫。
(略)
ヘルパー:あ、これは?〔濡れてグチャグチャになったサンドイッチ〕
Aさん　:あ、これね、探してた。とっといて。
ヘルパー:とっとく? じゃあ〔家のなかに〕入れとこう。

Ａさん　：うん。探してたの。[15]

このやりとりにも表れているように、Ａさんがモノをため込む行為には三つの特徴がみられる。

一つ目は、差異化である。Ａさんはどんなモノも一様に大切だというわけではない。食品に強いこだわりをもつ。それは、食品が家全体のモノの八〇％を占める点からも明らかである。このとき、その食品がまだ食べられるか否かは重視しない。したがって先に示したとおり、賞味期限切れのかまぼこや水浸しになったサンドイッチも捨てない。加えて印象的だったのは、外に放置されて悪臭を放っていた瓶入りのジュースである。瓶には白い虫が何十匹もたかり、茶色い瓶が真っ白に見えるほどだったが、それでも捨てなかった。一方で、見た目もきれいでまだ使える傘を捨てている。十分使えることを示しても、ためらうことはなかった。したがって、Ａさんにも「不要」という概念があることがわかった。[16] このほかにも、使用ずみの使い捨てカイロや、郵便物などを捨ててほしいと差し出したこともあった。[17]

二つ目は、際限がない収集欲である。こだわりのモノをため込もうとする欲求は途絶えることがない。Ａさんは毎日買い物にいき、一回数百円程度の買い物をする。筆者が週に一回Ａさんの家を訪れると、必ず見たことがない食品があった。Ａさんにとって十分という状態は存在しない。

三つ目は、保管意識の欠如である。捨てないことを重視し、保管方法や置き場所は気にしない。通常、こだわりをもってため込んだモノであれば、ディスプレーしたり、まとめて置くなどの対応をしてもおかしくはない。しかし、これは要るかと尋ねられてようやくその存在を思い出したり、ため込んだこと自体を忘れている場合もある。日常的に使用していないにもかかわらず、捨てることは断固拒否する。そのため、家にため込まれるモノはAさんの意図的な収集物と捉えることができる。

日常生活

次に、Aさんの生活に着目してみよう。Aさんの日常は、スーパーに出かけることを中心にパターン化している。具体的には、以下のような行動をとっている。

起床後、身支度を整えてスーパーに出かける。弁当や惣菜を買い、イートインコーナーで食事をとる。食後は公民館に行く。夜になっておなかがすくと、また別のスーパーに出かけて弁当や総菜を買い、公民館のフリースペースかスーパーのイートインコーナーで食事をとる。スーパーでは、そのとき食べるぶんに加えて、家に持ち帰るための食品を購入する。スーパーが閉まるころに家に帰り、就寝する。

特徴的なのは、スーパーのなかで多くの人と会話をし、さまざまな交流を図っていることである。Aさんはスーパーに入ると、特売品のワゴンを中心に店内を一周する。顔なじみの試食販売員のところに立ち寄り、試食をしながら会話をする。ひととおりたわいもない会話をして、試食を食べ終わると、「ごちそうさま。またね」と言って店内一周に戻る。商品を陳列中の店員には「今日は〔値段が〕高いね」と声をかけ、店員が「今日はもう〔特売分が〕売れてしまったんですよ」と答えると「ええ！〔開店〕一時間で？」と驚き、ポイント還元率が高い日だから客が多いのではないか、という持論を語りだす。また買い物中に友人や近所の人、顔見知りなどに会うことが多い。そのたびに立ち話をしたり、イートインコーナーで一時間は近況報告をしあう。[18] Aさんにとってスーパーは、他者との交流の場である。

家のなかや日常生活に着目することでみえてきたのは、Aさんがスーパーと食品になんらかのこだわりをもつ様子だった。そこで次に、スーパーと食品の意味に着目したい。

4 「望ましい自己」の具現化

「望ましい自己」を実現できる場所

Aさんにとって、スーパーはどのような存在なのだろうか。Aさんの語りを整理すると、二つの側面がみえてきた。

一つは、自己を支える記憶を想起させる「枠」という側面である。具体的には、試食販売の仕事をしていたころの記憶である。Aさんは二十代から四十年近く、スーパーで試食品を提供する仕事に就いていた。Aさんはいまもスーパーで客や試食販売の担当者をみると、自分が現役だったころの活躍を思い出すという。それはAさんが当時働いていた店舗に限るということではなく、どの店舗でも同様だった。Aさんが大切にしているのは、客と積極的にコミュニケーションを図ることで売り上げを伸ばし、社会の役に立ったという記憶だった。試食販売時代の話を始めると、Aさんはいつも以上に饒舌になり、筆者が制止するまで止まらなくなる。例えばAさんは、商品を売るために客に「もう一個いかがですか？」と積極的に声をかけたり、子どもに試食を勧めたりしたという。Aさんは「コミュニケーションね。そこからやからね。話しかけないことにはね」と述べ、コミュニケーションの重要性を繰り返す。努力の結果、商品を二千個売り上げたことや、業績が認められてメーカー主催の打ち上げに招待されたことがAさんの誇りである。[19] 筆者が、さまざまなタイプの客とコミュニケーションを図るのは難しいのではないか、と尋ねると、「そやね。でも私は、どんな人でも大丈夫だから[20]」と自信をみせる。Aさんは、他者と良好なコミュニケーションを図ることができる点を、自身の強みだと認識している。自己の強みを発揮できた経験は、Aさんにとって「望ましい自己」を実現できた記憶として、Aさんのアイデンティティーを支えている。

もう一つは、試食販売員として働いていた時代を思い出す行為が、現在のAさんの行動に影響を与えている点である。例えば、Aさんはスーパーで商品を買おうか迷っている客を見ると、試食販売員だったころを思い出して「いかがですか？」と声をかけたくなるという。[21] さらには、「私まだまだ、また働きたいと思ってるからね」と言い、だからこそ、もっと元気にならなければいけないと述べる。[22] 現在のAさんは、体力・その他の理由から試食販売の仕事に就くことは難しい。それでも、なじみ深いスーパーという場で、試食販売員という立場ではないものの、現在も他者と良好なコミュニケーションを図って望ましい自己を実感しようとしているのではないか。そうして自己のアイデンティティーを支えようとしているのではないか。Aさんにとって、スーパーはかつて活躍した場所というだけではなく、現在も自己にふさわしい場所だと認識されている様子を理解できるだろう。

望ましい自己の「証し」

次に、Ａさんにとって食品はどのような意味をもつのだろうか。はじめに、Ａさんと食品の関係について二つの特徴を指摘したい。

一つは、Ａさんには家に持ち帰る「ため込むための食品」と、その場で「食べるための食品」があることである。Ａさんに確認すると、ため込むための食品は食べきれずに持ち帰ったわけではなく、持ち帰るために購入しているという(23)。一方、食べるための食品は、公民館のフリースペースやスーパーのイートインコーナーでだけ食べ、家で食べることはない。ただし例外として、一部の菓子、水、茶、栄養ドリンクはときどき家のなかでも飲食し、さらにこれらの食品は腐る前にほぼ食されていた。

Ａさんが食品を、ため込むための食品と食べるための食品とに分けて認識している様子がわかる印象的なエピソードがある。ある日Ａさんは足の調子がとても悪くなり、スーパーに出かけられなかった。その日は以前購入して自宅に置いていたクッキーを食べてしのいだが、翌日は足の調子もよくなったのでスーパーに行ったという。その理由について尋ねると、「食べ物がないからね。食べ物がないと、それはそれでまた問題でしょ？」と言う。そこで筆者は、「流しのところに食パンが置いてあるけど、そういうのは食べないの？」と尋ねた。するとＡさんは目を見開いて、まばたきをしながら黙ってしまった。明らかに不自然で、気まずくなるような長い沈黙が続いたが、筆者はAさんのほうをじっと見続けながら根気強く返事を待った。すると、「そやね。食べるなら、小分けにして、スーパー持っていって、チンしないとね。ちょっと面倒やね」とAさんは戸惑いぎみに小声で言った。そこでさらに、「ああ、それで食べないの？」と聞くと、「うん、まあそやね」と適当な感じで返して、黙ってしまった。[24] 筆者にはこの返事は会話を早く切り上げたいようなトーンに聞こえた。次の話題を始めると再びほがらかに会話を続けてくれたが、一瞬雰囲気が変わった様子はいまもはっきりと覚えている。

このやりとりからわかることは、まず、Aさんにとってクッキーは食べるための食品だということだ。今回は足の調子が悪いという非常事態だったが、このクッキーは平時から食していることからも明らかである。次に食パンだが、「食べ物がないからね」というAさんの発言を言葉どおりに受け取れば、この食パンは食べるための食品とは見なされていない。食パンは食べないのかという筆者の問いかけに対するAさんの表情、しぐさ、間などからは、食パンを食べることは考えもしなかった、とでもいうような「驚き」が感じられる。さらにAさんの「そやね。食べるなら、小分けにして……」という返事は、Aさんが心からそう考えているというよりも、何かその場の会話を差し障りなく成立させようとしている印象を受けた。何より、いつもテンポよく会話のやりとりを続けるAさんが戸惑いぎみに小声で話す姿こそが、この食パンが食べるための食品ではなく、ため込むための食品と理解している様子を物語っているようにみえる。

もう一つ重要なことは、Aさんは少なくとも試食販売の仕事をしていたころから家に食品をため込んでいたという事実である。当時は仕事のついでに、ため込むための食品をスーパーで購入してによってすべてなくなってしまい、継続してもっているモノは一つもない。[26]

ではいたという。[25]そのときにため込んでいたモノは、これまでに経験した引っ越しや火事、片づけ作業によってすべてなくなってしまい、継続してもっているモノは一つもない。[26]

では、ため込むための食品は何を意味しているのだろうか。Aさんにため込むための食品について尋ねると、「その食品にまつわるスーパーでの他者との思い出話」を興奮ぎみに繰り返し語り始める。例えば箱買いしたペットボトルの場合、重いペットボトルを購入するために、「お兄さん悪いけどそれ、このカートの下に載せて」とスーパーの店員に声をかけ、重いが大丈夫かと心配されながらカートに載せてもらったという。レジの店員にも事情を話して、カートに乗せたまま精算をすませ、持ち帰るまでのやりとりを細かく聞かせてくれた。[27]あるいは特売で見つけたクッキーの場合、スーパーにいた友人や顔見知りに「あっ、それいい！　どこにあった？」とうらやましがられ、どこに陳列されていて、どのように発見したのかをレクチャーした様子を聞かせてくれた。[28]満足そうに話すAさんの姿からは、Aさんにとってこの出来事がどれほどうれしく、自慢できるものだったのかが想像できる。こうした語りに表れるのは、他者と積極的にコミュニケーションを図る、望ましい自己の姿と捉えることができるだろう。ため込むための食品は、望ましい自己の記憶を想起させる「枠」として機能する様子が見て取れる。「枠」をもつモノを家にため込むということは、望ましい自己を実現できた「証し」をため込むことにほかならない。Aさんがため込んでいるのは、この証しではないだろうか。望ましい自己を実現したという事実は、通常、記憶によってしかとどめることができない。しかし、Aさんはその証しをモノという、形ある対象に具現化し、確実に記憶を保管しようとしているのではないか。それはいちいちどの食品にどの記憶が保管されているかわからなくても、大した問題ではない。むしろAさんにとって重要なのは、家が証しであふれることだろう。そのため、Aさんは保管方法や置き場所よりも、捨てないことを重視すると考えられる。

また、Aさんのため込み行為が試食販売員だったころからおこなわれていた事実は、ため込み行為が「試食販売員だったころの望ましい自己」や「他者との関わり」の代償行為ではないことを示している。すなわちAさんが求めるのは、かつての望ましい自己ではなく、現在も望ましい自己であり続けることだとわかる。社会学者の石川准は、自分に価値があることを示し続けようと躍起になる様子を「存在証明」という言葉で表現した[29]。Aさんの行動は、日々社会から問われる存在証明の要求に望ましい自己を示し続けることで応え、価値ある自己を確認して自尊心を保とうとする、アイデンティティー確立の行為と捉えることができるだろう。そのため、Aさんが食品をため込もうとする欲求は途絶えることがないのである。Aさんにとって、家とスーパーは明確に異なる機能を有している。スーパーは、他者と関わりをもち、望ましい自己を実現する場所といえる。家は、望ましい自己を実現した証しをため込み、安心感を得る場所である。この二つの機能が備わることで、Aさんはアイデンティティーを確立していると考えられる。

5　廃棄を通して構築されるアイデンティティー

家にため込む食品に重要な意味があるのならば、なぜ、Aさんは片づけ作業を許可したのだろうか。片づけ作業中もＡさんは、ため込む食品について積極的に不要の意思を示すことはなかった。周囲に促されて食品を捨てる様子からは、食品を大切なモノと認識する姿勢に変わりはないようにみえた。それにもかかわらずＡさんは、筆者が関わるようになってから三度の大きな片づけ作業を経験している。そのたびにほぼ食品がない状態まで家を片づけ、再びごみ屋敷状態に戻ってきた。ここでは、食品を捨てることで構築されるアイデンティティーを提示する。

片づけ作業後のＡさんの反応を整理すると、次の四つの傾向がみられる。

一つ目は、家がきれいになったことを喜んでいることである。例えば、食品を片づけることで、腐っていた畳を張り替えたり、電気の工事ができるようになった。Ａさんは新しい畳のイグサのにおいが心地いいと笑い、家のテレビでニュースを見られると喜んでいた。そんなＡさんに、いまの状態はどうかと尋ねると「やっぱりいいね！　あはは(30)」と笑う。片づけ作業以前の暮らしは、確かに望ましい自己の証しにはあふれていたが、電気が使えなかったり、腐った畳のせいで家のなかを歩くのが困難だったりと、Ａさんにさまざまな制約を与えていたことは確かである。Ａさんの喜ぶ姿からは、家に食品をため込むことで安心感を得ながらも、同時にさまざまな物理的制約を受け入れざるをえないジレンマを抱えていた様子を垣間見ることができる。

二つ目は、片づけ作業について否定的な印象をもっていないことである。Ａさんは片づけ作業について、笑いながら以下のように語ってくれた。

　でもだから大変だった。この前〔の片づけ作業時には〕いろんな人が一気に来て「あれは〔要る〕？　これは〔要る〕？」って聞いてきたから、ちょっと待ってって。私は一人しかいないから、って感じになったよ。[31]

Aさんにとって片づけ作業は「いろんな人が一気に来て」、いろいろとAさんに「聞いて」くる作業であり、多くの他者とコミュニケーションを図る時間と捉えている様子がわかる。それは、Aさんが求める望ましい自己の姿に近いものだろう。したがって、Aさんにとって片づけ作業の記憶はネガティブなものではなく、笑いながら語ることができる記憶なのだと解釈できる。

三つ目は、Aさんの関心は廃棄した食品ではなく、家のなかに「残されたモノ」に向いていることである。大切な食品を捨てられて寂しくないかとAさんに問うと「そうね。みんなにはごみでも、私には大事なモノだったからね。ちょっとは寂しいけどね。でも大丈夫」[32]と答え、それ以上廃棄した食品について語ることはない。そのかわりに、片づけ作業の結果残されたモノに関して、興奮ぎみに繰り返し語り始める。具体的には「残されたモノにまつわる他者との思い出話」である。例えば、片づけ作業時に社協職員にこんなふうに和室を片づけて食品を並べてもらったという話をしてくれた。あるいは、カーテンを取り付けようとしたところ、カーテンレールがないことに気付き、レールがわりの棒を社協職員に取り付けてもらったという話などもしてくれた。[33]こうした語りに表れるのは、片づけ作業時の社協職員との関わりを通して実現した、望ましい自己の姿といえる。つまり残されたモノは、望ましい自己の記憶を想起させる「枠」であり、「枠」をもつモノを家に残すことは、望ましい自己の証しをため込む行為に等しい。それは、これまでため込んでいた食品に代わって、Aさんに安心感を与える対象といえるだろう。そのためAさんの関心は、廃棄した食品以上に残されたモノに向き、片づけ作業を否定的に捉えなかったのではないか。

四つ目は、片づけ作業後のAさんの生活や思考は、作業前と変わらないことである。片づけ作業から約一週間後、Aさんに生活は変わったかと尋ねると「変わらないね」と笑い、早く買い物にいきたいと話していた[34]。家の状態は大きく変化しているにもかかわらず、なぜ生活は変わらないのだろうか。これまでAさんは、日々社会から問われる存在証明に応えるためにスーパーに通い、望ましい自己を示し続けてきた。片づけ作業も同様に、望ましい自己を実現する場であり、残されたモノが証しとして機能していた。しかし、片づけ作業は日々繰り返される行為ではない。一度限りのイベントである。すると、日々の「存在証明」に応えるためには、再びスーパーで望ましい自己を実践する必要がある。そのため、Aさんはスーパーへ通う生活に戻り、ごみ屋敷化を繰り返してきたと理解できる。加えて強調したいのは、Aさんは社協職員のことを好意的に捉えているが、社協職員に会うことを目的にモノをため込んでいるわけではない。なぜなら、片づけ作業の前後で、スーパーやため込むための食品に関する認識や語りに変化がみられないからである。あくまでAさんにとって重要なことは、望ましい自己の実現によるアイデンティティー構築作業だと考えられる。

Aさんは社会的に孤立/断絶しているために、ごみ屋敷状態なのではない。他者や社会のなかで生きる価値ある自己を確認し、アイデンティティーを構築したいからこそ、ごみ屋敷状態になる。しかし、食品を捨てることでジレンマを解消でき、ため込んでいた食品に代わって新たに望ましい自己の証しを手に入れられる場合、家にため込むモノをごみと捉え、捨てることを許可したと解釈できる。ところが片づけ作業は一時的なものであり、Aさんが引き続きアイデンティティーを構築するためには、スーパーへ出かける生活が欠かせない。そのため家の状態が大きく変化しても生活は「変わらない」のである。Aさんは食品そのものが大切なのではない。その背後に存在する、アイデンティティーを構築する行為が大切なのである。そのためにAさんはモノをため込み、ときに捨てながら、他者や社会のなかで生きることを望むのだろう。

おわりに

Aさんはかつて活躍したスーパーで、現在も価値ある自己を実感するために、他者とコミュニケーションを図り、望ましい自己の実現に努めていた。そして、望ましい自己を実現した記憶が刻まれた食品を証しとして家にため込み、確かなアイデンティティーを確立しようとしていることを明らかにした。ここでは既存研究で論じられていた、社会的孤立／断絶とは異なる視点から、当事者がモノをため込む理由を提示した。

私たちにとってAさんの家がごみ屋敷に見えるのは、本来食品がもつ「飲食」という機能に照らして価値を判断するためである。そのとき、食品はごみになる。しかし、Aさんにとって家にため込むための食品は、望ましい自己を実現した証しであって、食べることを目的にしない。第2章でも紹介したとおり、ケビン・ヘザーリントンは、たとえ役に立たないモノや経済的に価値がないモノであっても捨てることができない理由の一つは、そのモノが心情的価値をもつからだと述べている。[35] ヘザーリントンは心情的価値に関してそれ以上言及していないが、ここでは彼の視点から着想を得て、機能の有無にかかわらず、モノに与えた個人的な思い出や意味に対する価値を心情的価値と定義する。するとAさんにとって食品は、望ましい自己を実現した証しという心情的価値をもつことになる。このとき、Aさんがため込む食品はモノと分類できる。

環境社会学の小松洋は、ごみを「所有者が不要と認識し、負の価値を付与し、所有権を放棄した（とみなされる）もの[36]」と定義している。確かにAさんには不要概念があり、負の価値を認める対象があった。しかしAさんは、食品を捨てることでジレンマを解消でき、新たに望ましい自己の証しを得られる場合は、食品をごみと捉え、捨てた。このときAさんがごみと見なした食品は、心情的価値を失い、不要の認識を与えられ、負の価値をもったのだろうか。そうではないだろう。食品に込められた心情的価値そのものに変化はないが、それを捨てることが、新たな環境を得るために必要だったのではないか。新たな環境を得るために「必要な存在」としての、ごみの側面を捉えることができるだろう。

さらに、モノをごみへと捉え直すAさんの行為が示唆するのは、モノとごみの境界は、ある観点に照らさなければ生まれないということだ。Aさんにとってモノとごみの境界は、アイデンティティー構築という目的に応じて可変する。すなわち、本質的にモノ／ごみといえる対象は存在しないことになる。第2章で取り上げたメアリ・ダグラスは、無秩序で嫌悪を込めて排除される存在の「汚物」が、しばしば「災いの象徴」にも「能力の象徴」にも見なされるあいまいさをもつことに着目している。[37]それは無秩序のなかにあいまいさがあるということではなく、そもそも、秩序と無秩序の境は、どちらにも転びうるあいまいさや怪しさがあるという意味だと解釈できる。私たちにとって、心情的価値をもつモノを所有したり、ごみとして捨てたりする行為は、単に不要／必要という意味づけを与える行為にとどまらず、私たちが求める生き方を実現するために必要な一つの手段として捉えることができるだろう。

Aさんに心情的価値がみられるということは、第2章のヘザーリントンやニッキー・グレッグソンらが示したモノとの間に構築される心情・アイデンティティー、関係性と関連する価値が、ごみ屋敷の当事者にもみられることを示している。[38]ヘザーリントンやグレッグソンらはそれを、いわゆる「ふつう」の人々のなかに見いだし、それはモノに対して抱く「ふつう」の状態と理解した。一方、Aさんは「ふつう」と見なされることは少ないだろう。では何が「ふつう」ではなかったのか。この疑問は、第1節でレプセルターの論文に抱いた二つ目の疑問とも重なる部分がある。すなわち、レプセルターの分析によれば、メディアでは当事者が社会と再接続する方法として、モノと感情の間に境界線を引く必要があるといわれていることだ。しかしながら、そもそも人間はこうした境界線を引くことが可能なのだろうか。ごみ屋敷の当事者以外にも、モノと感情の境があいまいな事例が存在するにもかかわらず、なぜ私たちは当事者のモノを「ごみ」と認識するのだろうか。第9章で引き続きこの疑問について考察を深める。

注

(1) 正式名称は「京都市不良な生活環境を解消するための支援及び措置に関する条例」。

(2)「朝日新聞」二〇一五年十一月十三日付夕刊、「読売新聞」二〇一五年十一月十三日付夕刊、「毎日新聞」二〇一五年十一月十三日付夕刊

(3) 前掲「朝日新聞」二〇一五年十一月十三日付夕刊

(4) Susan Lepselter, "The Disorder of Things: Hoarding Narratives in Popular Media," *Anthropological Quarterly*, 84(4), The George Washington University Institute for Ethnographic Research, 2011.

(5) 前掲『特殊清掃会社』、前掲『ゴミ屋敷奮闘記』

(6) 玉川貴子「「死者の写真」にみる哀悼の停止――震災から10年経た家族の死と写真」、樽川典子編、あしなが育英会協力『喪失と生存の社会学――大震災のライフ・ヒストリー』所収、有信堂高文社、二〇〇七年

(7) 田中宣一『供養のこころと願掛けのかたち』小学館、二〇〇六年

(8) スーザン・レプセルターの論文にも、日常生活でモノと感情の境界が混ざり合う場合があることについて、一部記載がある（Lepselter, op. cit., p. 931）。しかしながら詳しい記述はなく、その詳細は不明瞭である。

(9) モーリス・アルヴァックス『集合的記憶』小関藤一郎訳、行路社、一九八九年（原著初版一九五〇年、改訂増補版一九六八年）

(10) X市は人口約四十万人の地域であり、交通の便がいいベッドタウンである。高齢化率は約二〇％、自治会加入率は約五〇％を切っている。これらの情報は二〇二二年九月二十三日にX市ウェブサイト

から入手した。可能なかぎり調査当時の一六年ごろのデータを使用しているが、一部、二二年時点のデータも含む。匿名性を保つために引用元のURLなどは記さない。

(11) 二〇一六年二月九日調査から。

(12) 二〇一六年二月十六日調査から。

(13) 例えば、二〇一六年三月十五日、三月二十二日、四月五日、五月三日、十二月十二日調査など。

(14) 二〇一五年六月四日調査から。

(15) 二〇一六年二月十六日調査から。

(16) 二〇一五年六月四日調査から。

(17) 二〇一六年二月二十三日、四月十九日調査から。

(18) 二〇一六年三月二十九日、五月十日、十月二十五日調査から。

(19) 二〇一六年五月十七日調査から。

(20) 二〇一六年二月二十三日調査から。

(21) 二〇一六年二月二十三日調査から。

(22) 二〇一六年十月三十一日調査から。

(23) 二〇一六年五月十日調査から。

(24) 二〇一六年六月七日調査から。

(25) 二〇一六年九月六日調査から。

(26) 二〇一六年四月二十六日、八月三十日調査から。

(27) 二〇一六年四月十二日調査から。

(28) 二〇一六年三月十五日調査から。

(29) 石川准『アイデンティティ・ゲーム――存在証明の社会学』新評論、一九九二年
(30) 二〇一六年六月二十八日調査から。
(31) 二〇一六年六月二十八日調査から。
(32) 二〇一六年六月二十八日調査から。
(33) 二〇一六年六月二十八日調査から。
(34) 二〇一五年九月十一日、二〇一六年六月二十八日調査から。
(35) Hetherington, op. cit., p. 166.
(36) 前掲「社会的問題としてのごみ問題」一三三ページ
(37) 前掲『汚穢と禁忌』
(38) Hetherington, op. cit., Gregson, Metcalfe and Crewe, op. cit.

第9章　モノとごみの境界
——機能的価値／心情的価値／可能性的価値

はじめに

第8章では、ごみ屋敷の当事者Aさんの事例に焦点を当てて当事者がため続けるモノの意味を明らかにし、人間にとってのモノとごみの概念を再考してきた。Aさんにとってため込む食品は、望ましい自己を実現できた証しという心情的価値（モノに与えた個人的な思い出や意味に対する価値）を有していた。だから、Aさんにとって食品は、賞味期限が切れていても、腐っていても、虫が湧いていても、大事なモノなのである。

確かに、Aさんが腐って虫が湧いた食品を「大切なモノだ」と言いきる様子を初めて見たときは、戸惑いを隠せなかった。だがよく考えてみると、私たちは誰しもが「Aさんにとっての食品のようなモノ」を持ち続けてはいないだろうか。例えば、筆者は「ちゃあむぱん」と名づけたウサギのぬいぐるみをもっている。筆者が生まれたときに父の友人がプレゼントしてくれたもので、筆者は生まれた瞬間から気に入ったらしい。ほかのぬいぐるみはベビーベッドの隙間から突き落とし、ちゃあむぱんだけをいつも持っていた。どこに行くときも何をするときも常に一緒だった。そのため、ちゃあむぱんはいつの間にか表面のタオル地が破れて中身の綿だけになり、色は真っ白から薄汚れた灰色になり、目玉や口はなくなり、毛玉だらけになった。もはや、ウサギのぬいぐるみとしての原形はなく、汚れた綿の塊かボロ雑巾にしか見えなくなった。周囲の大人たちは「これはもはや、ぬいぐるみとしての機能を果たしていない」からと、別の新品のぬいぐるみにすり替えようとしたり、ぬいぐるみらしくするための大修理を施そうと画策したが、幼い私は断固拒否した。周囲の大人にとってはごみにしか見えないそれは筆者にとっては大事な相棒であり、自分の一部のような存在だった。筆者にとってちゃあむぱんは、紛れもなく心情的価値にあふれたモノといえる。ほかにも例を挙げるとすれば、第1章の冒頭の「壊れた時計」も同様である。壊れた時計であってもそれが祖父の形見であれば、祖父との思い出という心情的価値があふれている。だから多くの人はそれをごみとは呼ばず、持ち続けることを納得するだろう。Aさんにとっての食品、筆者にとってのちゃあむぱん、壊れた時計。これらはどれも心情的価値を有するモノである。それではなぜ、同じ心情的価値をもつモノでも、Aさんの食品はいわゆる「ふつう」とは見なされないのだろうか。モノとごみの境界はどこにあるのだろうか。

　そこで本章では二つの点に着目し、モノとごみの境界について明らかにすることを目的にする。

一つ目の着目点は、モノの価値の整理である。第2章で紹介した先行研究からは、モノとごみの境界判断には、心情・アイデンティティー・関係性に関連する価値を含めた多様なモノの価値が関係している様子がみえてきた。そして、第8章では「心情的価値」の存在を明らかにした。本章では、心情的価値をはじめとしたモノの価値の概念をさらに掘り下げる。

二つ目の着目点は、モノやごみをめぐる「ふつう」に関する認識の考察である。Aさんの心情的価値をもつ食品は、なぜ「ふつう」とは見なされないのかを検討する。以上の二点について、いずれもAさんと周囲の人々のやりとりに着目しながら検討する。そして、第2章の「モノの価値」の議論に引き付けて、モノとごみの境界についてまとめる。

したがって、本章では第8章のフィールドワークとインタビューに加えて、二〇一五年から一六年におこなった以下のインタビューを踏まえて分析する。すなわち、Aさんのことを知る社協職員二人（予備調査として実施した。約一時間半、グループ・半構造化インタビュー）、Aさんの近隣の人々二人（約三十分、グループ・非構造化インタビュー）、ボランティア七人（約一時間半、グループ・半構造化インタビュー）である。ボランティアはAさんと知り合いではないと思われるが、X市でほかの人のごみ屋敷の片づけや当事者のサポートをおこない、ごみ屋敷の当事者と深い関係を構築しているため、参考になると考えインタビューを実施した。なお、以降はX市社協職員、ヘルパー、ボランティア、隣人、友人、知人など、Aさんに関わる人々を総称して「周囲の人々」と表現する。

以上のフィールドワークとインタビューをもとに、モノの価値の観点から分析した。具体的には、すべてのフィールドワークとインタビューについてスクリプトを作成し、それぞれの概念をコーディングし、それらの関係を調べた。なお、個人のプライバシーに関わる重要な内容に関しては、必要に応じて加工したうえで使用している。

1　モノの三つの価値

一つ目の着目点である「モノの価値の整理」から始めよう。具体的には、Aさんの家に堆積するものに対するAさんと周囲の人々の「認識の一致と対立」に着目していく。ここでいう認識の一致と対立とは、Aさんの家に堆積する対象について、モノかごみかという認識が、Aさんと周囲の人々の間で一致するのか対立するのか、ということである。第8章の冒頭で、ごみ屋敷とは何がモノで何がごみなのかという「モノとごみの境界が問われる現場」にみえると述べた。ごみ屋敷の当事者と周囲の人々の認識の一致と対立をひもとくことで、私たちがもつモノの価値に関する意識をつまびらかにできるのではないかと考えた。

Aさんの場合、認識の一致と対立が最も顕著に表れるのはヘルパーによる掃除のときや、社協職員との片づけ作業をしているときだった。掃除や片づけ作業とは、Aさんに一つずつモノを見せて、要るか要らないかコミュニケーションを図りながらモノを整理する作業である。実際の様子は第8章の第3節で述べたが、ここでは異なる事例を紹介する。以下は、Aさんとヘルパーが庭の掃除をしていたときの様子である。

ヘルパー：新聞捨てるよ？〔汚れていた。〕
Aさん　：うん。捨てて。
（略）
ヘルパー：これはなんだろ？　マグカップ。
Aさん　：これは要る。
ヘルパー：要るね。
（略）
筆者　：なんか、このオレンジジュースのパック、ぶよぶよになってる。〔オレンジジュースの紙パックが膨張していた。未開封だったが、甘い香りにつられてコバエが集まっていた。〕
ヘルパー：ほんまや。二〇一五年だよ。捨てていい？〔賞味期限が二〇一五年である旨を指摘している。調査時は一六年四月。〕
Aさん　：大丈夫。もとからね、こんなんだった。
筆者　：そう？　二〇一五年十二月三十一日だよ。去年の年末。
Aさん　：大丈夫。
ヘルパー：ヨーグルトもあるよ。
Aさん　：とっとく[1]。

掃除や片づけ作業時には、いつもこのようなやりとりが繰り返される。なお、モノかごみかの認識が周囲の人々と「一致するケース」とは、この例では新聞やマグカップのようなケースを指す。Aさん／周囲の人々ともに、新聞はごみ、マグカップはモノと理解している。「対立するケース」とは、この例ではオレンジジュースの紙パックやヨーグルトのようなケースを指す。いずれもAさんはモノ、周囲の人々はごみとして理解している。

機能的価値

それでは、Aさんと周囲の人々のモノかごみかに関する認識が一致するケースから注目していこう。Aさんと周囲の人々がごみという認識で一致した対象には、例えば冷たくなったカイロ、濡れて汚れてしまった手紙、虫がたくさんついているチラシ、底が抜けた靴、飲み終わった薬の袋、空のキャットフードの缶詰、使用ずみ段ボールなどがあった。一方、モノという認識で一致した対象には、缶切り、手紙、スーパーのポイントカード、水浸しになった洋服や靴下、買ったばかりの焼き芋などがあった。種類に統一性はないものの、これらの対象にはある共通の特徴を見いだすことができる。それは、そのモノがもつ機能が現存しているか否かである。その様子は、例えば以下のようなヘルパーの語りに端的に表れている。

「あ、これ［キャットフード］は空やから捨てていいね⁽²⁾」「［庭の掃除中に］うわ、びしょびしょ。ああ、これ洋服や靴下や。ああ、これはいいわ、洗えば使えるね。家のなかに入れようね⁽³⁾」

本書では、モノがもつ機能面に対する価値を「機能的価値」と名づける。すると、機能的価値がないものをごみ、機能的価値があるものをモノと分類していることがわかる。機能的価値に照らせば、冷えたカイロは温めるという機能を終えている。濡れて汚れてしまった手紙は読むことができない。そのため、ごみになる。濡れた洋服や靴下は、穴が開いているわけでもなく新品に近い状態だった。したがって、着る/履くという洋服や靴下の機能を失っているわけではなく、洗って乾かせば着用できる。買ったばかりの焼き芋は食べることができる。したがって、モノになる。周囲の人々は、ほとんどの対象を機能的価値から判断し、Aさんに捨てるように促したり、保管させたりしようと行動していた。Aさん自身も、食品以外のほとんどのモノについては機能的価値の観点からモノ/ごみの判断を下している。実際にAさんは、ヘルパーに床の掃き掃除をしてもらえることを喜んでいる。それは、掃き掃除で回収される対象がキャットフードのかす、砂利、畳の切れ端などがほとんどであり、これらに機能的価値はないからだと理解できる。そのため、自分から「そこの段ボールの下も掃いてほしい」と指示を出すことも多々あった。[4] また、Aさんは他人のモノについても機能的価値の観点からモノとごみを区別していた。例えば調査者がティッシュで鼻をかんだときに、「ああ、そのごみあっちに捨てたらいいよ」と、ヘルパーが設置したごみ箱を指さしたこともあった。[5] この言動も、使用ずみのティッシュには機能的価値がないため生まれたものと考えられる。

心情的価値

Aさんと周囲の人々の認識が最も対立する対象は食品だった。周囲の人々はAさんの家にため込まれる食品のうち、賞味期限切れのもの、腐っているもの、カビが生えているもの、異臭がするもの、虫が湧いているもの、泥だらけ・水浸しになっているものなど、食べるという機能的価値を失った食品をごみと捉えていた。しかしAさんはそれらの対象を「大切なモノ」と主張した。

その理由は第8章で示したとおりで、Aさんは日頃から他者と良好なコミュニケーションを図ることを「望ましい自己の姿」だと考え、日々実践することを試みていた。具体的には、毎日スーパーに出かけ、食品購入時に多くの人と話したり、交流を図る行為を通して望ましい自己の実現を目指していた。家にため込む食品には、この望ましい自己を実現した記憶が刻まれていた。本書では第2章のケビン・ヘザーリントンの研究[6]に着想を得て、Aさんのように、モノに与えた個人的な思い出や意味に対する価値を「心情的価値」と名づける。Aさんにとって食品は、機能的価値をもつ食べるためのモノではなく、望ましい自己を実現した証しという心情的価値をもつモノなのである。

可能性的価値

食品以外にも、Aさんと周囲の人々の認識が対立した対象があった。それは赤い傘である。赤い傘は壊れているわけではなく、傘としての役割を十分果たすことができる状態だった。したがって赤い傘は十分な機能的価値を有していて、汚れもなく清潔で、おしゃれなデザインでもあった。そのため、周囲の人々はそれをモノと見なして誰も捨てなかった。しかし、この傘を目にしたAさんは「これも捨てる」と言い、躊躇なく捨てた。まだ使えることを示しても、ためらうそぶりはなかった。[7]後日、再び片づけ作業をした際、今度は白い傘が出てきた。それは赤い傘よりもずっと古く、汚れていて、安物だった。しかしAさんは「あっ、あったー！　使いやすいビニール傘」と言い、保管した。[8]

ここでAさんはなぜ赤い傘を捨て、白い傘を保管したのだろうか。それはAさんが赤い傘に対して、今後使う可能性を見いだせなかったからではないだろうか。あるとき、Aさんは筆者に、傘をさすことがどれほど大変か話してくれたことがあった。[9]確かに、手にしびれをもつAさんが傘を持つことは骨が折れる作業だろう。特に赤い傘は頑丈で重さもあったため、なおさら使い勝手が悪かったと考えられる。つまり赤い傘は機能的価値を有しているものの、この先使う可能性を見いだせなかったのではないだろうか。モノの機能面からみた「使えるかどうか」ではなく、この先「使うかどうか」という観点からモノの価値を判断しているようにみえる。モノを所有することで得られるだろう未来の可能性に対する価値を「可能性的価値」と名づけるならば、赤い傘は可能性的価値がないためごみと見なしたのではないか。

ただし、この可能性的価値については、もう少し丁寧な考察が必要になる。それは、同じ可能性的価値であっても、赤い傘とは異なるタイプの事例が見受けられたためである。それは、小さなトレイや楊枝などの試食品販売用の道具だった。第8章で提示したとおり、Aさんは二十代から約四十年間スーパーで試食販売の仕事をしていた。Aさんにとって試食販売の仕事は、望ましい自己を達成できる理想の環境だった。周囲の人々も、Aさんが試食販売員だったころを誇りに思っていることを知っていた。そのため、これらの道具はAさんにとって心情的価値があるモノと判断し、捨てなかった。Aさんもこれらを保管することに反対しなかった。だが、Aさんの言動を分析すると、これらの道具に対しては可能性的価値を見いだしていたようにみえる。現在Aさんは無職で、体力的事由から仕事をすることは難しい。それでも「私まだまだ、また働きたいと思ってるからね」[10]と述べ、この先も、試食販売の仕事をすることに前向きである。また食品とは異なり、これらの道具に関して思い出を語る機会は一度もなかった。ここから、Aさんにとって試食販売用の道具はこの先の未来も望ましい自己を実現する「可能性を保証」する存在と考えられる。望ましい自己を実現した過去の記憶は、再び試食販売の仕事に就けば望ましい自己を実現できるという、未来の可能性を想像させるだろう。未来の可能性をつぶすことなく、その余地を残すという意味である。このように未来の自己の可能性を保証するという観点から、モノの価値を判断したようにみえる。

同様の事例はごみ屋敷の当事者に関する先行研究からも多数見つけることができる。[11]例えばランディ・O・フロストとゲイル・スティケティーは、料理の本や料理記事の切り抜きをため込む当事者について記している。当事者はそれらを使うことはほとんどないが、それらをもっているだけで、自分が料理をしているところや、料理上手な自分を想像して楽しむことができるという。当事者にとってそれらを捨てることは、夢を捨てることを意味すると述べる。[12]フロストとスティケティーは、可能性についても以下のように言及している。

たいていの人は、定期的に使うものを取っておき、それ以外は捨てる。モノから喜びを得るのはそれらを使うことによってであり、モノの価値はそこで決まる。一方アイリーン〔ごみ屋敷の当事者〕は、使わないものを取っておくのだ。彼女が喜びを見出すのはそれらの使い道で

はなく、それらの「可能性」である。(13)

筆者にとってこの指摘は大変示唆的だった。概念の精緻化をおこなううえで重要なヒントを得たことを記しておく。

Aさんの事例では、赤い傘と試食品販売用の道具はいずれも未来の可能性に価値を置いていた。しかしながら、赤い傘の場合は「使うかどうか」、試食品販売用の道具は「可能性を保証する」という観点に重点が置かれていることに注意が必要である。使うかどうかという観点は、その「モノ」を今後使う可能性に価値が置かれている。一方、可能性を保証するという観点は、モノに投影される未来の「自己」の可能性に価値が置かれている。本章では、モノを使う未来の可能性に対する価値を「モノに対する可能性的価値」と名づける。そして、モノに投影される未来の自己の可能性に対する価値を「自己に対する可能性的価値」と名づけて区別する。

加えて、可能性的価値と機能的価値の関連性についても言及しておかなければならない。基本的に可能性的価値を見いだすモノは同時に機能的価値を有すると考える。なぜならば、そのモノが機能を有していなければ、可能性を見いだすことは不可能だからである。特にモノに対する可能性的価値は、そのモノが機能的価値をもつからこそ生じる価値といえるだろう。ここから、機能的価値、心情的価値、可能性的価値（単に可能性的価値と表記した場合、モノに対する可能性的価値と自己に対する可能性的価値の両方を指す）というモノの三つの価値は、三つのうちの一つの価値をもつ場合や、複数の価値を同時にもつ場合など、さまざまな組み合わせが存在することが理解できるだろう。

表9-1　モノの3つの価値の特徴

	機能的価値	心情的価値	可能性的価値	
			モノに対する	自己に対する
時間軸	現在	過去	未来	未来
価値を見いだす対象	モノ	自己	モノ	自己
価値認識の視点	客観的	主観的	主観的	主観的

モノの三つの価値の特徴

Aさんと周囲の人々の分析を通してみえてきた「モノの三つの価値」は、三つの観点から特徴を整理できる。

一つ目は、時間軸である。機能的価値では、対象が「現在」使えるか否かに、心情的価値では「過去」の記憶に、可能性的価値では「未来」の可能性にそれぞれ焦点を当てている。

二つ目は、それぞれの価値を見いだす対象である。機能的価値とモノに対する可能性的価値では、モノがもつ機能や、そのモノを今後使う可能性など、「モノ」に価値が置かれていた。一方、心情的価値と自己に対する可能性的価値では、モノに投影される過去や未来の「自己」に向けて価値が置かれていた。

三つ目は、価値認識の視点である。機能的価値は、多くの人が同様の判断を下す「客観的な価値」であるケースが多いと考えられる。一方、心情的価値や可能性的価値は、人によって判断が異なる「主観的な価値」であると区分できる。そのため、他者がその価値の有無を推測することや理解することは難しく、認識の不一致が生じる可能性が高いと考えられる（表9―1を参照）。

2 「ふつう」に関する複雑な思い

続いて二つ目の着目点である、モノやごみをめぐる「ふつう」に関する認識の考察をおこないたい。具体的には、Aさんが食品をため込む行為に関する、周囲の人々とAさん自身の認識をそれぞれ検討する。

周囲の人々の認識――一定の共感

Aさんがため込むモノを見たとき、周囲の人々が最も頻繁に口にするのは、機能的価値がないモノを保管することについての「違和感」だった。ある人は、外に放置されたペットボトルを見て、「こんなペットボトルとか、日光に当たって絶対飲めへん」[14]と言う。また、「それでも本人に聞くと要るって、大事って言うけど。使えへんやん！　こんなんねえ、家の外に置いておいたら、直射日光当たってるし、お米だってご飯炊かないでしょう？　猫の缶詰〔キャットフード〕もねえ、虫湧いてるし」[15]と述べる。その発言には、日々臭いや害虫の問題と向き合わざるをえない、周囲の人々の強い実感が込められていた。当然のことながら、ときには語気が強まることさえあった。真剣な口調や表情からは、その思いがひしひしと伝わってきた。

しかしながらここで興味深いのは、周囲の人々は違和感を訴えると同時に「一定の共感」を示す発言をしていることである。例えばある人は、どれほど家の周りが不衛生になって困っているか、違和感を覚えているかを訴えながらも、「まあね、わかるよ。私たちも捨てられへんものあるけど」[16]と、語気を弱める。あるヘルパーは、以下のようにすべてを捨てる必要はないことを主張し、モノをため込むことへの一定の理解を示していた。

> すべてを捨てちゃうと、また寂しいからね。そうじゃなくて、生活ができる程度に整えてあげればいいかなと思ってます。多少ね、いろいろあっても、本人がね、ちゃんと生活できて、周りからもね、いろいろ言われない状態ならそれでいいかなって。だから全部は捨てないで。[17]

同様に、あるボランティアも、モノをため込む当事者に対して、「まあいいじゃない、とりあえず置いといたら」と言ったことがあるという。[18]それは、ため込むモノが腐るような対象ではなかったこと、また、当事者も元気だったことから、理解を示す発言をしたという。このような当事者への一定の共感は、当事者と深い関わりをもつ周囲の人々の間でたびたびみられた。

当事者への一定の共感が示すものはいったいなんだろうか。それは、周囲の人々も「機能的価値はないが、心情的価値（あるいは可能性的価値）をもつモノ」を有していることを示しているようにみえる。自分も同様のモノをもっているからこそ、当事者が価値あるモノだと言いきる気持ちに共感を示しているのである。Aさんの家に堆積する食品が、完全にごみとは言いきれない側面も一定程度理解しているようにみえる。ただしポイントは、ここで示しているのが一定の共感であって、完全な共感ではないことだろう。一定の共感を示しながらも、Aさんがため込む食品に対して違和感を示し、それが「ふつう」ではないことを主張し、ため込む食品が限りなくごみに近しい存在と認識している。周囲の人々の発言からは「わからないけれど、わかる。わかるけれど、わからない」というような、なんとも複雑な心境を強く感じた。

Aさん自身の認識——矛盾する言動

それではAさん自身は、自らの家の状態やため込む食品についてどのように思っていたのだろうか。Aさんも自分の家の状態が決して「ふつう」ではないことを自覚していた。例えば、片づけ作業終了時、Aさんは筆者に向かって以下のように声をかけてくれた。「若い人なのにごめんね、こんなところ。いやでしょ[19]」。あるいは、筆者がAさんに、なぜ片づけ作業を決意したのかを尋ねると、社協職員に「ふつう」の生活をしようと言われたからだ、と答えた[20]。「ふつうの生活をしようと言われた」という部分だけを切り取ると、非常にきつい言葉のように感じられるが、そのようなことは決してない。Aさんと社協職員の間には良好な関係が構築されていた。Aさんの発言からは、社協職員の発言によって気分を害したり、悲しい気持ちを抱いたりしたようにはみえなかった。むしろAさんの語り口からは、社協職員の発言を当然のことと捉えている印象を受けた。このようなAさんの発言や口調からは、Aさんの暮らしが「ふつう」ではないことを自ら認める発言と捉えることができるだろう。あるボランティアも、ごみ屋敷の当事者は、家のなかが汚れていたりモノであふれているため、いわゆる「ふつう」ではないことについては自覚があるようだとも述べていた[21]。

ここで着目したいのが、Aさんにみられる「矛盾する言動」である。Aさんの食品に関する発言と行動は、矛盾を来していることが多いのである。例えばAさんは、家で食事をとることはないと断言している。[22]食事は公民館のフリースペースか、スーパーのイートインコーナーでだけするという。ところがヘルパーが家にため込んである食品を片づけようとすると、「なかは大丈夫だから」[23]「うん。あのね、私飲むの」[24]などと言って、これらの食品には機能的価値があり、自分はこれらを飲むつもりだと主張する。しかしながら、実際にAさんがそれらを食していたとは考えられない。もしAさんが本当にそれらを食していたら腹痛を起こしていたにちがいないが、筆者の調査中、Aさんが腹痛などの体調不良を訴えたことは一度もなかった。この矛盾する言動は、Aさんのどのような心情を反映しているのだろうか。それは、Aさんが自己の現状を「ふつう」だとは思っていない気持ちの表れだと考える。Aさんにとってため込む食品は、確かに心情的価値を有するモノである。一方で、どれほど心情的価値を有していようとも、機能的価値がないこれらの食品は、現代社会では完全なモノとは言いきれず、これらをため込むことは「ふつう」ではないことを理解していたと考えられる。それでも大切な食品を保持しつづけるために、そして周囲の人々に食品の保持を納得してもらうために、Aさんはこれらの食品には機能的価値があることを主張したのではないだろうか。このようにモノとしての価値を示すことで「ふつう」にみえるような工夫をおこない、保持への理解を得たかったのではないだろうか。以上を踏まえて、最後にAさんの発言を紹介したい。あるときAさんは、筆者に以下のように語ってくれた。

だから例えば私にとっては、いろんな花の鉢なんかあるやんか。私にとったらごみやねん。私にとったらね。でもその家の人にとったら、その家族にとったら、もちろんごみじゃなくてきれいに咲いてくれて。その考え方と同じで、あの、そこに置いてあるモノは、その住んでる、そこへ住んでる人の要るモノやねん。ごみじゃないねん。うん、そこんとこやねん。それをいちいち言うこと自体が、もうおかしい。そうでしょ?[25]

筆者はこの発言を以下のように理解した。すなわち、例えばある家に花の鉢があったとする。大事に育ててきた花は、その家の人にとっては、心情的価値を有する大切なモノである。一方、そのような思い入れもなく、特別花に関心がない自分にとってはごみである、という内容である。この発言を聞いたとき、Aさんが食品をため込む行為に対して普段感じているもどかしい思いを吐露した、心からの叫びのように感じた。すなわち、心情的価値とは誰もが有する価値観であること、そしてその価値は他者からは理解しえないものであることを主張しているようにみえる。こうして他者にも心情的価値が存在することを示し、自分がため込む食品の価値を認めてほしいと訴えているようにみえた。現代社会では、自らの行為はどこか「ふつう」ではないことを感じながらも、自分の食品には価値があり、大切なモノであることを、強く主張しているように感じた。

ここまで、モノの価値の整理とモノやごみをめぐる「ふつう」に関する認識を考察してきた。次節ではこれらの議論を踏まえ、モノとごみの境界についてまとめてみたい。

おわりに

本章では、二つの点に着目し、モノとごみの境界について明らかにすることを目指してきた。

一つ目の着眼点は、モノの価値の整理だった。Aさんと周囲の人々のやりとりを分析し、モノには機能的価値、心情的価値、可能性的価値という三つの価値が存在する様子を明らかにした。

二つ目の着眼点は、モノやごみをめぐる「ふつう」に関する認識についてだった。Aさんの心情的価値を有する食品のため込み行為に対して、周囲の人々は違和感を示しながらも一定の共感を示していること。またAさん自身も心情的価値は誰もが有することを主張しながらも、「ふつう」ではないことを自認していることを明らかにした。

誰もが心情的価値をもつモノを有しながら、Aさんのため込み行為が「ふつう」と見なされないのはなぜか。以下、二つのポイントを踏まえて答えを出すことにする。

ポイントの一つ目は「範囲の視点」である。すなわち、Aさんは、特定の事象に関係するすべてのモノに対して、あるいは所有するすべてのモノに対して心情的価値を見いだすため、「ふつう」とは見なされないのだと考える。

ポイントの二つ目は「価値の放棄」と「機能的価値への集中」である。現代社会で私たちが「ふつう」であるためには、たとえそのモノに価値が残っていたとしても「価値を放棄する能力」が求められているようにみえる。とりわけ、機能的価値に集中し、心情的価値や可能性的価値を放棄する能力が求められている。それができないAさんは、周囲の人々から「気持ちはわかる部分もあるが、「ふつう」ではない」と見なされてしまう。Aさんと深い関わりをもつ周囲の人々に「わからないけれど、わかる。わかるけれど、わからない」という複雑な心境を読み取ることができた理由は、Aさんにとって食品が心情的価値をもつことを理解していたためだろう。第8章の第1節で述べたように、記憶は集合的なものであり、集団との記憶を想起させる存在としてモノが存在するのであれば、モノは他者や社会とのなんらかの関わりが刻印された存在であり、社会性を帯びる。もちろん、モノは記憶を想起させる「枠」の一つにすぎず、モノの喪失がそのまま記憶の喪失に結び付くわけではないが、大きな影響を与えることはモーリス・アルヴァックスが示すとおりである。[26]私たちは普段こうしたモノの社会性を常に意識するのではなく、限定的に意識する。それは、田中宣一が供養の対象物が現役の道具ではなく、[27]身近に置いたり長年使い古していままさに廃棄しようとしている道具であることに着目したように、なんらかの心情的価値をもつモノについては、それを手放す段階であらためて価値が意識される。私たちは機能に注力することで、モノの社会性からの拘束を調整しながら生きている。一方、ごみ屋敷の当事者は、ある特定の集団や記憶に関わるすべてのモノに心情的価値を意識し、モノの社会性を強く意識する。ここに当事者の特殊性がみられる。

第8章から繰り越してきた、スーザン・レプセルターの論文[28]に抱いた二つ目の疑問についても、同様の答えを出すことができる。二つ目の疑問とはすなわち、レプセルターの分析によれば、メディアのなかでは当事者が社会と再接続する方法として、モノと感情の間に境界線を引く必要が語られていることである。しかしながら、そもそも人間はこうした境界線を引くことが可能なのだろうか。ごみ屋敷の当事者以外にも、モノと感情の境があいまいな場合があるのに、なぜ私たちは当事者のモノをごみと認識するのか、という疑問だった。心情的価値をモノに見いだす行為は、レプセルターが述べるモノと感情の境界線があいまいになった状態である。境界線があいまいな状態は誰もが経験しうるものであり、当事者との違いを理解するためには「範囲の視点」「価値の放棄」「機能的価値への集中」という視点が必要だろう。

続いて、モノとごみの境界について整理する。第2章の「モノ／マージナルな対象／ごみ」というカテゴリーの議論に立ち返り、モノの価値の視点から検討すると、それぞれのカテゴリーは以下のように定義できる。すなわち、モノとは機能的価値、心情的価値、可能性的価値というモノの三つの価値のいずれか、あるいは複数の価値をもつ対象である。ごみとはモノの三つの価値を失ったもの、あるいは価値を放棄した対象である。この「放棄した」という部分が重要であり、単に価値がないもの、不要なものという定義では不十分である。マージナルな対象とは、これまで「モノとごみの間に存在し、完全にモノやごみとは言いきれない、あいまいな価値をもつ状態」と捉えてきた。これをモノの価値の視点から捉えると、モノの三つの価値の一部を有し、一部を失った対象と定義できる。

現代社会では、機能的価値に集中することが求められていた。そしてAさん自身も、Aさんがため込む食品に機能的価値がないことを理解し、自身が「ふつう」ではないことを自覚している様子がみられた。以上を踏まえると、Aさんがため込む食品とは、機能的価値を失い、心情的価値を有した、マージナルな対象と捉えることができるだろう。ごみ屋敷に堆積するものの多くは、マージナルな対象であるケースが多いのではないだろうか。ゆえに現代社会では、ごみ屋敷に堆積するマージナルな対象をごみと見なし、処分することを促すのである。また、そのような行動をとることが「ふつう」と理解されるのである。

注

(1) 二〇一六年四月十九日調査から。
(2) 二〇一六年四月五日調査から。
(3) 二〇一六年四月十九日調査から。
(4) 二〇一六年三月一日調査から。
(5) 二〇一六年八月三十日調査から。
(6) Hetherington, op. cit.
(7) 二〇一五年六月四日調査から。
(8) 二〇一五年九月十五日調査から。
(9) 二〇一六年五月十日調査から。
(10) 二〇一六年十月三十一日調査から。
(11) 前掲『ホーダー』、Lepselter, op. cit.

(12) 前掲『ホーダー』一三二―一三三ページ
(13) 同書一三二ページ
(14) 二〇一六年七月五日調査から。
(15) 二〇一六年七月五日調査から。
(16) 二〇一六年七月五日調査から。
(17) 二〇一六年三月一日調査から。
(18) 二〇一五年六月十日調査から。
(19) 二〇一五年六月四日調査から。
(20) 二〇一六年六月二十八日調査から。
(21) 二〇一五年六月十日調査から。
(22) 二〇一六年二月二十三日調査から。
(23) 二〇一五年六月四日調査から。
(24) 二〇一五年九月十五日調査から。
(25) 二〇一六年九月六日調査から。
(26) 前掲『集合的記憶』
(27) 前掲『供養のこころと願掛けのかたち』
(28) Lepselter, op. cit.

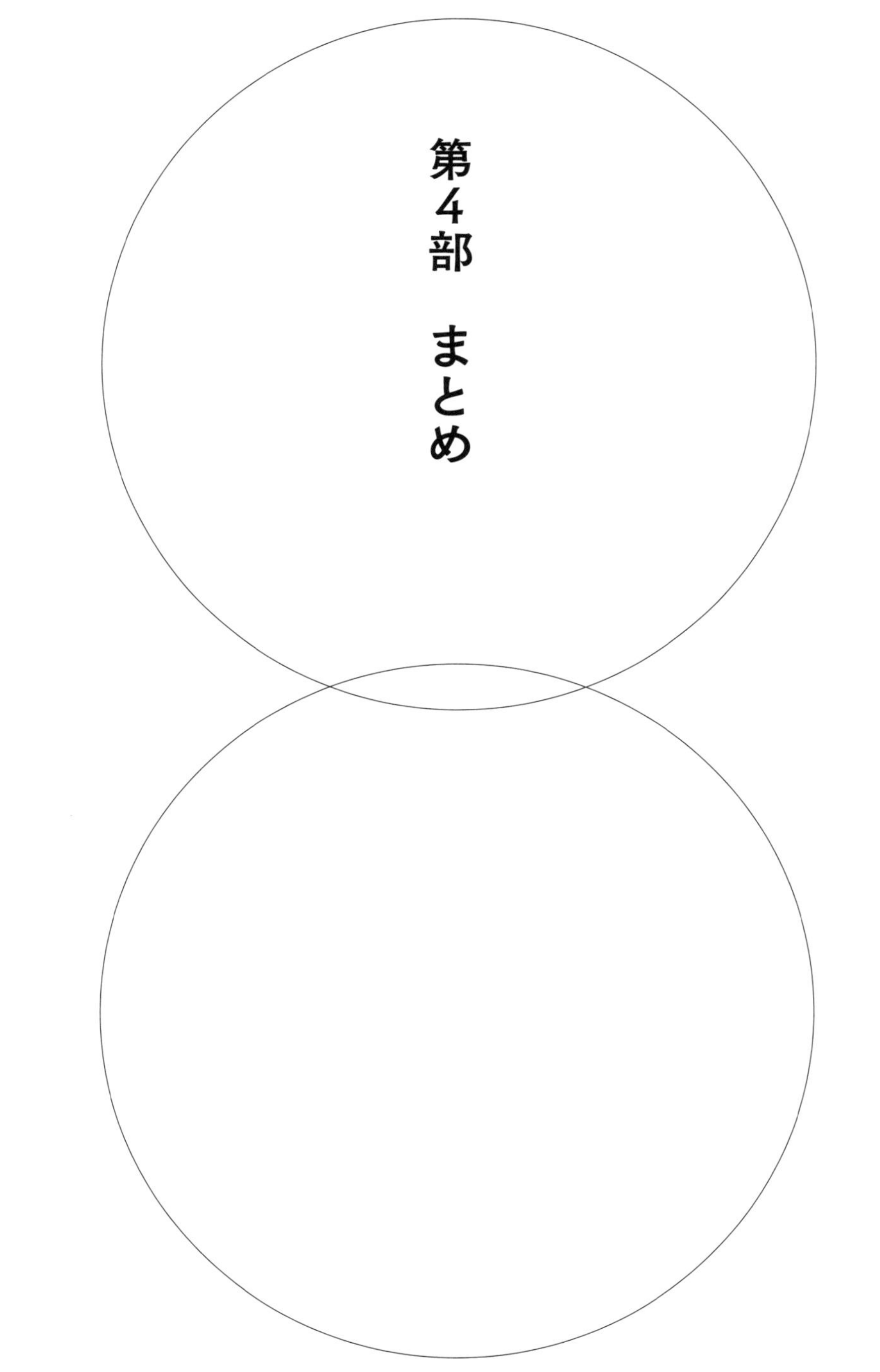

第4部　まとめ

第10章　ごみと人間の関係

はじめに

ごみとは何か、という最も刺激的で挑戦的な問いかけからスタートした本書も、いよいよ最終章を迎える。まとめに入るまえに、ここまでの議論を振り返っておきたい。本書の目的は、「現代日本の都市部に住む人々にとって、家庭から排出されるごみはどのような存在なのか」という問いに答えることだった。「どのような存在なのか」については二つの要素に分解できた。一つは「人間はどのようなものをごみと捉えているのか」という、ごみの定義に関する要素。もう一つは「人間はごみとどのように関わり、ごみとの関わりのなかで何を得ているのか」という「ごみと人間の関係」に関する要素だった。

第1部では、本書の理論枠組みを提示した。

第1章では、これまでごみは「問題」として論じられてきたが、ごみを日常生活から切り離すことができない「生活文化」として論じる必要について議論した。

第2章では、生活文化としてのごみを論じるうえで重要な、メアリ・ダグラス、マーティン・オブライエン、ケビン・ヘザーリントン、マイケル・トンプソンの研究、マテリアル・カルチャー研究を中心に論点を整理した。その結果、次の二つの理論枠組みを設定した。

一つ目は「モノの価値」だった。本書ではモノとごみの間に、モノともごみとも言いきれないあいまいな状態を設定し、それを「マージナルな対象」と名づけた。そしてモノ／マージナルな対象／ごみのカテゴリー間の移動は、心情・アイデンティティー・関係性に関連する価値を含めた多様な「モノの価値」が、なんらかの変化をすることで達成されると想定した。

二つ目は、「ごみの家庭生活」だった。ヘザーリントンやトンプソンの議論からは、「モノからごみへの連続した流れの一部」としてごみを捉える視点を得た。そこで、マテリアル・カルチャー研究の議論に着想を得て、本書ではモノの社会生活は生産・交換／流通・消費・廃棄までを指すと考え、これまで存在は指摘されながらも、大きな注目を集めてこなかった廃棄段階について詳細に検討した。さらに、本書では廃棄段階を「ごみの家庭生活」と「ごみの公共生活」に分類し、そのうち、ごみと人間の最も濃密な関係が構築される「ごみの家庭生活」部分に着目することにした。

第2部では、「ごみの家庭生活」の切り口から、「人間はごみとどのように関わり、ごみとの関わりのなかで何を得ているのか」という「ごみと人間の関係」を検討して、本書の目的と向き合ってきた。具体的には、現代社会のごみと人間の関係の基礎を構築した、転換点としての高度経済成長期に表出するさまざまな違和感に着目した。

第3章では、社会状況や人々の暮らし、ごみをめぐる法律と行政の動きについて事実を確認した。第4章から第6章では、いずれも高度経済成長期に生じたさまざまな事象から、ごみと人間の関係がどのように変化したのかを多角的に検討した。

第4章では、掃除機と電気冷蔵庫の普及によって、人々は、空間を舞うチリやホコリ、余剰品、粗大ごみという新しいごみを発見し、ごみ概念が拡大していく様子を確認できた。

第5章では、台所改造について、特に人々の感覚に着目して考察した。人々がごみを発見し、ごみ概念が拡大するだけではなく、日常生活空間にごみが存在することに対する寛容度が変化している様子を読み取ることができた。すなわち、台所が、汚れやごみが「あっても仕方がない場所」から「あってはいけない場所」へと変化していく様子を明らかにした。

第6章では、プラスチック製品の普及に着目した。プラスチック製品の普及は「その後」に対する想像力を貧困化させ、くず文化の崩壊に拍車をかけた。モノがくずというマージナルな対象の段階を経ずに、ごみとして捨てられるように変化している様子を確認できた。

第2部の分析結果は、「人間はごみとどのように関わり、ごみとの関わりのなかで何を得ているのか」という「ごみと人間の関係」に関する問いかけに対して、どのような答えを導き出すことができるだろうか。本書では、以下の答えを導き出した。

第一に、人間は高度経済成長期を経て、それまでマージナルな対象として存在していたモノをご

み と再解釈し、ごみのカテゴリーに属する対象を拡大していることを明らかにした。

第二に、ごみと解釈された対象が、日常生活空間から排除されている様子を明らかにした。

以上のような「ごみと人間の関係」を構築して、私たちが秩序立ったわかりやすい社会を得ている様子を示した。

第3部では、「モノの価値」の切り口から、「人間はどのようなものをごみと捉えているのか」という、ごみの定義を検討して、本書の目的と向き合ってきた。具体的には、モノとごみの境界が問われる現場である「ごみ屋敷」を通して検討した。

第7章では、ごみ屋敷の現状を概観して、ごみ屋敷が新しい社会問題であることを確認した。また、行政、特殊清掃会社、精神医学、看護学、福祉学など、どの立場から関わるかによって、当事者像に相違がある様子をまとめた。そのうえで、現在実施されている対策についても確認した。

第8章では、ごみ屋敷の当事者Aさんがため込むモノの意味について検討した。Aさんは望ましい自己を実現した記憶が刻まれた食品を、望ましい自己を実現した証しとしてため込み、確かなアイデンティティーを確立しつづけようとしていたことがわかった。

第9章では、Aさんと周囲の人々のやりとりに注目した。そして「モノかごみかをめぐるAさんと周囲の人々の認識の一致と対立」「モノやごみをめぐる「ふつう」に関するAさんと周囲の人々の認識」という視点を切り口に、モノの価値の議論を精緻化した。その結果、モノには大きく三つの価値が存在することが明らかになった。すなわち、機能的価値（モノがもつ機能面に対する価値）、心情的価値（モノに与えた個人的な思い出や意味に対する価値）、可能性的価値（モノを所有することで得られるだろう、未来の可能性に対する価値）である。なお、可能性的価値には、モノを使う未来の可能性に対する価値である「モノに対する可能性的価値」と、モノに投影される未来の自己の可能性に対する価値である「自己に対する可能性的価値」のサブタイプが存在した。さらに、ごみ屋敷の当事者のように、特定の事象に関係するすべてのモノに対して、あるいは所有するすべてのモノに対して心情的価値や可能性的価値を見いだすことは「ふつう」とは見なされない様子も明らかにした。「ふつう」であるためには、たとえモノに価値が残っていても価値を放棄する能力が求められ、なかでも機能的価値に集中し、心情的価値や可能性的価値を放棄する能力が必要だった。

第3部の分析結果を通して、「人間はどのようなものをごみと捉えているのか」というごみの定義に関する問いかけに、本書では以下の答えを導き出した。すなわち、モノとは「モノの三つの価値のいずれか、あるいは複数の価値をもつ対象」であり、ごみとは「モノの三つの価値を失ったもの、あるいは価値を放棄した対象」であり、マージナルな対象とは「モノの三つの価値の一部を有し、一部を失った対象」であることを明らかにした。以上の定義を踏まえると、ごみ屋敷に堆積するものの多くはマージナルな対象であるケースが多いと考えられ、これらの対象をごみと見なし、処分することが求められる様子がみえてきた。

以上が、ここまでに明らかにした内容である。

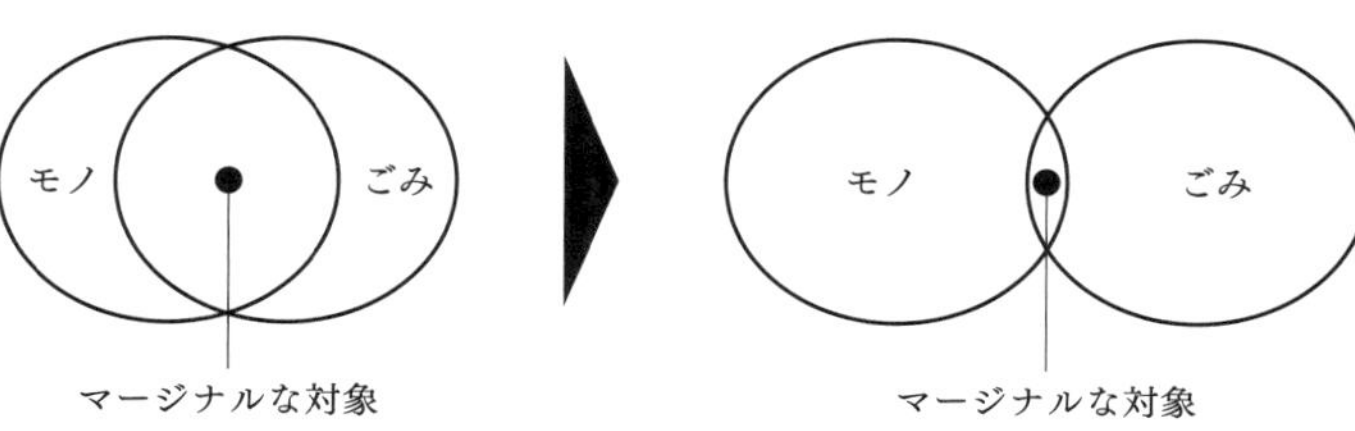

図10-1　現代社会の特徴

1　モノとごみカテゴリーの二極化

第2部と第3部の調査・分析結果からは、ある共通する傾向を読み取ることができる。前述のとおり、第2部では「人間が高度経済成長期を経て、それまでマージナルな対象として存在していたものをごみと再解釈し、ごみのカテゴリーに属する対象を拡大させている様子」を明らかにした。第3部では「ごみ屋敷に堆積するものの多くはマージナルな対象であるケースが多いと考えられ、これらの対象をごみと見なし、処分することが求められる様子」を明らかにした。つまり、現代社会は「マージナルな対象」のカテゴリーが減少し、「モノ」と「ごみ」カテゴリーの二極化が進んでいるという、共通する傾向があると理解できる（図10―1を参照）。

現代社会においてモノとごみのカテゴリーの二極化が示す意味とは何か。それをひもとくためには、次の二つの現象を理解する必要がある。

所有者の痕跡

一つ目は、「モノを所有する」という現象についてである。結論から述べると、モノを所有するとは、モノの価値を所有することであり、また「所有者の痕跡を刻むこと」と捉えられる。所有者の痕跡とは、所有者がモノと過ごすうちにモノに残り、蓄積されていく、所有者の形跡である。それは物理的なものから、目に見えない雰囲気のようなものにまで及んでいると考えられる。例えば、バッグを水たまりに落としてついた汚れや、うっかり爪で引っかいてついた傷は、所有者がバッグとともに暮らした物理的な証拠といえる。第6章では、こうした古さ、汚れ、傷を味や風合いと捉える様子も示した。特に汚れや傷がなくても、モノと生活をともにすればするほど、モノを見るだけで所有者と過ごした様子は伝わってくる。第8章と第9章でふれたごみ屋敷の当事者Aさんの例でいえば、ときおりAさんと家のなかのモノから同じにおいがすることがあって、そのモノがAさんの所有物であることを痛感した。片づけ作業をしているとき、たくさんのモノにまみれてつぶれたモノからは、Aさんの家で一緒に暮らしていた雰囲気を感じさせられた。汚れたり、傷がついたり、カビが生えたり、腐ったりしても未開封のままため込まれ続けるAさんの食品を見るだけで、Aさん自身に確認するまでもなく、Aさんは食品にこだわりがあり、食品を未開封のまま家に置いておきたいのだろうという強い信念が伝わってきた（これらは二〇一五年から一七年に実施したAさんに関するすべての調査を通して、筆者が感じたことである）。これまでの調査や分析を総合的に考えてみると、モノを所有するとは所有者の痕跡を刻むことだと理解できるだろう。なお、第2章で示したとおり、痕跡（trace）という用語はニッキー・グレッグソンらの研究でも使用されている[1]。痕跡について特段の定義などはなされていないが、本書で述べる痕跡の概念ときわめて近い感覚と考えられる。本書の執筆に際して示唆的な知見だったことをここに記しておく。

浄化

所有者の痕跡が刻まれたモノは、ごみになるとどのような結末をたどるのだろうか。ここで、二つ目の「浄化」という現象を理解しておく必要がある。くず文化が盛んだった時代、モノは、モノ／くずというマージナルな対象／ごみという段階を経てごみになる手段があった。くずという「その後」は、モノの一生の視点から考えると、モノの「第二の人生」と表現することができた（図10―2を参照）。すなわち、本来そのモノに与えられた人生とは異なるが、新たな使命を与えられ、マージナルな対象として第二の人生を生きることである。マージナルな対象とは「モノの三つの価値の一部を有し、一部を失った対象」と定義でき、モノの三つの価値の一部をまだ有している状態である。では、くずは具体的にどの価値を有し、どの価値を失ったのかといえば、本来そのモノに与えられた機能的価値を失い、新たな機能的価値を有していると理解できる。例えば、シーツとしての機能的価値を失い、新たに雑巾としての機能的価値を有したという意味で「モノの三つの価値の一部を有し、一部を失った対象」と理解できる。つまり、モノがくずというマージナルな対象になり、第二の人生を謳歌する期間を経て、やがてごみになったわけである。このように考えると、くずの期間とは、ごみになるための準備期間と理解できる。

ごみになるための準備期間とは具体的に何かといえば、これまでの議論を踏まえると、モノにまだ残る価値を消耗させ、モノに刻まれた所有者の痕跡を徐々に脱色させることだと理解できるだろう。このように、モノに残る価値や痕跡を衰退させて無に帰す行為を浄化と名づける。浄化の期間を経るからこそ、所有者は対象と決別できるのである。したがってくず文化が生きていた時代のモノは、モノ／マージナルな対象／ごみという段階を踏み、モノの価値や所有者の痕跡を浄化してごみになることができた。モノの価値を放棄してすぐにごみになる機会は、現在と比べて少なかっただろう。このように、くずは生活空間のなかに「あってもいい」存在であり、むしろ大切な役割を有していたと考えられる。

　浄化という視点からモノの社会生活を捉え直してみると、私たちの世界には三つの浄化作用が存在する様子を確認できる。一つ目は、「自然的浄化作用」である。これは、微生物による物質の分解である（図10―2のa）。二つ目は、「社会的浄化作用」である。第6章で藤原辰史がくず屋は人間社会のなかで分解を担う「分解者」である[2]と指摘したように、かつてのくず屋、現在の資源回収による分解を示す（図10―2のb）。三つ目は、「個人的浄化作用」である。これが前述の、モノの第二の人生での浄化を示す（図10―2のc）。これら三つの浄化作用を経ながら、モノの社会生活が構築される様子を理解できる。

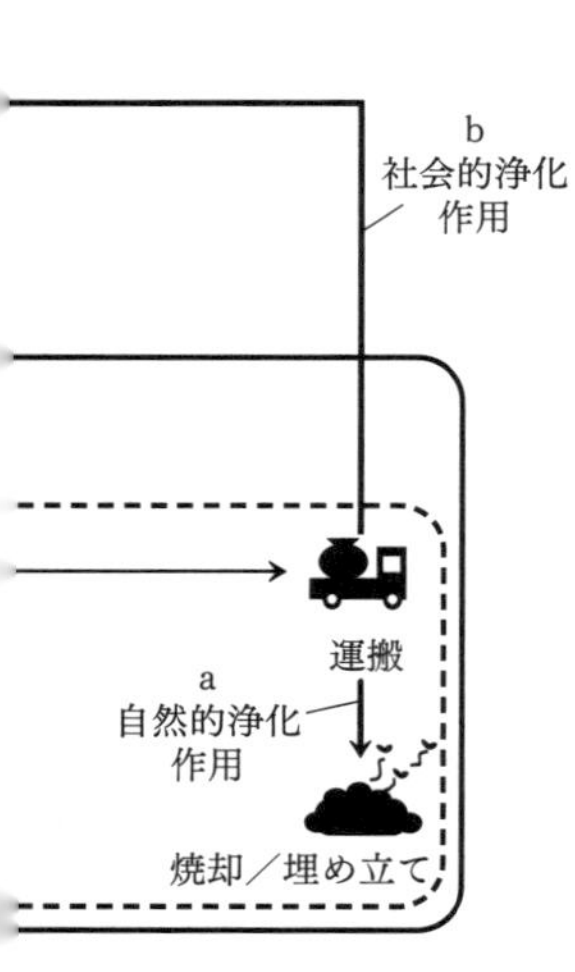

　痕跡と浄化という二つの現象を理解したうえで、あらためてマージナルな対象が減少し、モノとごみのカテゴリーの二極化が進む意味について考えると、現代社会は「ごみがご

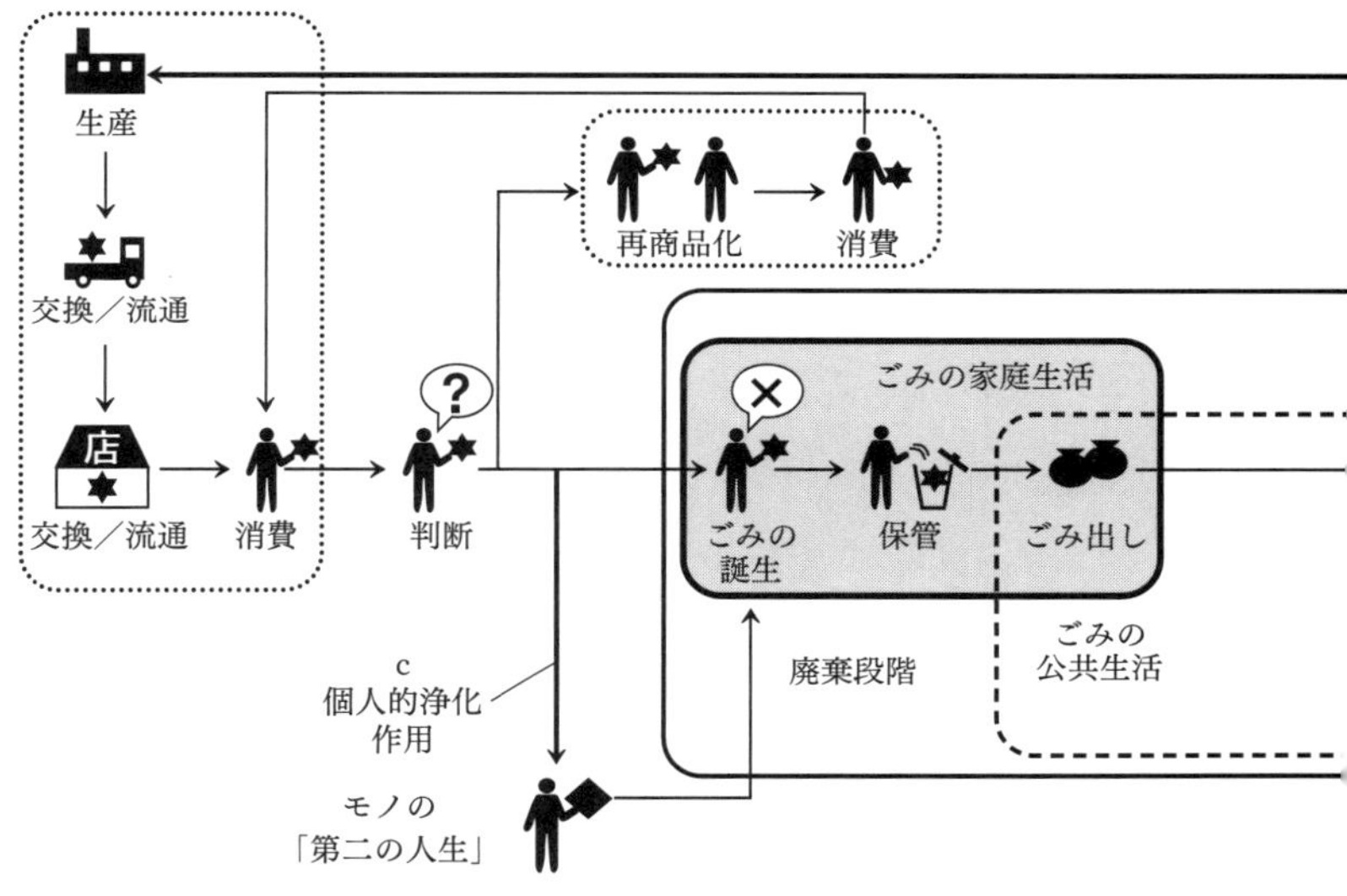

図10-2　モノの第二の人生

みになる準備もままならず、ごみにならざるをえない社会」になっていることが理解できる。つまり、高度経済成長期以前は自然的浄化作用／社会的浄化作用／個人的浄化作用の三つが機能し、所有者の痕跡を浄化する仕組みが整っていた。ところが、くず文化が崩壊した現代社会は、私たちの最も身近な個人的浄化作用がうまく機能しなくなってしまった。そのため、「ごみがごみになる準備もままならず、ごみにならざるをえない社会」が誕生してしまった。つまり現代社会では、モノに残る価値を放棄せざるをえず、そして所有者の痕跡と決別できないまま、ごみにならざるをえないといえるだろう。

2　ごみにならざるをえないごみたち

「ごみがごみになる準備もままならず、ごみにならざるをえない社会」という表現はあまりに漠然としていて、私たちの身の回りではいったい何が変化し、どのような現象が起こったのかが想像しにくいだろう。そこで、ごみにならざるをえない社会を象徴する三つの事例を挙げる。

一つ目は、一九七〇年代中頃に東京都清掃局で実施していた「ゴミの中からこんなもの展」である。「清掃きょくほう」には当時の記事が残されている。それによると、焼却場に運ばれた粗大ごみのなかからまだ使えるものを探し出し、希望者に提供するという催しだったようだ[3]。これは現代の私たちからすると、驚くような側面をもった催し物にみえる。理由の一つには、当時の個人情報に対する意識の低さが関係していることは確かだろう。しかし、それだけではない。根本的な理由は、それが「私のごみだから」である。別の言い方をすれば、「私の痕跡がまだ残っているから」である。ごみとして捨てたもの、すなわちモノの三つの価値を失ったか、価値を放棄したが、まだ私の痕跡が残るものを知らない人が使い続けることに、現代の私たちは気味の悪さを覚えるのである。そんな私たちの感覚とは反対に当時は大人気の催しだったようで、前述のように「清掃きょくほう」でも取り上げられている。イベントの開催自体や趣旨に関してトラブルや苦情があったという記録は、少なくとも「清掃きょくほう」の記事には見当たらない。こうした催し物がなぜ受け入れられていたのかといえば、当時は所有者の痕跡を浄化するシステムが成立していたからではないだろうか。[4]

二つ目は、近年の「片づけ本」のブームである。近藤麻理恵の著書『人生がときめく片づけの魔法』[5]は大ヒットを記録した。同書で近藤が述べるのは「どのようにモノを片づけるべきか（おおむね捨てるべきか）」である。捨てて片づけるための近藤流のノウハウが書かれた本だといえるだろう。同書が主張する最も重要な点は、モノを残すか捨てるかを判断するための基準が「**触ったときに、ときめくか**」にあることである。近藤によれば、「**モノを一つひとつ手にとり、ときめくモノは残し、ときめかないモノは捨てる**」[6]のだという。すると、なんとなく捨てられなかったモノも捨てられるという。例えば、捨てられない洋服があった場合、近藤は以下のようにその洋服の意味を再解釈するよう促している。

> たとえばあなたの洋服ダンスの中に、買ったけれどもほとんど着なかった服があれば、その一つを思い浮かべてみます。なぜ、その服を買ったのでしょうか。
> 「お店で見て、かわいいと思ったから、つい……」
> 買った瞬間にときめいていたのなら、その服は「買う瞬間のときめき」をあなたに与えたという役割を一つ、果たしたことになります。では、なぜ、その服をほとんど着なかったのでしょうか。
> 「着てみたらあんまり似合わなかったから……」

その結果、同じような服を買わなくなったというのなら、「こういう服は、自分には似合わないんだな」ということを教えてくれたのもまた、その服の大事な役割だったのです。
となると、その服はすでに充分、自分の役割を果たしているといえます。だから、「買った瞬間にときめかせてくれて、ありがとう」「私に合わないタイプの服を教えてくれて、ありがとう」といって、捨ててあげればいいのです。[7]

つまり、本書の用語を用いて近藤の本の内容を説明すると、「モノの三つの価値の一部をいまだ有したマージナルな対象の価値を放棄し、ごみと捉えるための知恵」が記されているといえる。それではなぜ、近藤の本は現代社会の人々に受け入れられているのだろうか。その理由は、現代人はモノの価値や所有者の痕跡が残っているにもかかわらずそれを浄化する方法がなく、価値を放棄してごみとせざるをえないことに「苦しみ」を感じているためではないか。そのため、捨てる作業はときに苦しく、罪悪感にさいなまれる。そこに免罪符を得たい現代人にとっては、近藤の言葉が響くと考えられる。

三つ目は、二〇〇六年ごろに「ごみ屋敷」が社会問題化したという事実である。ごみ屋敷に堆積するようなマージナルな対象は、モノとごみの二極化が進む現代社会ではごみと理解され、排除すべき対象と見なされる。そのため、マージナルな対象をため続けるごみ屋敷は、現代社会では「ふつう」ではないとされて、社会問題化した。〇六年以前からごみ屋敷は存在していたにもかかわらず、それまで大きな社会問題にならなかった理由の一つには、かつてはくずのようなマージナルな対象が活躍する時代があったからではないだろうか。

モノとごみの二極化が引き起こした「ごみにならざるをえないごみたち」の誕生は、以上のように、私たちにとって非常に身近な現象を巻き起こしている。

おわりに

そろそろ結論をまとめなければならない。現代日本の都市部に住む人々にとって、家庭から排出されるごみとはどのような存在なのか。それは「所有者の痕跡」、そして本来は「モノの価値」までもが残る、「生きもの」と理解できる。だからこそ、現代社会で廃棄作業やごみを生む作業は、ときに「苦しみ」を伴う作業にもなりうるのである。「生きもの」という表現は、くず屋の間（それが一部のくず屋の間か、すべてのくず屋の間かは定かではないが）でも「使えるもの」[8]という意味で使われていたようである。ただし、彼らが活躍した時代は前述の「ゴミの中からこんなもの展」同様に、痕跡を浄化するシステムが成り立っていた。そのため、「所有者の痕跡」のあり方は、現在とはやや異なることが想定される点には留意が必要である。

筆者が「生きもの」という表現を使ったわけは、くず屋が使っていた言葉だということも少しは影響したかもしれないが、それ以上にいくつかの意味や思いを込めて使用している。

まず、「所有者の痕跡」、そして本来は「モノの価値」までもが文字どおり「まだ生きているものだから」である。いままではごみとは呼ばなかった存在をごみとして捨てなければならないという、やるせない思いを込めている。

次に、私たちは本来はまだ生きられるものをごみにしているのだから、廃棄行為に「苦しみ」を感じているという点を強調したかったためである。第1章で示したとおり、ごみとは人間の生活にきわめて密着した存在である。日常生活のなかでごみを生み出したり処理したりする行為は、私たちの暮らしに欠かせない必要な行為である。したがって、ごみをめぐるさまざまな厄介ごとは、単純にごみをなくしてしまえばすべて丸くおさまるような簡単な問題ではない。もちろん、ごみ減量や最終処分場の確保といった、いわゆる「ごみ問題」への対策も必要であることはいうまでもない。そのうえで、価値や所有者の痕跡を浄化する仕組みについて考えなければ、この廃棄行為の「苦しみ」から解放されることはない。国際連合大学が一九九四年以降提唱しているゼロ・エミッションという考え方がある。九七年版の「環境白書」では以下のように定義されている。

これは、産業界における生産活動の結果、水圏、大気圏や地上圏等に最終的に排出される不用物や廃熱（エミッション）を、他の生産活動の原材料やエネルギーとして利用し、産業全体の製造工程を再編成することによって、循環型産業システムを構築しようとする試みである。(9)

簡潔に表現するならば、資源を循環させ、ごみをゼロにする考え方とまとめることができるだろう。筆者は、たとえゼロ・エミッションが技術的に達成され、社会全体の仕組みが整備されたとしても、人々の暮らしのレベルでは「ごみ」という概念が消えることはないと考えている。例えば、日々の暮らしのなかのリサイクル風景を思い出してほしい。私たちは、瓶・缶などを資源ごみと呼び、資源ごみの収集日に、燃やせるごみを出すのと同じ感覚でごみ出しをしていないだろうか。こうして排出された瓶・缶は、人々の手を離れた先で、すなわち第2章の「ごみの公共生活」の範囲のなかで、社会的浄化作用が施される（図10―2を参照）。つまり、人々の意識レベルでは、資源を循環させることとごみとして廃棄することは、さほど大きな差がないように感じるのである。もちろん、いわゆる社会レベルの「ごみ問題」については問題解決に寄与できるかもしれない。人々の暮らしのレベルでも、資源として利用されることが免罪符になり、廃棄行為に伴う「苦しみ」を多少和らげることはできるかもしれない。それでも、ごみという概念が完全になくなることはないだろう。すると、価値が残っているにもかかわらず放棄せざるをえず、痕跡が残っているにもかかわらず浄化する方法がない。そのため廃棄行為に「苦しみ」が伴い、その結果、近藤のような免罪符を与えてくれる存在を求め続ける暮らしが続くと考えられる。そうであれば、モノの価値や所有者の痕跡が浄化されたちゃんとしたごみを生み出す暮らし作りが、私たちには必要なのではないか。

このように考えてみると、ごみと私たちの未来は暗いように思えて気が重くなる。しかしながら、明るい兆しも見えているように思う。

その理由の一つ目は、「モノの価値や所有者の痕跡が浄化されたちゃんとしたごみを生み出す暮らし作り」といっても、くず文化を復活させようとか昔の生活に戻ろうというのではなく、現代社会に則した新たな仕組みを構築すればいいと考えているためである。具体的な仕組み作りについては別の機会に譲るが、現在、筆者が注目している動きの一つが、昨今のフリマアプリの普及である。中古市場は古くから存在したが、フリマアプリの普及は中古品をより人々の暮らしに身近なものにし、モノに対する新しい考え方や潮流を生み出しているようにみえる。これは、くず文化とは異なる新しい浄化の仕組みになりそうだ。

理由の二つ目は、廃棄行為に対する「苦しみ」への自覚は、「生きもの」としての側面をもつ現在のごみに関心を向けるきっかけにもなるからである。現在はごみの「問題」としての側面ばかりがクローズアップされているが、生活文化としてごみを捉え直すチャンスが到来しているとも考えられるだろう。すなわち、私たちの暮らしに欠かせない、ごみを生み出して処理する行為について、現代人の暮らしの知恵や考えをどのように反映し、よりよいごみと人間の関係を構築するかを考え直すチャンスが到来しているということである。

だからこそ私たちはいま、ごみと人間のますます豊かな関係を構築するために、ごみの「問題」としての側面にとどまらず、もっと多様なごみの側面に目を向ける必要があるのではないだろうか。

注

（1）Gregson, Metcalfe and Crewe, op. cit.

（2）前掲『分解の哲学』

（3）「清掃きょくほう」一九七四年十一月一日号、「清掃きょくほう」一九七五年十二月一日号、「清掃

きょくほう」一九七七年十一月号（いずれも東京都清掃局ごみ減量総合対策室）

（4）ただし、現在も「ゴミの中からこんなもの展」と似たような企画をおこなうケースもあるようだ。現在の企画との違いや、所有者の同意の有無など、より深い考察を要するため、今後の課題としたい。

（5）近藤麻理恵『人生がときめく片づけの魔法』サンマーク出版、二〇一一年

（6）同書六二ページ

（7）同書八六―八七ページ

（8）宍戸豊／篠崎一二／永塚敏／宮沢進三郎、秋山節義速記「くずやおはらい」「暮しの手帖」一九六〇年九月号、暮しの手帖社、二三〇ページ

（9）環境省「平成9年版環境白書」「環境省」(https://www.env.go.jp/policy/hakusyo/h09/10327.html)［二〇二三年十月五日アクセス］

初出一覧

本書は、二〇二〇年三月に大阪大学大学院人間科学研究科に提出した博士論文「ごみの社会学――「モノの価値」と「ごみの家庭生活」の視点から」に、大幅に加筆・修正を加えたものである。また、本書の一部は以下の論文に基づいている。いずれも本書に所収するに際して大幅に加筆・修正した。

「「ごみ屋敷」を通してみるごみとモノの意味――当事者Aさんの事例から」、ソシオロジ編集委員会編「ソシオロジ」第六十二巻第一号、社会学研究会、二〇一七年

「「廃棄の文化」に関する理論的検討――メアリ・ダグラスの議論から」、「年報人間科学」刊行会編「年報人間科学」第三十九号、大阪大学大学院人間科学研究科社会学・人間学・人類学研究室、二〇一八年

「掃除機と電気冷蔵庫の普及を通してみるごみと人間の関係――高度経済成長期に着目して」、「年報人間科学」刊行会編「年報人間科学」第四十二号、大阪大学大学院人間科学研究科社会学・人間学・人類学研究室、二〇二一年

［付記］本書の一部は、以下の助成を受けたものである。
大阪大学COデザインセンター平成二十八年度長期インターンシップ助成プログラム、JSPS科研費20J00377（日本学術振興会科学研究費助成事業特別研究員奨励費）
なお、第8章と第9章で実施した調査は、大阪大学人間科学研究科社会系研究倫理委員会の承認を受け

ている（受付番号2015005、2015040、2016038）。

あとがき

なぜそんなにごみが好きなのか、どうしてごみに興味をもつようになったのか、これまで多くの人に尋ねられてきました。個人的な話ながら、本書の意図を伝えるうえでは意味があるかもしれません。そこで、私がごみ好きになったきっかけについて書いてみます。

高校時代、所属していた自治会総務（生徒会）で、「ごみを減らそうキャンペーン」といった類いのイベントをおこないました。提案者は私でしたが、そのときはごみに特段強い思いはもっていませんでした。ただ「学校内のごみ捨て場がきれいになったら気持ちがいいじゃない」くらいの軽い気持ちで始めました。詳しいことはすっかり忘れてしまったのですが、いろいろな企画を立てたものの、キャンペーンはうまくいきませんでした。そんなとき、理科室前の廊下で、ある自治会総務のメンバーからこんなことを言われました。

「由紀ちゃんはごみが好きかもしれないけど、みんなごみのことなんて嫌いなんだよ。考えたくないんだよ」

この一言がすべての始まりでした。この発言を文字にしてみると、きついことを言われている印象を受けるかもしれません。でも実際は、そんなことはまったくありません。日頃から仲良くしていた友達でした。優しい彼女は、「キャンペーンがうまくいかなかったのはみんながごみのことを嫌いだからであって、気にする必要はないよ」という意図で先の発言をし、慰めてくれたのだと思います。

彼女の発言を聞いたとき、私は彼女の優しさをかみしめると同時に、「本当にそうなのかなあ」と素朴に疑問を抱きました。本当にみんなごみのことが嫌いで、考えたくないと思っているのでしょうか。もしそうならば、なぜ、ごみはそんなに嫌われるのでしょうか。その理由さえわかれば、次は成功できるかもしれないと考えました。そこで手始めに、夏休みにペットボトルリサイクル工場に見学にいき、衝撃を受けました。身近なペットボトルごみが、深刻な状況にあるということを初めて知ったからです。それからは夏休みに課されたすべてのレポートのテーマをごみに関わるものに設定して、ごみについて調べました。いま思えば、私が初めて出合った「一筋縄ではいかない問題」だったのかもしれません。

調べていくうちに、私にはごみが不思議な存在にみえてきました。確かに、ごみは臭くて汚くていやだけれど、そもそもは私たちが生み出した、私たちと深い関係をもつ存在です。好き嫌いや、関わりたくないという思いに反して、ごみと私たちの間には、すでに切っても切れない「縁」のようなものが確立していると感じたのです。それでは、私たちにとってごみとはいったいどのような存在なのでしょうか。さらに調べていくと、今度はだんだん、ごみがかわいそうになってきました。なぜならば、どの本でも「ごみをどのように排除するか」ばかりが述べられていることに気づいて、気の毒になったのです。それならば、私がごみのポジティブな側面や、面白い側面を引き出してあげよう、そう考えるようになりました。

この思いをどのように学術的に昇華させるかが、大問題でした。論文にまとめようとしたときにはとにかく頭のなかが雑然としていて困っていました。そんな私が、ごみへの思いをほんのわずかながら整理することができたのは、多くの人々のお力によるものです。山中浩司先生には、関心事を学術的にまとめ上げるための基礎を教えていただきました。「日本の研究をするのに、なぜ海外の論文を読まなきゃいけないんですか?」といまにして思えば恥ずかしい質問をする私をなだめ、海外の論文には日本人にはない発想があり、ときにはっとさせられる瞬間があることを、穏やかに、でも力強く説いてくださいました。先生のきめ細かなご指導がなければ、本書をまとめることはできませんでした。牟田和恵先生には、大学院の授業を通して、深く考えることの大切さを教えていただきました。先生の授業は、これまでの私の人生のなかでトップ3に入る面白さでした。白川千尋先生には、博士論文の添削をしてもらい、たくさんの文献を紹介していただきました。先生のアドバイスによって、たくさんの重要な文献を見つけることができました。中川敏先生には、何度も論文の添削をしていただき、有益なコメントをもらいました。博士論文を提出したときに、表紙に花丸を付けてくださったことが何よりうれしかったです。好井裕明先生には、研究対象への熱い思いを持ち続けることの大切さを教えていただきました。そして、いつも「面白いね」と私の関心を認めてくださったうえで、不足部分を指摘してくださいました。私がいまもごみ好きで関心を持ち続けているのは、先生のご指導があってのことです。尾中文哉先生には、社会学者ゲオルク・ジンメルの本を読むようにとアドバイスをいただきました。当時は、本を読んでも先生の意図がわかりませんでした。それから約十五年ほどたったある日、ジンメルの『社会学——社会化の諸形式についての研究 下』（居安正訳、白水社、一九九四年）を読んで驚愕しました。マージナルな存在に対するジンメルの視点は、私の研究に大きな示唆を与えるものでした。この場を借りて、先生の的確なご指導に感謝を申し上げます。また、関礼子先生、神戸学院大学現代社会学部の先生方と学生のみなさん、大学・大学院時代の先輩、同期、後輩のみなさんからは、多くの気づきと励ましをいただきました。ありがとうございました。

そして何よりもフィールドワークやインタビューに快くご協力くださったX市社会福祉協議会のみなさん、Aさん、Aさんに関わるみなさん、ボランティアのみなさん。みなさんがいらっしゃらなければ、この研究は成立しませんでした。私のたくさんのわがままにお付き合いいただき、本当にありがとうございました。

また、私が抱いた些細な疑問を人生のテーマになるまで大きく育て、大学に送り出してくださった日本女子大学附属高等学校の先生方。そして、すべてのきっかけになった言葉をかけてくれた村上智恵さんに、心から感謝を申し上げます。

最後になりましたが、青弓社の矢野未知生さんからは、たくさんの鋭いコメントをいただき、新たな視点を得ることができました。貴重な機会を本当にありがとうございました。

本書がみなさんとごみのこれからを、少しでも楽しく、豊かなものにするための一助になれば幸いです。私たちとごみの未来が、ますますすてきなものになりますように。

［著者略歴］

梅川由紀（うめかわ ゆき）

1984年、埼玉県生まれ

神戸学院大学現代社会学部講師

専攻は環境社会学

共著に『ボーダーとつきあう社会学――人々の営みから社会を読み解く』（風響社）、『現代社会の探求――理論と実践』（学文社）、論文に「「ごみ屋敷」を通してみるごみとモノの意味――当事者Aさんの事例から」（「ソシオロジ」第62巻第1号）など

ごみと暮らしの社会学　モノとごみの境界を歩く

発行――2025年5月1日　第1刷
2025年7月25日　第2刷

定価――2800円＋税

著者――梅川由紀

発行者――矢野未知生

発行所――株式会社青弓社
〒162-0801 東京都新宿区山吹町337
電話 03-3268-0381（代）
https://www.seikyusha.co.jp

印刷所――三松堂

製本所――三松堂

ISBN978-4-7872-3556-5　C0036

金子 淳

ニュータウンの社会史

高度経済成長期、人々の憧れとともに注目されたニュータウン。50年を経て、現在は少子・高齢化や施設の老朽化の波が押し寄せている。ニュータウンの軌跡と地域社会の変貌を描く。定価1600円＋税

渡邉大輔／相澤真一／森 直人／石島健太郎 ほか

総中流の始まり

団地と生活時間の戦後史

高度経済成長期の前夜、総中流社会の基盤になった「人々の普通の生活」はどのように成立したのか。1965年の社会調査を復元し再分析して、「総中流の時代」のリアルを照射する。　定価1600円＋税

日高勝之／富永京子／米倉 律／福間良明 ほか

1970年代文化論

〈政治の季節〉である1960年代と、バブル文化の開花に特徴づけられる80年代に挟まれる70年代の文化がもつ意義とは何か。映画、テレビ、アート、社会運動などを横断的に検証する。定価1800円＋税

木戸 功／松木洋人／戸江哲理／齋藤直子 ほか

日本の家族のすがた

語りから読み解く暮らしと生き方

大規模なインタビュー調査で得られた家族にまつわる語りやデータから、夫婦間の葛藤、離婚後の実際、子育ての関わり方など、日本の家族生活のリアルを多角的に浮き彫りにする。　定価2600円＋税